Knaur

Von Richard Preston ist außerdem erschienen:

Cobra
Hot Zone

Über den Autor:

Richard Preston, geboren 1954 in Cambridge (Massachusetts), promovierte nach einem Studium der Naturwissenschaften an der Princeton University. Als Wissenschaftsjournalist wurde er mehrfach ausgezeichnet. Seine Bücher *Hot Zone* (1995) und *Cobra* (1997) waren internationale Bestseller. Mit *Das erste Licht* gewann er den Preis des American Institute of Physics. Außerdem erhielt zu Ehren dieses Buches ein Asteroid von der halben Größe Manhattans die Bezeichnung »Preston«.

Richard Preston

DAS ERSTE LICHT

Auf der Suche nach der Unendlichkeit

Aus dem Amerikanischen
von Ilse Utz

Knaur

Die amerikanische Originalausgabe erschien unter dem Titel
»First Light. The Search for the Edge of the Universe«
bei Random House, New York.

Besuchen Sie uns im Internet:
www.droemer-knaur.de

Vollständige Taschenbuchausgabe 2003
Droemersche Verlagsanstalt Th. Knaur Nachf., München

Umschlaggestaltung: ZERO Werbeagentur, München
Umschlagabbildung: Roger Harris/Agentur Focus, Hamburg
Druck und Bindung: Clausen & Bosse, Leck
Printed in Germany
ISBN 3-426-77639-1

5 4 3 2 1

Für Michelle Parham Preston,
meinen Leitstern

Inhalt

Vorwort: Wie *Das erste Licht* entstand

D*as erste Licht* ist keine erdachte, sondern eine wahre Geschichte über Astronomen, die dem Licht auf der Spur sind, das vom Rande des Universums kommt. Sie erzählt, wie Wissenschaft wirklich betrieben wird – und in der Wissenschaft geht es verrückter und zugleich normaler zu, als es sich die meisten Menschen vorstellen. Die amerikanische Ausgabe dieses Buches war vergriffen und nur schwer aufzutreiben. Die 1987 erschienene erste Fassung wurde nicht ins Deutsche übertragen; dies ist eine überarbeitete und aktualisierte Fassung. Aus irgendeinem Grund gilt *Das erste Licht* als eine Art Kultbuch über Wissenschaft. Es war nie meine Absicht, ein wissenschaftliches Buch zu schreiben, aber mit Büchern ist es wie mit Kindern: sie suchen sich ihre Freunde selbst aus.

Die Handlung dreht sich um das 5-Meter-Hale-Teleskop, auch das »Große Auge« genannt. Dieses Teleskop ist ein wahres Wunder. Geschützt von einer Kuppel steht es in der Nähe des Gipfels des Mount Palomar in Südkalifornien, unweit von San Diego. Es wurde in den dreißiger Jahren gebaut und ist wahrscheinlich *das* Meisterwerk aus der Zeit der großen Weltwirtschaftskrise – es ist ein riesiges und zugleich das schwerste Teleskop der Welt. Sieben Stockwerke hoch, schwimmt das Hale-Teleskop so leicht auf dem Teleskopöl, daß man es mit einer Hand bewegen kann. Sein Spiegel hat einen Durchmesser von fünf Metern. Es dauerte vierzehn Jahre, den Hale-Spiegel zu gießen, zu schleifen und zu polieren. In der Endphase bearbeiteten die Meisteroptiker das Glas mit bloßen Händen. Sie stellten einen derart gleichmäßig geschliffenen Spiegel her, daß er, auf die Größe der Vereinigten Staaten übertragen, nur eine Unebenheit von ungefähr zehn Zentimetern aufweisen würde.

Die Idee zu diesem Teleskop stammt von einem Astronomen namens George Ellery Hale, der aufgrund einer Geisteskrankheit Halluzinationen hatte. Wenn Hale einen schlechten Tag hatte, hockte ein kleiner Mann, eine Art Elf, auf seiner Schulter und flüsterte ihm allerlei Ratschläge ins Ohr. Dieser Elf war einfach nicht zum Schweigen zu bringen. Nach einer Weile hatte Hale das Gefühl, daß dieser kleine Mann ihn zum Wahnsinn trieb. Ich stelle mir vor, daß der Elf Hale etwa ins Ohr flüsterte: »Hale, du mußt ein Teleskop bauen, das alle bisherigen Teleskope in den Schatten stellt.« Ob die Idee zu dem Teleskop auf diese Weise entstand oder nicht, mag dahingestellt sein; Hales Teleskop ist auf jeden Fall eine der größten Leistungen des menschlichen Geistes. Schon sein Anblick bewirkt, daß man die Menschheit in einem etwas besseren Licht sieht. Manches gelingt uns eben doch gut.

* * *

Die Hauptfigur dieses Buches ist James E. Gunn, der von manchen Fachleuten als der führende Astronom unserer Zeit betrachtet wird. Was immer Jim Gunn sonst noch sein mag, er ist schlicht und einfach ein Genie. Obendrein ist er ein Bastler. Das heißt, er baut wissenschaftliche Instrumente. Aber im Gegensatz zu anderen Bastlern baut er seine Geräte aus Altmaterial – Gunn ist ein Knauserer, allerdings ein sehr pfiffiger. Er und seine Kollegen finden einige der notwendigen Teile auf Müllkippen. Bei ihren Streifzügen durch die Umgebung von Los Angeles, Gunns ursprünglichem Wirkungsort (er lehrt jetzt an der Princeton University in New Jersey), entdeckten Gunn und seine Freunde Müllkippen, die von Rüstungsfirmen benutzt wurden – regelrechte Goldgruben. Wenn man weiß, wonach man sucht, kann man einen 50 000-Dollar-Sensor inmitten von schimmeligen Pizzastücken und Suppendosen finden. Wenn man die Suppe abwischt, funktioniert das Gerät vielleicht noch, oder man kann es zumindest ausschlachten. Gunn kaufte auch Teile bei Versandhäusern und Ramschläden, bei seinem Drugstore an der Ecke, bei Woolworth und L. L. Bean. Er luchste der NASA Apparate ab, die in der Raumfahrt verwendet worden waren und die er sich niemals hätte leisten können. Dann montierte er die Sachen zu hochempfindlichen Instrumenten zusammen, baute sie ins Hale-Teleskop ein und benutzte sie, um bis an den Rand des Universums zu schauen – wo er Dinge entdeckte, die noch nie ein menschliches Auge vor ihm gesehen hatte. Der Ausdruck *das erste Licht* ist ein Fachbegriff. Das »erste Licht« sehen bedeutet, das Auge eines neuen Teleskops zu öffnen, so daß das Sternenlicht zum ersten Mal auf den Spiegel und die Sensoren fällt. Man stellt also fest, ob das Gerät funktioniert. Gunns Geräte funktionieren nicht immer auf Anhieb. Ja, wenn man es recht bedenkt, funktionieren sie *nie* beim ersten Mal.

* * *

In der Zeit, in der ich *Das erste Licht* schrieb, kletterte ich im Hale-Teleskop herum, wo ich Räume, Treppen, Tunnel und stillgelegte Maschinen vorfand, aus denen Öl lief. Auf meinen Notizbüchern befinden sich Abdrücke von meinen Zähnen, denn ich klemmte sie zwischen die Zähne, wenn ich im und auf dem Teleskop herumstieg, und auch das Teleskopöl hat auf ihnen seine Spuren hinterlassen. Manchmal mußte ich meine Notizen im Licht der Sterne machen, manchmal auch blind schreiben, weil es stockdunkel war. Ich verwende kein Tonbandgerät. Ich benutze das altmodische Notizbuch des Reporters, in das ich (sehr schnell) in Langschrift schreibe. Tonbandgeräte fallen gerne im denkbar ungünstigsten Augenblick aus, und vor allem können sie weder die wichtigen visuellen Details noch die Stimmung einer Szene einfangen. Schließlich kaufte ich mir eine teure, dunkelkammergeeignete Taschenlampe, damit ich Licht für meine Notizen hatte – es mußte sehr gedämpft sein, um die Astronomen nicht bei ihrer Arbeit zu stören. Diese Taschenlampe war in ihrer Art das beste, was für Geld zu kaufen war. Ich hielt sie ganz dicht an das Papier, damit ich sehen

konnte, was ich schrieb, aber manchmal beklagten sich die Astronomen darüber, daß ich sie »blendete«, so daß ich die Lampe ausmachen mußte. Eines Nachts mußte ich in absoluter Dunkelheit und bei bitterer Kälte schreiben und drehte dabei aus Versehen mein Notizbuch um. Dann wendete ich die Seiten in die entgegengesetzte Richtung und merkte nicht, daß ich meine eigenen Notizen überschrieb. So hatte ich am Schluß ein Notizbuch mit übereinandergeschriebenen Aufzeichnungen, die ich nie lesen konnte.
Schließlich schienen die Astronomen vergessen zu haben, daß ich da war, und ich ähnelte ein wenig Jane Goodall mit ihren Schimpansen. Ich konnte die Forscher beobachten, ohne sie zu stören, wenn sie Kekse aßen oder auf Monitoren Galaxien anschauten.
Überrascht stellte ich fest, wie chaotisch, amüsant und aufregend Wissenschaft ist. In Lehrbüchern werden wissenschaftliche Fakten häufig so beschrieben, als lägen sie fertig vor, wie Münzen, die man auf der Straße findet. Aber dort, wo Wissenschaft betrieben wird, wo Menschen mit scharfem Verstand tief in die Geheimnisse der Natur eindringen, gibt es keine Fakten, die für sich selbst sprechen. Hier herrscht das Geheimnisvolle und das Nichtwissen. Hier lauern gewaltige Risiken. Hier kann es Zeitverschwendung, Fehlschläge und völliges Scheitern geben. Es ist so, als würde man versuchen, einen riesigen Tresor zu knacken, der ein nur Gott bekanntes kompliziertes, geheimes Schloß hat. Einige von Gottes Tresoren sind schwerer zu öffnen als andere. Die Fragen können so schwer zu beantworten, der Tresor so schwer zu knacken sein, daß man vielleicht ein Leben lang am Schloß herumexperimentiert und schließlich doch stirbt, ohne die Tür geöffnet zu haben. Wissenschaft hat daher auch etwas mit Besessenheit zu tun. Manchmal gibt es aber auch ein leises Klicken, die Tür öffnet sich weit, und man betritt den dahinterliegenden Raum.

* * *

In der letzten Phase der Entstehung dieses Buches ging ich daran, die beschriebenen Fakten gründlich zu überprüfen. Meine Frau arbeitete früher bei der Zeitschrift *The New Yorker,* wo sie für das Nachrecherchieren der Fakten verantwortlich war; sie brachte mir bei, wie man ein Manuskript mit Hilfe verschiedenfarbiger Stifte bearbeitet. So unterstrich und markierte ich die Abschnitte, die schon überprüft worden waren oder noch überprüft werden mußten. Ich sprach noch einmal mit allen in der Geschichte vorkommenden Personen, was mir Telefonrechnungen in Höhe von 3000 Dollar einbrachte. Ich nahm ständig Veränderungen am Text vor und schrieb das Buch in wesentlichen Teilen um, nachdem ich die betreffenden Personen telefonisch befragt hatte. In *Das erste Licht* ist nichts erfunden, nicht einmal die Gedanken der Astronomen. Ich kann die Gedanken, die einem Astronomen durch den Kopf gingen, deswegen schildern, weil ich ihn damals gefragt habe, was er dachte. Später ging ich dann natürlich alles mit ihm durch, um sicher zu sein, daß ich den Fluß und die Struktur seiner Gedanken so beschrieben hatte, daß er sich daran erinnern und sich wiedererkennen konnte.

Die Astronomen waren nicht immer glücklich über meinen Schreibstil. Maarten Schmidt, ein sehr angesehener Astronom – ehemals Präsident der American Astronomical Society –, war im großen und ganzen mit dem Buch einverstanden, mißbilligte aber die Art und Weise, wie ich sein Interesse an Ringkämpfen beschrieben hatte, die er sich zu später Stunde im Fernsehen anschaute. (Wissenschaftler glauben nicht, daß ihr Leben so interessant und ein solches Detail erwähnenswert ist, aber da bin ich anderer Meinung.) Eines Tages fuhren Maarten Schmidt, Jim Gunn und ein Astronom namens Donald Schneider mit dem Auto zum Mount Palomar und unterhielten sich über die Mängel von *Das erste Licht.* (Dies erfuhr ich später.) Schmidt sagte ein wenig ungehalten: »Ich weiß wirklich nicht, woher Richard Preston den Unsinn hat, ich würde mir im Fernsehen gerne Wrestling ansehen! Ich kann mich nicht erinnern, ihm das gesagt zu haben! Er muß sich die Zitate ausgedacht haben!«

Ihr Lachen unterdrückend, erzählten ihm seine Kollegen, sie erinnerten sich daran, daß er mit mir durchaus sachkundig darüber gesprochen habe. Die Zitate, so sagten sie, seien echt.

Als ich am ersten Entwurf des Buches schrieb, beschloß ich, mehr über die Kindheit von Donald Schneider in Erfahrung zu bringen, und rief Dons Mutter in Nebraska an, um die entsprechenden Informationen zu bekommen. Sie unterhielt sich lange mit mir und erzählte mir viele interessante Dinge, so wie man es von einer Mutter erwartet. Dann sagte sie zu mir: »Ich möchte Sie um einen kleinen Gefallen bitten. Es ist mir zwar ein bißchen peinlich, aber ich hoffe, daß Sie in Ihrem Buch erwähnen, daß Don wirklich heiraten sollte. Vielleicht liest eine nette junge Frau das Buch und stellt fest, was für ein wunderbarer Mensch er ist.«

Ich dachte, warum eigentlich nicht? Mütter haben in diesen Dingen oft recht. Also fügte ich einen Abschnitt hinzu, in dem ich darstellte, daß Don Schneider Junggeselle war und gerne heiraten würde.

Als Don Schneider *Das erste Licht* las, war er entsetzt, weil ich seinen Wunsch zu heiraten in die Welt hinausposaunt hatte. Wir waren während der Entstehung des Buches Freunde geworden, aber das minderte seinen Ärger keineswegs. »Es ist furchtbar, einem Schriftsteller ausgeliefert zu sein«, jammerte er.

Dann passierte etwas Seltsames. Don erhielt einen bewundernden Brief von einer jungen Frau aus den Niederlanden, die *Das erste Licht* gelesen und dadurch etwas über ihn erfahren hatte. Sie war Don noch nie begegnet, hatte aber durch ihren Bruder, der Astronom war und Don kannte, von ihm gehört. Don schrieb der jungen Frau. Sie antwortete ihm. So ging es über ein Jahr, und im Laufe der Zeit steigerten sich ihre Briefe zu Liebesbriefen. Es war eine Liebesgeschichte in Briefen, wie man sie aus viktorianischer Zeit kennt, und eines Tages flog Don nach Holland und machte ihr einen Heiratsantrag. Heute

sind sie glücklich verheiratet und leben mit ihren zwei Kindern in Pennsylvania.
Zwei der dargestellten Astronomen wurden berühmt, aber nicht durch das Buch: das Ehepaar Eugene (Gene) und Carolyn Shoemaker, das auf dem Mount Palomar mit einem kleinen Teleskop nach Kometen und Asteroiden suchte, die auf der Erde einschlagen könnten. Diese Objekte sind fast unsichtbar. Sie sind kohlrabenschwarz und so groß wie der Mount Everest; sie kommen gewissermaßen aus dem Nichts und stürzen aus allen Richtungen der Erde entgegen. Schlägt eines von ihnen auf der Erde ein, löscht es praktisch jedes Leben auf dem Planeten aus und setzt eine Vernichtungswelle in Gang, die einen Atomkrieg wie ein Sonntagspicknick aussehen läßt. Glücklicherweise passiert dies nicht sehr häufig. Aber es passiert: Für die Shoemakers änderte sich alles, als Carolyn zusammen mit ihren beiden Kollegen David H. Levy und Philippe Bendjoya eine Reihe von ungewöhnlichen Kometen entdeckte, die wie eine Perlenkette durch den Weltraum schwebten. Die Kometen umkreisten Jupiter und schlugen im Sommer 1994 mit gewaltigen Explosionen in den Planeten ein. Diese Objekte erhielten die Bezeichnung Shoemaker-Levy-Komet. Als sie auf Jupiter niederstürzten, wurden die aufflammenden Lichtblitze von den Teleskopen der ganzen Welt registriert, CNN berichtete live über das Ereignis. Die Einschlagstellen hinterließen braune Flecken auf dem Planeten. Diese Einschläge waren das spektakulärste Ereignis im Sonnensystem, das in der Menschheitsgeschichte jemals bekannt geworden ist. Die Shoemakers wurden weltberühmt. Gene sagte einmal zu mir: »Unser Leben ist ein einziges Chaos, aber ich hoffe, so etwas passiert nur einmal.«
Und was ist mit James E. Gunn, dem Bastler? Er ist noch immer an der Universität Princeton beschäftigt, wo er an dem ehrgeizigsten Projekt der modernen Astronomie arbeitet, am sogenannten Sloan Digital Sky Survey. Das Ziel dieses 40-Millionen-Dollar-Projekts (Gunns Geräte sind nicht mehr so billig wie damals) ist die Erstellung einer elektronischen dreidimensionalen

Karte des Weltalls in Farbe – mit Hilfe all der Techniken, bei denen Gunn, wie in diesem Buch erzählt wird, Pionierarbeit geleistet hat. Gunn und sein Team bauen einen riesigen Farbscanner, der den Himmel absucht. Er wird in ein Teleskop auf einem Berg in New Mexico eingebaut werden. Wenn er funktioniert, wird er den Eindruck vermitteln, man habe einen Weltatlas, während es zuvor nur rudimentäre Skizzen gab. Der Atlas wird eine Million Quasare und hundert Millionen Galaxien enthalten, und er wird die dreidimensionale Struktur der Schöpfung zeigen. Er wird wahrscheinlich neue und völlig ungeahnte Objekte sichtbar machen.
Das Vertrackte an einem Sachbuch ist, daß sich die Figuren des Buches weiterentwickeln, wenn das Buch fertig ist. Das kann für den Verfasser des Buches recht unerfreulich sein. Ich habe Romanschriftsteller immer darum beneidet, daß sie Macht über ihre Gestalten haben. Falls nötig, können sie sich ihrer entledigen, indem sie sie sterben lassen oder nach Tibet schicken. Dem Sachbuchautor ist ein solcher Luxus nicht vergönnt. Er kann seine Figuren nicht lenken. Daher kann er die Handlung nicht so gestalten, wie er gerne möchte. Das gibt ihm das unangenehme Gefühl, daß sich das Buch seiner Kontrolle entzieht. Und trotzdem ist die Unvorhersehbarkeit eines der Geheimnisse des Sachbuches, denn sie verleiht dem Buch eine überzeugende Realität, setzt es den vielfältigen Überraschungen aus, die das Leben in seinem Fortgang bietet. Es ist mir immer schwergefallen, ein Sachbuch zu beenden und die Geschichte loszulassen, weil es anscheinend immer noch etwas zu sagen gibt. Wenn man am Ende des Buches angelangt ist, stellt man fest, daß die Geschichte nie enden wird. Das Buch muß ein Ende haben, aber die Geschichte fließt dahin wie ein Fluß, bis sie auf andere Lebensgeschichten trifft; diese berühren sich, laufen nebeneinander her und verschmelzen zum Strom der Menschheitsgeschichte.

Richard Preston, 1996

Teil 1
Das Große Auge

Als der Wecker Juan Carrasco, den leitenden Nachtassistenten des Palomar-Observatoriums weckte, drang Tageslicht durch die Spalten der schwarzen Rouleaus im Schlafzimmer. Er stand auf und zog an einem Rouleau, das rasselnd hochschnellte. Es war so abgenutzt, daß es kreuz und quer von Rissen durchzogen war, die er mit einem durchsichtigen, durch Nylonfäden verstärkten Klebeband verschlossen hatte. Bei den Astronomen des Observatoriums hieß es Palomar-Kleber, weil sie damit so gut wie alles reparierten, was in die Brüche ging. Carrasco erinnerte sich immer wieder selbst daran, neues Klebeband für die Rouleaus zu besorgen – schwarzes, um richtig abzudunkeln; dann würde er besser schlafen können. Er setzte seine Brille auf und blickte über einen mit Manzanitesträuchern bewachsenen Bergkamm hinauf zu den Wolken, die wie auseinandergezupfte Watte hoch über dem Kamm schwebten: ein gutes Zeichen. Ein Zeichen dafür, daß der Himmel in der kommenden Nacht klar sein würde. Juan ging ins Badezimmer, duschte ausgiebig und rasierte sich dann. Als er mit einem Einmalrasierer den Schaum von seinem Gesicht kratzte, zeigten sich im Spiegel breite Wangenknochen unter braunen Augen. Das Rasieren dauerte lange. Er hatte sich nie richtig an die Wegwerfrasierer gewöhnt. Er war einmal Herrenfriseur gewesen und hatte gelernt, sehr, sehr vorsichtig mit einem Rasiermesser umzugehen, wenn er einen Kunden bediente, und so war er aus reiner Gewohnheit auch bei den Einmalrasierern übervorsichtig. Nie hatte er einen Kunden geschnitten, nicht einmal dann, wenn einer von den Pennbrüdern, an denen er während seiner Ausbildung übte, im Frisiersessel zusammensackte oder anfing, wild um sich zu schlagen. Einen blutenden und schimpfenden Kunden vor sich zu haben, hätte seinen

Stolz verletzt, also hatte er seine Hand immer völlig unter Kontrolle. Ein Astronom konnte noch lauter schimpfen als ein verletzter Penner, wenn mit dem Hale-Teleskop etwas nicht in Ordnung war, also hatte er seine Hand immer völlig unter Kontrolle, wenn er am Steuerpult saß. Er rieb etwas Frisiercreme in seine Haare, die an den Schläfen schon etwas silbrig geworden waren, und zog auf der linken Seite einen Scheitel.

Juan zog sich an und ging nach draußen, um zu prüfen, wie das Wetter war. Einen Augenblick stand er in seinem Garten vor den wilden Apfelbäumen. Durch ihre kahlen Zweige sah er auf dem 60 Kilometer entfernten, nördlich gelegenen Mount San Jacinto den Schnee der letzten Nacht in der tiefstehenden Sonne leuchten. Das dazwischenliegende Land war von einer Nebelschicht bedeckt, aber der Himmel war weich und hatte die Farbe eines alten blauen Chevrolet.

In der Küche sah Juans Frau Lily im Fernsehen die Abendnachrichten. Sie stellte den Ton leiser, als Juan hereinkam. Er goß sich einen Becher Kaffee ein, während sie das Essen servierte und ihn fragte, mit wem er in dieser Nacht arbeiten würde.

Juan hatte eine förmliche Art, über seine Arbeit als Nachtassistent zu sprechen. Er sagte, er würde mit Dr. Maarten Schmidt, Donald Schneider und Professor James E. Gunn arbeiten und erzählte, daß sie Probleme mit ihren Geräten hatten – es ging um ein neues Experiment, um etwas, was noch nie versucht worden war.

Lily merkte, daß Juan sich Sorgen machte. »Manchmal frage ich mich«, sagte sie mir einmal, »ob Juan nicht große Angst hat, Fehler zu machen.« Als junger Vater hatte er seine Töchter auf Kissen herumgetragen – er hatte Angst gehabt, sie falsch anzufassen und dabei zu verletzen. Dieser Mann war geradezu dafür geschaffen, das Steuerpult von großen Teleskopen zu bedienen.

Juan stellte den Fernseher lauter, um den Wetterbericht zu hören. Nachts sollte es neblig sein und vom Meer her Wind aufkommen. Das war ein gutes Zeichen. Er hatte das Gefühl, diese

Nacht würde so klar werden, daß man Galaxien sehen könnte. Um 17 Uhr 45 setzte er seinen Schutzhelm auf und griff nach seiner Taschenlampe. »Bueno«, sagte er. »Ya me voy« – »ich gehe.«

»Que te vaya bien«, antwortete sie und küßte ihn. »Alles Gute.«

Juan ging eine Straße entlang, die über eine Schulter des Mount Palomar führte. Der lange und scharf gezackte Bergkamm liegt im südkalifornischen Küstengebirge, etwa auf halbem Wege zwischen Los Angeles und San Diego. Als Juan an einem Tannenwäldchen vorbeikam, in dem versteckt die stuckverzierten Häuser der anderen Mitarbeiter des Palomar-Observatoriums lagen, roch er den Rauch von Holzfeuer, in den sich der Nebel des Pazifischen Ozeans mischte. Der Weg führte durch ein Feld von braunen Farngewächsen und lief auf eine elfenbeinfarbene Kuppel zu. Der Gipfel des Mount Palomar war von Zedern, Weißtannen, Valparaiso-Eichen und blattlosen Schwarzeichen bedeckt, und zwischen den Bäumen erstreckten sich fette Wiesen. Auf den trockenen Sonnenseiten der Hänge wuchsen Würgkirsche, Kreuzdorn, Spanischer Flieder, wilde Kaffeebäume mit giftigen Beeren und zerzauste Zwergeichen mit stacheligen Blättern, die Carrasco hießen – genau wie Juan. Palomar bedeutet im Spanischen »Taubenschlag«, und im Herbst und Frühjahr war der Berg tatsächlich mit ganzen Schwärmen von Zugvögeln bevölkert. In dieser Nacht Anfang März sangen auf dem Berg noch keine Vögel, da sich der Frühling in einer Höhe von 1800 Metern auch in Südkalifornien nur langsam einstellt. Aber die Kröten waren aus ihrem Winterschlaf erwacht und ließen in der abendlichen Kälte ein »Kiep, Kiep« hören, das zaghaft und schmerzlich klagend klang.

Als Juan nach Westen blickte, sah er, daß der Mond schon untergegangen war. Die mondlose Zeit des Monats war gekommen, die die Astronomen die »dunkle Zeit« nennen. Die dunkle Zeit im Frühjahr eignet sich am besten für das Beobachten von Galaxien, weil sich die Milchstraße am Horizont befindet und nicht den Blick in die Tiefen des Weltalls versperren kann.

Wenn die Milchstraße hoch am Himmel steht, kann man auch mit einem Teleskop nicht in die Tiefen des Alls blicken. Als Juan um eine Biegung ging und sich der Kuppel näherte, sah er, daß im Westen über einem Bergkamm eine Nebelbank hing. Für ihn war aufsteigender Nebel ein gutes Omen, solange er nicht den Berg bedeckte. Die Lichter der Stadt erzeugten am Himmel einen dottergelben Fleck. Wenn sich der Nebel heute nacht über die Täler legte, würde er die Lichter der umliegenden Städte verdecken, während der Himmel über dem Berg klar und tiefschwarz bliebe – ideal, um Galaxien zu sehen. Die Sonne war hinter dem Nebel verschwunden, und Juan betrachtete zufrieden die Farbe des abnehmenden Lichtes; es war bläulich-weiß – kein Staub in der Luft. Er wußte genau, wo sich die Sonne befand. Er sah, daß sie in sechs Minuten untergehen würde. Der Mount Palomar würde im Schattenbereich der Erde liegen, und dann könnte man tief ins Weltall spähen.
Die Kuppel sah aus wie die Hollywood-Version eines Maya-Tempels. Juan schloß eine hohe Kassettentür auf, hinter der sich eine weitere, kleine Tür befand, die nach innen führte. Sie fiel hinter ihm mit einem Knall zu, dessen Echo zwischen den Stahlpfeilern widerhallte. Es war dunkel. Er knipste seine Taschenlampe an und stieg eine lange Treppe hinauf. Eine Tür führt zur Hauptebene der Kuppel, wo das 5-Meter-Teleskop steht. Es roch nach Farbe und Öl. Juan hielt seinen Schutzhelm fest und blickte nach oben. Sein Atem dampfte in der Kälte. Er sah, daß der Kuppelspalt geschlossen war und daß sich das Hale-Teleskop in seiner normalen Ruhestellung befand, also nach oben zeigte. Es ragte sieben Stockwerke über seinem Kopf empor. Für die meisten Menschen sieht es kaum wie ein Teleskop aus: Es ist ein Rohr aus Streben und Pfeilern. Aufgrund seiner grauen Farbe, die der von Kriegsschiffen ähnelt, wirkt es eher wie eine schreckliche Waffe als wie ein Spiegel, der Bilder aus längst vergangenen Zeiten aufnimmt. Auch nach so vielen Jahren flößte ihm der Anblick dieses Gerätes etwas Furcht ein.
Unter dem Teleskop ging ein Ingenieur hin und her, der in

eine Dampfwolke gehüllt war, da er Jim Gunns Kamera mit flüssigem Stickstoff füllte, um sie für die Nacht vorzubereiten. Juan öffnete seinen Schrank. Er nahm einen Pappkarton heraus, den er mit beiden Armen umfaßte, schloß den Schrank wieder zu und ging vorsichtig durch den Raum, da meistens Öl aus dem Teleskop tropfte und auf dem Boden kleine Pfützen bildete. Auf dem Karton stand *La Victoria Marinated Jalapeños.* Juan hatte ihn im Abfall gefunden, und obwohl er ihn mit Klebeband – Palomar-Kleber – umwickelt hatte, war der Karton rund und lappig geworden.

Juan bewahrte seine Notizbücher darin auf, in denen die Geheimnisse und die unzähligen Ticks des Hale festgehalten waren. Es hatte einundzwanzig Jahre, nämlich von 1928 bis 1949, gedauert, bis das Hale-Teleskop fertig war. Es enthielt Tausende von Komponenten aus den dreißiger Jahren – Motoren und Relais, Getriebe und Räder, Röhren und Pumpen. Teile, die von Firmen hergestellt worden waren, die es jetzt nicht mehr gab oder die sich mit anderen zusammengeschlossen hatten; Teile, die nirgends mehr zu beschaffen waren; Teile, die keiner mehr verstand. Juan Carrasco hielt sich selbst für ein kleines Rad in einem Unternehmen, das über den Mount Palomar, über die Vereinigten Staaten und vielleicht sogar über die ganze Welt hinausreichte. Er zweifelte an seiner Bedeutung für dieses Unternehmen. Obwohl er fünfzehn Jahre lang in dem Teleskop herumgeklettert war, es mit einem Staubtuch abgewischt hatte und durch die im Teleskop versteckten Räume gekrochen war, hatte er das Gefühl, daß das Große Auge irgendwie etwas Geheimnisvolles blieb. Er war überzeugt davon, daß noch andere Menschen das Hale-Teleskop benutzen würden, wenn er und die Astronomen das Zeitliche gesegnet hatten. »Jeder Mensch ist ersetzbar«, pflegte Juan zu sagen. »Teleskope nicht.« Etwas nervös betrat er einen kleinen Raum an der Seite der Kuppel, den Arbeitsraum. Dort traf er Maarten Schmidt an. Schmidt war ein hochgewachsener Mann mit lockigen, ergrauenden Haaren. Schmidt lächelte und sagte: »Guten Abend, Juan.«

»Die Täler sind voller Nebel, Maarten.«
»Aha«, sagte Maarten Schmidt. »Gut.«
»Ich glaube, daß es heute nacht klar sein wird.« Juan ging durch den Raum und richtete das Wort an einen Astronomen mit Bart und Brille. »Professor James E. Gunn«, sagte Juan, »werden wir heute Galaxien sehen?«
Gunn sagte lächelnd: »Ich weiß nicht, Juanito.«
Im Arbeitsraum hielten sich zwei weitere Männer auf. Der eine war ein junger Astronom mit blonden Haaren und Bart mit dem Namen Donald Schneider. Er saß vor einem Computerterminal, neben Barbara Zimmerman, einer Programmiererin vom Jet Propulsion Laboratory in Pasadena. Sie war in den Vierzigern, hatte braune Haare und ein breites Gesicht, und ihre Finger bearbeiteten entschlossen eine Computertastatur. Sie entwickelte fieberhaft ein völlig neues Computerprogramm: »Software-Jazz«. »Hi, Juan«, sagte sie, ohne aufzublicken.
»Hallo, hallo«, gab Juan zurück.
Juan legte seinen Schutzhelm und seinen Jalapeños-Karton in ein Regal und setzte sich auf einen Drehstuhl. Er war auf drei Seiten von Steuerpulten umgeben, die Schalter und Monitoren enthielten. Er betätigte einen Schalter, und einige Vickers-Pumpen begannen, *Flying-Horse-Teleskopöl* in die Lager unter dem Hufeisen des Hale-Teleskops zu pressen. Er überprüfte die Temperatur des Spiegels. Sie war normal. Heute war ein Mann für die Steuerung des Großen Auges verantwortlich, der einmal Herrenfriseur in Texas gewesen war; er war kein Astronom, denn niemand, der bei Verstand war, würde einem Astronomen das Steuerpult des stärksten Teleskops der Welt anvertrauen.

* * *

Am Nachmittag, einige Stunden bevor sein Team bei der Suche nach dem Rande des bekannten Universums in eine neue Phase eintreten würde, saß der angesehene Astronom James E. Gunn an einer Werkbank in einem Raum, der Elektronik-

Werkstatt genannt wurde und sich in einem tiefer gelegenen Stockwerk der Kuppel befand. Jim Gunn bearbeitete einen kleinen blauen Metallkasten mit einem Lötkolben. Von dem Kasten stieg ein Rauchkringel auf. Er blinzelte, zog sein Taschentuch aus seiner Hosentasche und nieste. Er putzte sich die Nase und warf das Taschentuch auf die Werkbank. Er sagte: »Anscheinend habe ich mir an der Ostküste was geholt.« Er schielte auf den Kasten. »Ich weiß nicht, wie dieses kleine Ding heißen soll«, sagte er, »es hat keinen Namen.«

Der Kasten von der Größe einer Zigarettenschachtel war ein buntes Durcheinander von einzelnen Teilen. Er enthielt Widerstände, Kondensatoren und einige Halbleiterchips, die Gunn in Elektronik-Werkstätten aus dem Ramsch gefischt hatte. In Gunns Universum wird so ein Teil »kludge« (sprich: Kluudsch) genannt, was im amerikanischen Slang soviel wie »zusammengeschustertes Flickwerk« bedeutet. Der Kasten enthielt auch einen Kippschalter. Gunn, der beim Sprechen manche Worte besonders zu betonen pflegte, sagte: »Dieses *Ding,* wie immer man es nennen mag, wird die Kamera des Hale-Teleskops dazu bringen, Daten zu liefern, die uns bei der Suche nach Quasaren helfen werden. Wir wollen das Teleskop gewissermaßen parken und die Sterne an ihm vorbeiziehen lassen. Dadurch erhalten wir fortlaufende Bilder vom Himmel, so etwas wie einen langen Filmausschnitt. Leider ist die Kamera des Teleskops dafür nicht geeignet.«

Meistens schauen Astronomen gar nicht mehr durch ein Teleskop. Sie blicken auf einen Monitor, der den nächtlichen Himmel abbildet. Heutzutage haben fast alle professionellen Teleskope Kameras, und die meisten dieser Kameras arbeiten mit elektronischen Sensoren. Die Systeme, die für den Betrieb eines modernen Teleskops erforderlich sind, ähneln den Systemen von Spionagesatelliten. Man braucht einen riesigen Spiegel. Man braucht eine elektronische Kamera, die große Mengen schwachen Lichtes auf einen kleinen, hyperempfindlichen Sensorchip aus Silizium lenkt. Man muß sich mit Computer-

programmen und Robotern auskennen. Der Unterschied zum Spionagesatelliten liegt darin, daß Astronomen ihre Sensoren von der Erde weg in den Weltraum richten.
In den letzten drei Tagen hatte Jim Gunn jeweils nur ein bis zwei Stunden geschlafen. Das erschreckte ihn, weil er das Gefühl hatte, zuviel geschlafen zu haben, wahrscheinlich wegen eines leichten Fiebers. Er sagte: »Ich kann nicht mehr vierundzwanzig Stunden durcharbeiten. Ich werde alt.« Ein weiteres Problem war für ihn, daß er sich auch noch mit einem Reporter abgeben mußte. Ich machte mir Notizen, während Gunn arbeitete.
Gunn war damals siebenundvierzig Jahre alt und von leicht unterdurchschnittlicher Größe. Er hatte einen Bart und buschige Augenbrauen. Er hatte eine kräftige Stirn, braune Haare, die sich oben lichteten, und lebhafte braune Augen. Er wird auf der ganzen Welt bewundert und hat so viele Auszeichnungen und Preise erhalten, daß er sich kaum noch an alle erinnern kann. An jenem Abend trug er einen braunen Pullover mit Zopfmuster, in dem einige Mottenlöcher waren, und eine speckige blaue Hose, wie man sie bei Tankwarten sieht. In den Taschen dieser Hose waren Gegenstände transportiert worden, für die sie nie gedacht gewesen waren, so daß sie Löcher hatten und an den Nähten aufgerissen waren. Auf dem Boden stand sein Werkzeugkasten, auf dem J. GUNN zu lesen war. Er war vollgestopft mit Klebeband, Drähten, Chips, Schrauben, Nieten, Kombizangen und vielen anderen Zangen. Auf der Werkbank lag eine Brille mit Goldrand, deren Steg mit Isolierband umwickelt war. Er sagte, so würde seine Brille besser sitzen.
Das Hale-Teleskop und die drei anderen Teleskope des Palomar-Observatoriums gehören dem California Institute of Technology – bekannter unter der Bezeichnung Caltech. Das Caltech ist eine kleine Privatuniversität in Pasadena in Kalifornien. In den Kellergeschossen und Laboratorien des Caltech werden Jim Gunn und seine Leute manchmal die »Klempner« genannt.

Sie sind auch als die »Palomar-Tüftler« bekannt. Sie sind jedoch ausgebildete Astronomen, die ihre Instrumente ausnahmsweise selbst bauen. Gunn war der »Klempner« eines Teams von Astronomen, das versucht hatte, eine Karte vom Rande des Universums zu erstellen. Ein solches Projekt erforderte Teamarbeit, und ganz sicher auch einen »Klempner«. Die beiden anderen Mitglieder des Teams waren Maarten Schmidt, der Projektleiter, und Donald Schneider, Schmidts Assistent. Dem Team standen auch mehrere Ingenieure und Programmierer zur Seite, darunter Barbara Zimmerman.

Gunn wurde allmählich ungeduldig. Seit drei Jahren hatte das Team nach bestimmten seltenen Quasaren gesucht, hatte sie bisher aber nicht gefunden. Quasare waren Lichtpunkte, die in den Tiefen des Universums strahlten, kosmische Leuchtfeuer. Das Team wollte die Positionen einiger der entferntesten Quasare finden und kartographisch erfassen. Es glaubte, so die Konturen eines ansonsten verborgenen Ufers skizzieren zu können. Für diesen Versuch hatte das Team vier Märznächte am Hale-Teleskop zugeteilt bekommen. In diesen Nächten ist der Mond untergegangen, liegt die Milchstraße flach auf dem Horizont und gibt einen Blick in die Tiefen des Himmels frei.

Das Team hatte beschlossen, die Kamera so am Teleskop anzubringen, daß sie den Himmel absuchen konnte, was das Auffinden von Quasaren beschleunigen würde. So, wie man eine Videokamera über eine Landschaft schwenkt, wollten sie in diesem Fall ein Teleskop über den Weltraum schwenken. Die Kamera des Hale-Teleskops war ein elektronisches System, das für Schnappschüsse und nicht für Filmaufnahmen gedacht war. Die mit automatischen Elementen bestückte Kamera wurde von einem Computer gesteuert, der unterhalb des Teleskops stand und für dieses Experiment umgebaut werden mußte. Das Quasar-Team hatte einen Ingenieur namens Richard Lucinio beauftragt, diesen Computer auseinanderzunehmen und neu zusammenzusetzen. Kurz bevor die mondlose Zeit anbrach, mußte Lucinio aber ins Krankenhaus. Der Computer des

Hale-Teleskops war nach wie vor nicht einsetzbar. Das Quasar-Team hatte die Chance, das Hale zu benutzen, und wollte diese Chance nicht verspielen, nur weil sein Computeringenieur in Lebensgefahr schwebte. Gunn hatte keine andere Wahl, als das Experiment mit einem Lötkolben zu retten.

Gunn wohnte in Princeton, New Jersey. Vor Sonnenaufgang nahm er ein Taxi zum Flughafen in Newark. Er flog nach Los Angeles. Dort mietete er ein Auto und fuhr zum Caltech, wo er den J. Gunn-Werkzeugkasten abholte. Dann machte er sich auf der Interstate 210 nach Osten und dann nach Süden auf. Als er bei der Kuppel des Hale-Teleskops ankam, ging er hinein und blieb dort die nächsten drei Tage, bis er seinen Kludge gebaut hatte.

Gunn drehte das Gerät in seiner Hand hin und her und betrachtete es. Es würde der Teleskopkamera helfen, mit ihrem Computer zu sprechen. »So ein Ding kann man sich nicht ausdenken«, sagte er, »man muß einfach sehen, was man zur Hand hat. Dann baut man es.« Gunn wollte das Teil wie eine Napfschnecke an die Kamera drücken. Er stellte sich vor, daß der Apparat das Hale-Teleskop in einen Scanner verwandeln würde, der Filmaufnahmen liefern konnte, wenn er den Kippschalter am Kludge auf »scan« stellte – er hatte sogar »scan« neben den Schalter geschrieben, um sich selbst daran zu erinnern, wie er ihn betätigen mußte.

Er griff nach einem Gegenstand, der wie eine Leuchtpistole aussah. Er sagte: »Dies ist ein 400-Grad-Fön.« Er richtete ihn auf seinen Handrücken und schaltete ihn ein, um zu sehen, ob er funktionierte. Man hörte ein Surren und roch verbranntes Haar. »Hm!« sagte er, »er funktioniert.« Er richtete den Fön auf ein in eine Folie eingeschweißtes Kabel, das aus dem Kludge herausragte, und das Kabel schnurrte zusammen. Dann nahm er einen Lötkolben, zusammengerollte Schaltpläne, den Kludge und rannte aus dem Raum. Astronomen nennen mehrere Nächte, die sie an einem Teleskop verbringen, einen »Beobachtungs-Lauf«, und dieser Ausdruck ist keineswegs nur bild-

lich gemeint. Gunn fuhr mit dem Aufzug ins nächste Stockwerk, wo das größte Teleskop der Welt steht.
Das Hale-Teleskop, das die Größe eines kleinen Bürogebäudes hat, war in Natriumlicht getaucht, und dieses Licht ließ das Metall in der Kuppel glitzern und funkeln. Ob absichtlich oder zufällig, die Hale-Kuppel ist fast genauso groß wie das Pantheon in Rom. Wie so oft hielt Jim Gunn einen Augenblick inne und ließ seinen Blick über das Teleskop schweifen. Er gab zu, daß er das letzte von George Ellery Hale gebaute Teleskop nie ohne ein ungläubiges Staunen anschauen konnte. »Einfach umwerfend«, pflegte Gunn zu sagen. Dann durchmaß Gunn mit schnellen Schritten das Stockwerk und stieg eine Treppe zu einer Stahlkabine hinauf, die am unteren Ende des Teleskops hing. Diese Kabine befindet sich direkt unter dem Hauptspiegel des Teleskops – ein konkaver Spiegel aus Borsilikatglas mit einem Durchmesser von 5 Metern und einer mit einer reflektierenden Aluminiumschicht überzogenen Oberfläche. In der Mitte des Spiegels befindet sich ein Loch. Die konkave Seite des Spiegels ist durch den Teleskoptubus direkt auf den Himmel gerichtet und glänzt nachts, wenn sich auf ihr die Sterne widerspiegeln, wie eine Wasserfläche auf dem Grund eines Brunnens.
Gunn breitete seine Schaltpläne auf dem Boden der Kabine aus. Er griff nach einer Taschenlampe, die anscheinend ausgegangen war. »Verdammt«, brummte er und schlug die Lampe gegen die Kabine. Die Birne brannte schwach. Er ließ den Lichtstrahl der Lampe durch die Kabine wandern. Auf dem Boden lagen Schraubenschlüssel, Kombizangen, Schraubenzieher und Klebebandrollen. Er richtete die Lampe auf eine Kamera, die in eine Öffnung im Sockel des Teleskops eingelassen war und wie eine Granate in einer Kanone aussah. »Das ist der 4-Shooter«, sagte er. »Er ist seit etwas mehr als einem Jahr in Betrieb.« Der 4-Shooter ist die Hauptkamera des Hale-Teleskops – gebaut von Jim Gunn.
Gunn klemmte die Taschenlampe zwischen seine Knie und

richtete sie nach oben, um seine Kamera ein wenig zu beleuchten, während er mit beiden Händen nach einem Knäuel von losen Kabeln griff. Er zog ein Schweizer Messer aus seiner Hosentasche, schnitt mit ihm ein Kabel auf und entfernte etwas Kunststoff. »Komm schon!« knurrte er und zog ein Gewirr von bunten Drähten heraus. Er begann, mit Hilfe des Lötkolbens verschiedene Drähte, die aus dem Kludge herausragten, in das Nervensystem des 4-Shooter einzubauen. Plötzlich sagte er: »Auf einer Skala von eins bis zehn liegt diese Krise nur bei zwanzig.« Er bearbeitete einen Draht mit dem Lötkolben, und Rauch stieg auf. »Ich habe schon Dinge erlebt, die über zwanzig lagen«, fügte er hinzu. »Bei zwanzig kann man sich noch glücklich schätzen.«

Die 4-Shooter genannte Kamera ist ein weißer Zylinder, etwa 1,50 Meter lang, hat einen Durchmesser von 76 Zentimetern und wiegt 675 Kilo. Sie ist in den unteren Teil des Hale-Teleskops eingelassen und späht durch das Loch in der Mitte des Spiegels. Obwohl die Kamera vergleichsweise riesig ist, sieht sie von weitem nicht größer aus als eine am unteren Teil des Hale befestigte Niete.

Gunn hatte diese Kamera gleichsam aus dem Nichts in der sogenannten »Schrotthalde«, einem Kellergeschoß des Caltech, gebaut. Viel Hilfe und viele gebrauchte Teile bekam er von einigen Ingenieuren und Technikern des Caltech, die sich in der geheimnisvollen Welt des Schrotts auskannten und den Spitznamen »Schrott-Genies« hatten. Der 4-Shooter ähnelt in gewisser Weise der wissenschaftlichen Ausrüstung eines Weltraumfahrzeugs: er enthält verschiedene Quarzlinsen und -spiegel, Unmengen von goldenen Steckern und vergoldeten Teilen sowie hochentwickelte Bildverarbeitungssensoren. Andererseits ähnelt er einem riesigen Kludge: er enthält ein Gewirr von Leitungen aus rostfreiem Stahl, Drähte aus Ramschläden, gebrauchte Motoren, die zu Schleuderpreisen erworben wurden (ein Zehntel des normalen Preises und weniger), Riemen von Filmprojektoren, eine zerbrochene Rasierklinge, Ensolite-

Schaum, Klavierdrähte, Fett, Klebstoff und kleine pudrige Kristalle von getrocknetem Schweiß.

Ein wichtiges wissenschaftliches Instrument wird normalerweise so lange benutzt, bis es ein besseres Instrument gibt, und das dauert zumeist einige Jahre. Aber das Hale – Teleskop späht seit fünfzig Jahren in die Tiefen des Universums, und das ist vor allem das Verdienst der Palomar-Tüftler. Das Hale ist nicht mehr das größte Teleskop der Welt – das Caltech hat vor kurzem auf dem Mauna Kea auf Hawaii ein größeres gebaut, das sogenannte Keck-Teleskop, das einen Spiegel aus Glassegmenten hat, die zusammen einen Durchmesser von 10 Metern ergeben. Trotzdem hat das Hale-Teleskop Weltklasse. Es enthält hyperempfindliche Instrumente, von denen der 4-Shooter nur eines ist. Diese Instrumente und die Größe des Teleskopspiegels machen das Hale zu einem der besten Teleskope der Welt. Das Hale ist ein ingenieurtechnisches Meisterwerk aus der Zeit der großen Weltwirtschaftskrise, das Apollo-Projekt der dreißiger Jahre. Das Hale-Teleskop, ein geschweißter Koloß, grau, unnahbar, wuchtig, beweglich, scheinbar unzerstörbar, auf kompromißlose und wunderbare Weise dem außergalaktischen Raum auf der Spur, ist *das* Schlachtschiff unter den Teleskopen. Es wird nie wieder ein Teleskop wie das Hale geben, denn erstens wäre es heute unerschwinglich und zweitens werden die heutigen Teleskope anders konstruiert. Heute wird eine neue Generation von erdgebundenen Teleskopen gebaut, deren große Spiegel in leichten Rahmen hängen und die mehr Flugzeugen als Schiffen ähneln. Dann ist da noch das Hubble-Weltraumteleskop, das etwa 480 Kilometer über der Erde aus dem Frachtraum der Raumfähre Atlantis auf seine Umlaufbahn gebracht wurde. Aber vorerst ist das Hale der Weltmeister im Schwergewicht. Das Hale wird wahrscheinlich bis ins einundzwanzigste Jahrhundert hinein eines der größten Teleskope der Welt bleiben.

Das Hale ist ein vielseitig verwendbares Teleskop. Außer seinem 5-Meter-Primärspiegel enthält es insgesamt elf kleinere Spiegel, die so eingestellt und bewegt werden können, daß sie das Licht

an verschiedenen Stellen im oder neben dem Teleskop reflektieren und bündeln können. Das Hale ist eine Lichtraffinerie: Es sammelt eine riesige Menge Sternenlicht und leitet es in einen winzigen Bereich. Wenn der 4-Shooter an das Hale angeschlossen ist, fällt das Sternenlicht auf den Primärspiegel und springt dann auf einen kleinen Sekundärspiegel (ca. 1,20 Meter Durchmesser) am oberen Ende des Teleskops. Dann springt das Licht hinunter in den 4-Shooter, der sich im Loch des 5-Meter-Spiegels befindet. Wenn das Sternenlicht in den 4-Shooter eintritt, ist aus einem fast 5 Meter breiten Strahl ein 35 Zentimeter breiter Strahl geworden. Der Strahl des Sternenlichts tritt in ein Fenster des 4-Shooter ein, wo er weiter verkleinert und von verschiedenen Spiegeln reflektiert wird. Schließlich landet er auf vier Elektronikchips, die man CCDs nennt. Jeder Chip ist so groß wie der Fingernagel eines Kindes. Am Ende wird das Licht, das auf den Hauptspiegel des Hale-Teleskops fällt – insgesamt ca. 20 Quadratmeter –, auf vier Chips gelenkt, die zusammen so groß wie eine Briefmarke sind.
Der 4-Shooter ist Jim Gunns Lieblingsspielzeug. Er kann vier Himmelsaufnahmen gleichzeitig machen. Diese Aufnahmen können so zusammengefügt werden, daß sie ein Mosaik von vier Bildern im Hochformat ergeben. Der 4-Shooter hat Bilder von neuentstandenen Sternen aufgenommen, die durch Staubkokons hindurchscheinen, von älteren Sternen aus Kohlenstoff, die Wasserstoffblasen absondern, und von Gaswolken, die aus Sternen aufgestiegen sind, welche explodiert und dann erloschen sind. Die Kamera hat Aufnahmen von Zwerggalaxien gemacht, von Starburstgalaxien und von elliptischen Galaxien, die mit warzenförmigen Kugelhaufen übersät sind. Sie hat die explosiven Kerne der Seyfert-Galaxien enthüllt und in ihre quasarähnliche Struktur mit filigranen Mustern aus schwarzem Staub geschaut. Sie hat Schnappschüsse von kollidierenden Galaxien gemacht, die Sternschnüre von sich schleudern, während sie miteinander tanzen und verschmelzen. Der 4-Shooter hat kannibalische Galaxien abgelichtet, die sich gegenseitig auf-

Das Hale-Teleskop nach einer Zeichnung von Russel W. Porter aus dem Jahre 1939, lange vor der Fertigstellung des Teleskops. Obwohl sich Porter das endgültige Aussehen des Teleskops nur in der Phantasie vorstellen konnte, gelang es ihm, einen Eindruck von dessen Großartigkeit zu vermitteln. Das offene Gerüst aus Stahlträgern ist der Tubus des Teleskops. Oben links sieht man die Primärfokuskabine, in der ein Astronom sitzen und direkt in den Spiegel blicken kann. Der Spiegel befindet sich unten rechts am Ende des Tubus. Oben rechts im Bild hebt sich das Hufeisen gegen den Nachthimmel ab, der durch den offenen Kuppelspalt zu sehen ist. (Foto mit freundlicher Genehmigung des Palomar-Observatoriums, Caltech)

fressen. Er hat Bilder von Galaxienschwärmen aufgenommen, in denen die Galaxien wie Mücken umeinander tanzen, und er hat Gravitationslinsen gezeigt, Wellen im Raum-Zeit-Kontinuum, die das Licht von Quasaren doppelt, dreifach und vierfach brechen, so daß diese als Luftspiegelungen aus den Anfängen der Zeit erscheinen.

Gunn, der mit schnellen Bewegungen in der Kabine hantierte, wirkte aufgrund der ungeheuren Größe des Hale-Teleskops wie ein Zwerg, der mit einem Gewirr von Drähten kämpft. Er konnte nicht sehen, was er tat, weil er von seinem Vater kurzsichtige Augen geerbt hatte. Er pflegte zu sagen: »Ich kann im Nahbereich nicht gut sehen und auf größere Entfernungen auch nicht«, um zu erklären, warum er eine große Sammlung von Woolworth-Brillen unterschiedlicher Stärke hatte, die er in Princeton, im Caltech und auf dem Mount Palomar deponierte, um immer eine Brille in Reichweite zu haben; aber er hatte vergessen, eine Brille im Hale-Teleskop zu deponieren. Er drückte auf einen Knopf.

»Dons«, rief er in die Sprechanlage. Er wollte mit seinem Kollegen Don Schneider sprechen.

»Ich grüße Sie«, schnarrte eine Stimme.

»Ich brauche jemanden mit jungen Augen«, sagte Gunn.

In der Wand der Kuppel ging eine Tür auf, Don Schneider kam herein und stieg die Treppe zur Kabine hinauf. Er hatte blonde Haare, einen Bart, ein schmales Gesicht und lebhafte blaue Augen. Er zog nervös eine Wollmütze über seinen Kopf und sagte: »Heute nacht wird's chaotisch.« Er hielt vorsichtig Abstand zu Gunns Drähtegewirr.

»Immer mit der Ruhe«, antwortete Gunn.

»Eine Katastrophe«, sagte Schneider. »Es sieht so aus, als bekämen wir heute nacht Nebel.« Dann erzählte er Gunn, daß das Computersystem verrückt spielte.

»So«, sagte Gunn. »Das ist kein Problem. Barbara soll ein paar Programmzeilen schreiben und den Computer wieder zur Räson bringen.« Gunn hielt ihm eine Handvoll Drähte hin. »Wür-

den Sie dies mal halten?« Die Drähte zitterten; Gunns Hände zitterten, weil er zu wenig geschlafen hatte.
»Haben Sie getrunken?« fragte Schneider lächelnd.
»Keinen Tropfen. Seit einer geschlagenen halben Stunde versuche ich, *drei Drähte* zu löten.«
Sie beugten sich über das Gewirr. Sie arbeiteten fieberhaft. Ihr Atem dampfte, und das verbrannte Terpentin schwängerte die kalte Luft mit Rauch. Plötzlich leuchtete in der Nähe eine Birne auf. Don Schneider sah sich um. Eine Gruppe von Schulkindern war mit ihren Lehrern gekommen, um den Fortschritt der amerikanischen Wissenschaft zu besichtigen. Die Kinder standen hinter einer Glaswand – auf einer Galerie, die sich an einer Seite der Kuppel befindet. Das Glas soll verhindern, daß die menschliche Körperwärme die Kuppel aufheizt, denn dann würden sich auf dem Spiegel kleine Wellen bilden und die Sterne unscharf werden lassen. Warme Luft würde auch nachts durch den Kuppelspalt austreten und die Sterne zum Flimmern bringen. Glücklicherweise verhindert die Glaswand auch, daß die Besucher die Flüche hören, die oft genug aus der Kabine am unteren Ende des Hale-Teleskops kommen.
»Die Sonne geht planmäßig unter«, bemerkte Schneider. Gunn lachte nervös.
Endlich hatten sie die Drähte aus dem Kludge in den 4-Shooter eingebaut. Als Gunn mit dem Fuß den Boden der Kabine absuchte, stieß er auf eine Rolle Klebeband, die Sorte, die mit Nylonfäden verstärkt ist. Palomar-Kleber. Gunn schnitt mit seinem Messer ein Stück Band ab und klebte den Kludge an seine Kamera. Er sagte: »Der Palomar-Kleber hält den ganzen Laden zusammen.«

* * *

Im Arbeitsraum neben dem Teleskop saß Maarten Schmidt im Schein einer Lampe über einen Eichenschreibtisch gebeugt. Er leitete das Experiment. Er hatte die Oberaufsicht. Er war der Chef. »James befindet sich in kontrollierter Panik«, erklärte er mir. »Das ist nichts Ungewöhnliches.« Schmidt war ein reservierter Mann, groß und schlaksig. Er hatte in seinem Leben etwa fünfhundert Nächte im Großen Auge verbracht. Er verglich seine Rolle in diesem Experiment mit der des Managers eines Baseballteams. Sein Star-Werfer – Gunn – schien Probleme zu haben. Den ganzen Nachmittag war Gunn herumgelaufen und hatte gesagt: »Keine Sorge, Maarten, wir sind fast fertig.« Maarten hatte sich allmählich gefragt, ob er das Experiment in dieser Nacht ausfallen lassen und das Hale-Teleskop für einen anderen Zweck nutzen sollte. Das könnte die Suche nach Quasaren um sechs Monate, vielleicht auch um ein Jahr verzögern. Schmidt war an Verzögerungen gewöhnt. Er suchte bereits seit zweiundzwanzig Jahren nach Quasaren.

Jim Gunn und Don Schneider gingen in den Arbeitsraum. Maarten Schmidt sagte zu seinen Kollegen: »Wir sollten jetzt zu Abend essen.« Und an Gunn gewandt: »Kommen Sie mit, James?«

»Ja, gleich.« Gunn ging durch den Raum und setzte sich neben Barbara Zimmerman vor ein Computerterminal. Sie schrieb fieberhaft an einem Computerprogramm, das, so hoffte sie, Gunns Kludge zum Laufen bringen würde.

Maarten Schmidt und Don Schneider fuhren mit dem Aufzug ins Erdgeschoß und traten aus der Kuppel heraus ins Abendlicht. Sie gingen einen kleinen Weg zwischen Zedern und vertrocknetem, mit Schneeresten besprenkeltem Farn entlang. Sie vermieden es, die Quasare zu erwähnen. Maarten sagte zu Don: »Sie haben nicht zufällig meine Taschenlampe gesehen? Sie war noch aus den fünfziger Jahren. Anscheinend habe ich sie verloren.« In der Ferne krähte ein Hahn.

Sie stiegen hinab zum »Monasterium«, ein Gebäude, in dem die Astronomen, die den Mount Palomar besuchen, essen und tagsüber schlafen. Das »Monasterium« liegt in einer Senke am Berg, hat stuckverzierte Wände und ein Giebeldach und ähnelt einer etwas heruntergekommenen Ferienpension. Schmidt und Schneider setzten sich an den langen Gemeinschaftstisch im Speisesaal. Mehrere Astronomen, die an anderen Teleskopen des Observatoriums arbeiteten, hatten sich schon eingefunden. Auf dem Tisch standen Steaks. Astronomen brauchen im allgemeinen eine kräftige Mahlzeit, weil es in den ungeheizten Kuppeln nachts so kalt werden kann, daß der einzige Puffer zwischen dem Astronomen und dem Erfrieren ein Steak in seinem Magen und eine Tüte Kekse in seiner Hand sein können. Die Astronomen unterhielten sich leise, dazwischen hörte man das Klappern von Geschirr.

»Wir versuchen, den 4-Shooter dazu zu bringen, die Daten mit einer bestimmten Geschwindigkeit auszulesen«, sagte Don Schneider.

»Mit welcher Geschwindigkeit?« fragte einer der Astronomen.

»Hundertvierzig Millionen Bytes pro Stunde«, antwortete Schneider.

»Das ist unglaublich«, sagte der Astronom.

»Wir werden in einer Nacht wohl zwölf Bänder mit Daten vollkriegen«, fügte Schneider hinzu.

* * *

Am Ende des Tisches saßen eine Frau und ein Mann, die zwar zuhörten, sich aber nur wenig am Gespräch beteiligten. Carolyn Shoemaker hatte graue Haare, die zu einer Ponyfrisur geschnitten waren, und braune Augen. Sie trug ein kastanienbraunes Sweatshirt und Blue Jeans. Ihr Mann Eugene Shoemaker hatte ein breites Gesicht, dunkle, von weißen Strähnen durchzogene Haare und einen kurzen Schnurrbart. Sie waren ein schönes Paar. Man würde sie für ganz normale Großeltern halten, wenn man nicht wüßte, daß sie einen beträchtlichen Teil ihrer Zeit damit verbringen, die australische Wildnis zu durchstreifen und nach riesigen, ausgewaschenen Kratern zu suchen, die von Asteroiden- und Kometeneinschlägen stammen. Gene sagte: »Wir haben mit unserem Teleskop schon alle möglichen Probleme gehabt.« Er meinte das 18-Zoll-Schmidt-Teleskop mit einem Durchmesser von etwas mehr als 45 Zenti-

metern, das in einer kleinen Kuppel etwa 300 Meter südlich vom Hale-Teleskop stand.
»Es ist eben ein *altes* Teleskop«, sagte Carolyn mit milder Nachsicht.
»Einer der Motoren hielt unsere Arbeit auf«, sagte Gene. Er und Carolyn waren auf dem Mount Palomar, um Asteroiden und Kometen zu suchen.
Carolyn sagte: »Gene muß unter das Teleskop kriechen und den Motor mit der Hand starten, damit die Fotos nicht unscharf werden.«
»Das muß schnell gehen«, sagte Gene. »Ich muß die Antriebswelle mit Schwung in Gang bringen.«
Jim Gunn und Barbara Zimmerman kamen herein. Sie setzten sich und nickten allen zu. Gunn holte sich mit einer Gabel ein Steak.
»Das ist aber noch nicht alles«, fuhr Gene Shoemaker fort. »Wir haben zuviel Spiel im Hauptgetriebe. Das Teleskop verrutscht uns. Wir können es nicht exakt auf einen Stern richten.«
Jim Gunn sagte: »Klingt so, als sei das Getriebe ausgeleiert, Gene.«
»Genau«, erwiderte Gene.
»Da liegt das Problem«, sagte Jim. »Das Getriebe muß beschwert werden.«
»Genau«, meinte Gene.
»Besorgen Sie sich einen Strick und ein Stück Bauholz«, sagte Jim. »Binden Sie den Holzklotz an das Teleskop und hängen Sie dann ein Stück *Blei* daran.«
Alle lachten, auch Gene Shoemaker. Doch ihm war klar, daß Gunn das Problem genau erfaßt hatte, und er nahm sich vor, beim nächsten Besuch einige Stücke Blei mitzubringen.

* * *

Es gibt bei den Astronomen den Spruch, daß sich fünf Milliarden Menschen mit der Oberfläche der Erde befassen und zehntausend mit allem anderen. Das sind diejenigen, die das betreiben, was als älteste Wissenschaft der Welt gilt. Die Astronomen

üben ihr Handwerk auf einem Tröpfchen aus Eisen und Silikaten aus, das einen G2-Stern umkreist, der derzeit am inneren Rand des Orion-Arms der Milchstraße treibt. Die Milchstraße ist eine Spiralgalaxie, die etwa hundert Milliarden Sonnen enthält. Die Milchstraße mag noch andere Namen haben, aber die Astronomen kennen sie noch nicht. Im zwanzigsten Jahrhundert haben sie einen gewissen Fortschritt gemacht, da sie herausgefunden haben, daß die Milchstraße zu dem gehört, was sie die Lokale Gruppe nennen. Die Lokale Gruppe ist ein Haufen von mehreren Dutzend Galaxien, zu dem auch der Andromedanebel und die Magellanschen Wolken gehören, und der einen praktisch kaum erkennbaren Galaxienhaufen am äußeren Rand des Lokalen Superhaufens, einer Wolke von vielen tausend Galaxien, bildet. Wenn eine Galaxie ein Blatt wäre, dann hätte ein Superhaufen die Größe eines Baumes. Der Lokale Superhaufen macht etwa ein Millionstel des beobachtbaren Universums aus, das so viele Superhaufen enthält, wie ein Wald Bäume hat. In den ferneren Teilen des Universums der Astronomen – wie sie es zu sehen bekommen – leuchten die Quasare mit einer Kraft, die stärker ist als alles, was die Astronomen irgendwo in Erdnähe gesehen haben. Die Astronomen verstehen noch nicht ganz, was Quasare sind und was sie zum Leuchten bringt, obwohl viele Quasare so hell sind, daß sie mit einem bescheidenen Amateurfernrohr gesehen werden können.
Maarten Schmidt rührte sein Essen kaum an. Er schien beunruhigt. Es roch nach Kaffee.
Barbara Zimmerman sagte zu Maarten Schmidt: »Ich glaube, wir haben Jims kleinen Kasten zum Laufen gebracht.«
Maarten klopfte mit seinen Fingern auf den Tisch und drehte sich zu Jim um: »Und, James, was kommt als nächstes?«
»Weiterarbeiten, nehme ich an«, antwortete Gunn. Er und Zimmerman standen plötzlich auf und gingen hinaus.
Schmidt lachte: »So wörtlich war das nicht gemeint!« rief er ihnen nach.

* * *

Juan Carrasco und Don Schneider standen auf dem Gang, der um die Hale-Kuppel herumführt, und betrachteten den aufsteigenden Nebel, der sich in den umliegenden Tälern zu sammeln schien. Don blickte nach oben und sagte: »Wie wird Ihrer Ansicht nach das Wetter, Juan?«
Juan deutete nach Westen. Er sagte: »Da ist die Venus.«
»Sie halten das wohl für ein gutes Zeichen.«
»O ja«, erwiderte Juan.
»Der Nebel wird tatsächlich dichter«, sagte Don und blickte sich um.
Juan sah auf ein Meßgerät. »Die Feuchtigkeit ist nicht schlecht.«
»Wenn man den Instrumenten traut.«
Juan befühlte die Wand. »Schwierig«, meinte er.
»Kein Zweifel, in der Atmosphäre ist eine gewisse Struktur. Irgendwie schmuddelig«, sagte Don.
»Hochnebel kann das Seeing verbessern.«
»Haben Sie jemals daran gedacht, in die Politik zu gehen, Juan?«
Sie gingen hinüber zur Nordseite der Kuppel. Der Nebel hatte das Becken von Los Angeles eingehüllt, aber am Horizont lagen deutlich sichtbar die kahlen San Gabriel Mountains. Das »Kiep, Kiep« der Kröten war lauter geworden, es begrüßte den Nebel. Außer dem Hale-Teleskop waren auf dem Mount Palomar noch drei weitere Teleskope in Betrieb; Juan und Don konnten auf ihrem Rundgang die Kuppel eines jeden Teleskops sehen: das 48-Zoll-Schmidt-Teleskop, mit dessen Hilfe ein Himmelsatlas erstellt werden sollte; das 18-Zoll-Schmidt-Teleskop, das in jenen Tagen vorwiegend von den Shoemakers und anderen Astronomen benutzt wurde, um Asteroiden zu suchen, die auf der Erde einschlagen könnten; und das 60-Zoll-Oscar-Mayer-Teleskop, ein Allzweckgerät, das von der Familie des Hot-dog-Barons gestiftet worden war, weil Oscar Mayer Sterne gemocht hatte.
Was den Nebel betraf, so stand Juans Meinung jetzt fest. »Ich

denke, es wird gutgehen.« Don nickte, ging hinein und drückte auf einen roten Knopf an der Innenwand der Kuppel. Der Kuppelspalt öffnete sich wie ein Augenlid und gab dem Teleskop den Blick in den Kosmos frei. Es erschien ein schmaler Streifen Himmel, der sich langsam zu einer mit frühen Sternen übersäten Sichel vergrößerte. Das Hale-Teleskop hob sich immer mehr als ein riesiger Schatten vom Himmel ab.

Die Aufgabe des Nachtassistenten besteht darin, das Teleskop für den Astronomen betriebsbereit zu machen. Dies macht nicht nur die Arbeit effizienter, sondern verhindert auch, daß ein Astronom das Teleskop ruiniert. Bei der erstbesten Gelegenheit wird ein Astronom ein Teleskop auf intelligente Weise zerstören. Aus diesem Grund waren die Nachtassistenten auf dem Palomar den Astronomen in manchen Bereichen übergeordnet, vor allem, wenn es um die Entscheidung ging, ob die Kuppel des Hale geöffnet oder geschlossen werden sollte. Das war eine sehr wichtige Entscheidung. Es könnte zum Beispiel vorkommen, daß ein lichthungriger Astronom das Hale bei kaltem, feuchtem Wetter öffnet. Dann könnte sich Tau auf dem Spiegel absetzen. Der Tau könnte sich auf dem Spiegel mit Staub mischen, diese säurehaltige Mischung könnte den Spiegel verätzen und ihn in wenigen Stunden zerstören. Der Hale-Spiegel hat die Größe eines Wohnzimmers. Er wiegt 13 Tonnen. Seine Herstellung dauerte fünfzehn Jahre, vom ersten mißglückten Guß im Jahre 1934 bis zu den letzten Feinarbeiten im Jahre 1949, als es darum ging, ihn zu einem flachen, konkaven Hohlkörper auszuschleifen und seine ganze Oberfläche mit einer Präzision von vier Millionstel Zoll zu schleifen. Vier Millionstel Zoll, das ist ein Tausendstel der Dicke der Buchseite, die Sie gerade lesen.

Im Arbeitsraum gab Jim Gunn Daten in den Computer ein. Maarten Schmidt saß an seinem Schreibtisch. Er sagte zu mir: »Ich weiß nicht, ob die alles hinkriegen. Ich bin technisch nicht so versiert wie Jim.« Aber er wußte, was er vom Himmel wollte – Quasare –, und wer ihm dabei helfen konnte – Jim Gunn. Maar-

ten lehnte sich zurück und legte ein angewinkeltes Bein über das andere; er war 1,92 Meter groß und konnte nicht gut an Schreibtischen sitzen. Er sagte: »Diese Beobachtungsreihe ist etwas völlig Neues. Wir haben Quasare mit außerordentlich starker Rotverschiebung gesucht. Heute nacht werden wir zum ersten Mal versuchen, dies mit dem 4-Shooter zu tun. Das ist das Schwierigste, das wir bisher versucht haben ...«
»Wenn Sie das tun, Jim«, Barbara Zimmermans Stimme übertönte die anderen, »wird das Register gelöscht.«
»Soll ich es wagen?« fragte Gunn.
»Ich weiß nicht«, sagte sie. »Zum Kuckuck, ja.«
Die Tastatur klapperte, dann: »O Gott, und jetzt?«
Nach einer kleinen Pause fuhr Maarten Schmidt fort: »Das statistische Material über Quasare mit starker Rotverschiebung ist klein. Wir wissen nicht viel über ihre Eigenschaften. Wir wissen kaum – wenn überhaupt –, was Quasare eigentlich sind. Über das, was im Laufe ihrer Existenz mit ihnen geschieht, können wir nur Spekulationen anstellen.« Er stand auf und ordnete einen Stapel Blätter. Dann ging er im Raum hin und her. Er sagte, daß Quasare, deren Licht stark zum roten Ende des Farbspektrums verschoben ist, die fernsten Objekte seien, die ein Teleskop auflösen könne – einige von ihnen befänden sich sozusagen am Rande des Universums. Quasare sind schwer zu finden. Alle früheren Versuche des Teams, Quasare mit starker Rotverschiebung zu finden, waren erfolglos geblieben. »Das ist schon seltsam«, sagte er. »Wir wissen, daß sie da draußen sind. Warum finden wir sie dann nicht? Nein, ich mache mir keine Sorgen, das ist wahrscheinlich eine Frage der Statistik. Vielleicht gibt es gar nicht so viele von diesen rotverschobenen Quasaren, wie wir ursprünglich angenommen haben. Aber wenn man etwas nicht findet und weiß, daß es da ist, hat man immer Angst, etwas falsch zu machen.«
Quasare sind die lichtstärksten Objekte im Weltall. Obwohl sie aus großen Entfernungen leuchten – von weit, weit jenseits der Milchstraße –, strahlen sie so intensiv, daß sie in einem Tele-

skop wie Lichtpunkte, wie Sterne erscheinen. Es sind keine Sterne, aber dennoch winzige Objekte. Der Kern eines Quasars ist vielleicht nicht größer als ein Sonnensystem. Nicht geklärt ist, welche Energie einen Quasar zum Leuchten bringt. Quasare »brennen« weder im chemischen noch im nuklearen Sinn des Wortes. Aus welcher Energie sich ein Quasar auch speist, es sind nicht die thermonuklearen Fusionsreaktionen, die die Sonne scheinen lassen.

Die meisten Astronomen glauben, daß sich Quasare in großer Entfernung vom Lokalen Superhaufen befinden – also weit weg von unseren Breiten. Nach dem Hubbleschen Gesetz, nach seinem Erfinder Edwin Hubble benannt, entfernen sich die Galaxien voneinander, da sich das Weltall in seiner Gesamtheit ausdehnt. Da die ganze Menschheitsgeschichte in der kosmischen Zeit nur ein Aufblitzen ist, erscheinen die Himmelskörper als bewegungslos, wie in einem Stroboskopblitz erstarrt, während dort draußen in Wirklichkeit ein Tanz stattfindet. Einige Galaxien drehen sich um ihre eigene Achse, andere kreisen umeinander. Zwei Galaxien können sich eine Weile wie in einem Pas de deux berühren, oder eine Galaxie kann durch eine andere hindurchsausen und beide auseinanderreißen. Gleichzeitig entfernen sich die Galaxien langsam voneinander, weil sich das Weltall ausdehnt. Die Astronomen können solche Bewegungen nur durch Messungen feststellen. Die Spektroskopie – die Zerteilung des Lichts in seine Wellenlängen – zeigt nicht nur, daß sich Spiralgalaxien drehen, sondern auch, daß sich unsere Galaxie faktisch von allen anderen Galaxien entfernt; daß sich alle Galaxien voneinander entfernen (bis auf diejenigen, die aufgrund der gegenseitigen Schwerkraft Haufen bilden). Die Galaxien zerstreuen sich, wie eine Menschenmenge, die ein Stadion verläßt. Diese allgemeine Ausdehnung des Weltalls wurde von Hubble entdeckt. Die Galaxien werden durch diese Ausdehnung mitbewegt. Eine Folge davon ist, daß das Licht der meisten Galaxien – von der Erde aus gesehen – zum unteren Ende des Spektrums, also zu Rot verschoben ist. Dieses Phänomen wird Doppler-Effekt genannt. Im Alltag begegnet uns dieser Effekt bei Zügen: Das Pfeifen eines sich nähernden Zuges klingt höher, das eines sich entfernenden Zuges klingt tiefer und langgezogen. Das Hubblesche Gesetz besagt, daß sich eine Galaxie um so schneller von uns entfernt, je weiter sie weg ist, und je weiter sie von uns weg ist, desto rotverschobener erscheint ihr Licht. Quasare sind im Universum die Objekte mit der stärksten Rotverschiebung, was für die meisten Astronomen bedeutet, daß Quasare auch die fernsten Objekte sind, die durch ein Teleskop gesichtet werden können. Sie befinden sich in den äußersten Regionen des optisch erkundbaren Universums: am Rande des Universums.

Das Wort *rotverschoben* ist im Fall der Quasare irreführend, denn ein stark rotverschobener Quasar strahlt eigentlich nicht rot. Quasare strahlen viele kräftige »Farben« gleichzeitig ab – Gammastrahlen, Röntgenstrahlen, ultraviolette, blaue, grüne, gelbe, rote Strahlen, Mikrowellen, und – dies gilt nur für einige Quasare – Radiowellen; dies alles ist »Licht« mit verschiedenen Wellenlängen. Die Rotverschiebung eines Quasars durch die Untersuchung seines Lichtes zu erkennen, war ein schwieriges Unterfangen. Maarten Schmidt gelang dieses Unterfangen 1963. Als Schmidt das Licht eines Quasars untersuchte, entdeckte er, daß Quasare keine nahen Sterne sind, wie jedermann angenommen hatte, sondern Ungeheuer – Objekte in den fernsten Tiefen des Alls, unvorstellbar weit von den benachbarten Galaxien entfernt. Er konnte tatsächlich zeigen, daß das, was zunächst wie Glühwürmchen in unserem Garten aussah, Leuchtfeuer in der Nähe des Horizonts sind.

Wenn ein Teleskop nach Quasaren Ausschau hält, schaut es nicht nur zum Rand des Universums, sondern auch in die Anfänge der Zeit. Das Licht besteht aus Photonen, die sowohl Wellen als auch Teilchen sind. Es bewegt sich mit einer Geschwindigkeit von etwa 300 000 Kilometern pro Sekunde durch den Raum – aber gemessen an den kosmischen Entfernungen ist das nur ein Schneckentempo. Nichts kann sich schneller bewegen als ein Photon. Ein Photon würde 50 000 Jahre brauchen, um die Milchstraße der Länge nach zu durchqueren. Wenn ein Stern auf der anderen Seite der Milchstraße explodierte, würden es die Astronomen 50 000 Jahre später erfahren.

Ein Ereignis kann erst dann gesehen werden und ins Bewußtsein gelangen, wenn die von diesem Ereignis ausgesandten Photonen einen Detektor wie beispielsweise einen lichtempfindlichen Film oder die Netzhaut des menschlichen Auges erreichen. Ein Lichtjahr ist die Entfernung, die ein Photon in einem Jahr durch einen leeren Raum zurücklegen kann, und das sind etwa 9,46 Billionen Kilometer. Photonen, die durch ein Ereignis entstehen, das Milliarden von Lichtjahren von einem Beobachter entfernt stattfindet, brauchen Milliarden von Jahren, um zum Beobachter zu gelangen. Wenn man mit einem Teleskop ein Foto von der Tiefe des Alls macht, macht man eine Aufnahme von der Vergangenheit; man macht Ereignisse aus verschiedenen Phasen der kosmischen Geschichte sichtbar; aus welchen Phasen, das hängt davon ab, wie weit die beobachteten Objekte von der Erde entfernt sind.

Um die jeweilige Tiefe zu beschreiben, in die sie blicken, verwenden die Astronomen den Ausdruck »Rückblickzeit« (lookback time). Der Blick hinaus ins All ist zugleich ein Blick in die vergangene Zeit, denn der Teleskopspiegel kann urzeitliches Licht einfangen. Das Universum – so wie wir es sehen – könnte man sich als eine Reihe von konzentrischen Schalen vorstellen, die die Erde umgeben – Schalen, die verschiedenen Zeiten entsprechen. Die erdnächsten Schalen enthalten Bilder von Galaxien, die uns zeitlich und räumlich nahe sind. Weiter draußen sind Galaxien, die vor unserer Zeit existierten. Noch weiter draußen befindet sich die Schale des frühen Universums. Einige Photonen, die den Spiegel eines Teleskops erreichen, sind fast so alt wie das Universum selbst. Die Quasare sind helle Lichtpunkte, die die Erde auf allen Seiten zu umgeben scheinen und tief aus der Zeit hervorleuchten. Jenseits der Quasare hat das beobachtbare Universum einen Horizont, den man sich als die Innenwand einer Muschelschale vorstellen könnte. Dieser Horizont stellt die Grenze der »Rückblickzeit« dar, in ihm bildet sich der Anfang ab. Wenn ein Spiegel zum Rand blickt, blickt er zum Anfang. Am Ende des Himmels liegt der Anfang. Man könnte sich den Himmel als einen Palimpsest vorstellen, der übereinandergeschriebene Geschichten enthält, die bis zum Ursprung der Zeit zurückreichen. Ein Teleskop, das in die Zeit zurückschaut, entfernt von dem Palimpsest Schicht um Schicht; es vergrößert und verdeutlicht kleine, schwache Buchstaben aus den unteren Schichten des Manuskripts. Man könnte sich den Himmel auch als ein Buch vorstellen, dessen Kapitel eine Geschichte erzählen. Wenn ein Teleskop in den Himmel späht, liest es die Geschichte rückwärts, also vom letzten bis zum ersten Kapitel. Wenn ein Spiegel das Licht eines fernen Quasars einfängt, sammelt er Photonen, die die meiste Zeit seit Bestehen des Universums durch das All geströmt sind und jetzt den Spiegel erreichen. Das Licht eines stark rotverschobenen Quasars ist ein Licht, das aus dem ersten Kapitel kommt – von der Mitte des Buches Genesis.

Das Licht der fernsten Quasare wurde in einer Zeit ausgesandt, als das Universum etwa zehn Prozent seines heutigen Alters hatte, als es sich schnell entwickelte, starke Umwälzungen erlebte und sich wahrscheinlich noch zu Galaxien organisierte. Wann genau dies geschah, ist nicht sicher, weil das Alter des Universums nicht bekannt ist. Das Universum ist vermutlich zwischen zehn und zwanzig Milliarden Jahre alt, was bedeutet, daß die Quasare vor neun bis achtzehn Milliarden Jahren entstanden. Während das Licht des Quasars zur Erde unterwegs war, erlosch der Quasar. Ein rotverschobener Quasar ist ein fossiles Bild – sein Licht ist die Spur eines untergegangenen Objekts. Quasare (deren Licht heute gesehen und in Zukunft gesehen werden wird) leuchteten einstmals im Kosmos – lange bevor es die Sonne, die Erde und vielleicht sogar die Milchstraße gab, als das Universum noch jung war und offensichtlich anders aussah als heute.

Die modernen Astronomen stehen vor der schwierigen Aufgabe, den Aufbau des Universums zu erkennen und darzustellen. Ein mit einem starken Teleskop aufgenommenes Foto projiziert den Himmel auf eine zweidimensionale, von kleinen Punkten übersäte Fläche. Manche Punkte können Asteroiden sein. Viele sind Sterne. Noch mehr sind Galaxien. Einige können Kometen, einige wenige Quasare sein. Auf einem Foto ähneln Quasare leuchtschwachen bläulichen oder gelblichen Sternen. Auf den ersten Blick ähneln Quasare so sehr Sternen, daß man sie kaum von den Vordergrundsternen in der Milchstraße unterscheiden kann. Maarten Schmidt hat einen Großteil seiner beruflichen Laufbahn darauf verwandt, schrittweise in den Raum und in die vergangene Zeit vorzudringen; er wollte sich ein Bild von den in den Tiefen des Alls vorhandenen Quasaren machen, um zu begreifen, wie sie sich im Laufe der Zeit als eine Gattung von Objekten entwickelt hatten. Er hatte vor vielen Fragen gestanden. Wann entstanden die Quasare? Wann erloschen sie als Gattung? Wie veränderte sich ihre Helligkeit und ihre Population, als sie noch existierten? Er wollte wissen, wie sich die Quasare insgesamt entwickelt hatten. Er wollte die Geburt, das Leben und den Tod der Quasare im Laufe der kosmischen Zeit begreifen; er wollte die Naturgeschichte dieser Gattung von Objekten in Erfahrung bringen.
Quasare scheinen ausschließlich ferne Objekte zu sein. In unserer Nachbarschaft kommen sie so selten vor, daß der Lokale Superhaufen beispielsweise überhaupt keine Quasare enthält. Nahe Superhaufen enthalten ebenfalls keine Quasare, aber wenn man durch vielleicht zwanzig oder dreißig Superhaufen hindurchschaut, fängt man an, Quasare zu erkennen. Je weiter ein Teleskop in den Raum (beziehungsweise zurück in die Zeit) blickt, desto mehr Quasare findet es. Das bedeutet, daß die Quasare leuchteten und dann allmählich erloschen – und jetzt dunkle oder matt leuchtende Objekte sind, Wenn es heute noch Quasare gäbe, dann gäbe es sie auch unter den nahegelegenen Galaxien. Wenn man das Licht eines Quasars mit einem

Spiegel einfängt, macht man sich ein Bild von der Vergangenheit. Denn die einzige optische Spur der Quasare heute ist eine Erinnerung, die in einem Licht aus den Uranfängen der Zeit transportiert wird. Die Region der Quasare beginnt etwa zwei Milliarden Lichtjahre von uns entfernt beziehungsweise vor unserer Zeit, und Maarten Schmidt wollte herausfinden, wo alles endet oder vielmehr anfängt.

Als Schmidt und andere Astronomen tiefer in das Universum und weiter zurück in die Vergangenheit blickten, stellten sie fest, daß die Zahl der fernen Quasare eine Zeitlang stark zunimmt und dann zurückgeht, so als hätte die Region der Quasare eine Außengrenze. In extremen Entfernungen sind Quasare selten. Die Astronomen blickten durch einen Schleier von Quasaren in scheinbare Dunkelheit. Sie hatten anscheinend den Rand des optisch beobachtbaren Universums erreicht. Sie hatten eine Art Membran erreicht, jenseits derer sie kein Licht mit irgendeiner Wellenlänge sehen konnten; dort war nur noch das Radioecho des Urknalls. Die Astronomen waren in einer dunklen Zeit angelangt. Jenseits der Region der Quasare erstreckte sich die sichtbare Dunkelheit des frühen Universums, aus der kein wahrnehmbares Licht mehr drang. Die Astronomen nennen dies die Grenze der Rotverschiebung oder »redshift cutoff«. Das ist der Horizont der Quasare. In der Zeit vor der Entstehung der Quasare war das Universum anscheinend eine nur schwach erleuchtete Schale, die die Quasare jenseits des Cutoff umgab. Der Cutoff entspricht der Zeit, in der zum ersten Mal Quasare auftauchten. Wie und wann dies geschah, bleibt ein Rätsel. Quasare traten vermutlich ohne Vorläufer und ohne vorherige Ankündigung auf den Plan. »Ich vermute, daß das Entstehen von Quasaren die Geburt von Galaxien ankündigte«, sagte Maarten. Die frühesten Quasare scheinen im Zusammenhang mit gewaltigen Umwälzungen entstanden zu sein, als die Wasserstoffwolken im frühen Universum zu Galaxien voller Sterne kondensierten – eine Zeit, in der das Universum noch mehr Dichte gehabt und sich schnell und stürmisch verändert

hatte. Maarten Schmidt glaubte, daß sein Team einen Eindruck von der Architektur der Schöpfung gewinnen könnte, wenn es ihm gelingen würde, sich ein Bild vom Entstehen der Quasare zu machen.
Auf Konferenzen ließen sich Theoretiker gerne lang und breit über das Wesen des frühen Universums aus. Maarten Schmidt fand dieses ganze Gerede amüsant. »Die Theoretiker«, sagte er lächelnd, »die Theoretiker sind ja so schlau. Sobald wir etwas gefunden haben, haben sie schon vier Erklärungen parat.« Im Fall der Quasare hatten die Theoretiker schon mindestens vier Möglichkeiten gefunden, den Cutoff zu erklären, *bevor* genaue Kenntnisse über ihn vorlagen. »Bei all diesen Diskussionen«, sagte Maarten, »stellt man fest, daß man konkrete Zahlen braucht. Wie viele Quasare gibt es mit dieser, wie viele mit jener Rotverschiebung? Wie viele sind besonders hell?«
Die Erforschung des Randes des Universums war eine Plackerei, aber irgend jemand mußte sie auf sich nehmen. Irgend jemand mußte einige Jahre seiner wissenschaftlichen Laufbahn dem Ziel widmen, die Region der frühesten Quasare zu erkunden – ein Vabanquespiel mit unsicherem Ausgang. Schmidt und seine Leute hatten schon viele Münzen in den Spielautomaten geworfen. Schmidt ging davon aus, daß noch jahrelange Arbeit vor ihm lag, bevor er die Struktur des Cutoff würde erkennen können – wenn überhaupt. Astronomen machen im Laufe der Zeit die Erfahrung, daß sie nicht immer mit Ergebnissen rechnen können. »Der Sinn dieser Übung besteht darin«, erklärte er, »Fakten zu sammeln. Man kann in diesem Bereich nicht alle Fragen lösen. Manchmal bekommt man Antworten auf Fragen, die man gar nicht gestellt hat.«
Edwin Hubble hat gezeigt, daß die Rotverschiebung einer Galaxie von deren Entfernung von der Erde abhängt: je stärker rotverschoben die Galaxie ist, desto weiter ist sie entfernt. Zu ihrem großen Bedauern waren die Astronomen bisher nicht imstande gewesen, diese Skala der Rotverschiebungen mit einer absoluten Entfernungsbestimmung in Zusammenhang zu brin-

gen. Daher konnten sie nicht genau sagen, wie weit eine Galaxie oder ein Quasar von der Erde entfernt war, sondern nur eine relative Bandbreite angeben. Aber auch wenn Maarten Schmidt nicht genau wußte, wie weit die Quasare entfernt waren, hatte er das Gefühl, daß er etwas über die Entstehung der Quasare erfahren könnte, wenn es ihm gelingen würde, eine bestimmte Anzahl der am stärksten rotverschobenen Quasare zu sichten und ihre Rotverschiebung graphisch darzustellen. Er wollte sehen, wie die Quasare in der Nähe des Cutoff zeitlich verteilt waren.

Er hatte Gunn gebeten, den 4-Shooter so einzurichten, daß er lange Himmelsstreifen würde absuchen können. Wenn man einen ganzen Sternenteppich nach Quasaren absuchte, könnte man vielleicht viele Quasare finden. Die Himmelsstreifen wollte man auf Magnetbänder aufzeichnen. Sobald man genügend Bänder aus verschiedenen Untersuchungen angesammelt hatte, würde Don Schneider, der Bildverarbeitungsexperte des Teams, die Bänder analysieren und nach den Lichtstrahlen von Quasaren suchen. Sie konnten das Hale-Teleskop natürlich über den Himmel schwenken, aber es schien einfacher, das Teleskop in Ruhestellung und den Himmel aufgrund der Erddrehung an der Teleskopöffnung vorbeigleiten zu lassen. Diese Technik nennt man Transit. Wenn man diese Technik anwendet, schaltet man die Antriebsmotoren des Teleskops ab, blokkiert die Lager und läßt die Sterne am Teleskop vorbeiziehen. Anstatt mit dem Teleskop den Himmel abzusuchen, hielt Maarten es für besser, die Erde die Arbeit tun zu lassen.

Im Arbeitsraum klingelte das Telefon.

Don Schneider hob den Hörer ab. »Großes Auge«, sagte er, und dann nach einer Pause: »Es ist einfach unglaublich. Ein Amateurtreff im Großen Auge ...«

»Sagen Sie so was nicht, Don!« schnauzte Gunn.

Don zog die Telefonschnur länger, um nicht mehr in Gunns Hörweite zu sein. Er senkte die Stimme und sagte: »Wir arbeiten seit drei Tagen, und es ist uns noch nicht gelungen, das Experiment in Gang zu bringen. Gut, daß es letzte Nacht geschneit hat – wir hätten ohnehin nicht anfangen können.«

Maarten Schmidt, der Projektleiter, durchquerte den Raum und blickte Jim Gunn über die Schulter, während dieser auf der Computertastatur schrieb.

Jim murmelte: »Ich weiß nicht, was heute nacht passieren wird, Maarten.«

»Das ist ein aufregender Anfang«, antwortete Maarten freundlich.

»Juan, wir müssen das Ding schwenken«, sagte Jim. Er wollte das Teleskop schnell schwenken, um es auf einen hellen Stern zu richten und die Sensoren zu kalibrieren.

Der Nachtassistent drückte auf einen Schalter. Es tat sich nichts.

Maarten fragte: »Gibt es ein Problem, Juan?«

»Nein«, antwortete Juan und lief aus dem Raum.

Maarten lachte. »Das Teleskop ist eingerostet!«

Juan kam zurück. Irgend jemand hatte die Treppe unter dem Teleskop stehenlassen – das Teleskop bewegte sich erst, wenn die Treppe weggerollt war. Juan betätigte einige Kippschalter, schwenkte das Teleskop über den Himmel und zentrierte es auf einen hellen Stern. Jim Gunn gab den Befehl: EXPOSE ein.

Der 4-Shooter antwortete auf dem Bildschirm: OK. Aber nichts passierte.

Gunn blickte auf den Hauptmonitor, der zeigte, was die Kamera sah. »Schwarz!« sagte er. »Ich sehe keine Sterne!«

»Dem 4-Shooter geht's gar nicht gut.«

»Irgend etwas versperrt die Sicht.«

»Vielleicht haben wir auf die Decke gezielt.«

Dann, nach einer Pause: »Nein, das ist nicht das Problem!«

»Wohin ist die Kuppel gerichtet?«

»Wir blicken nach Osten.«

»Ist der Spiegel geöffnet?«

»Der Spiegel ist geöffnet.«

»Aber ich sehe keine Sterne!« Gunn stöhnte. »Wo ist mein Taschenrechner?« Er durchwühlte einen Stapel Papier.

Maarten ging hin und her. Er begann »Den Marsch der Zinnsoldaten« aus der Nußknackersuite zu pfeifen.
Juan sagte: »Der Spiegel ist geöffnet. Die Kuppel ist geöffnet. Die Sterne sind da draußen …«
»Und wir haben kein Licht!« beklagte sich Jim Gunn.
»Kein Anzeichen von Licht?« fragte Maarten.
»Absolut keins.«
Jetzt begriffen sie, daß der 4-Shooter seinen Geist aufgegeben hatte.

* * *

Eine Stunde später klingelte im Arbeitsraum erneut das Telefon. Es war Jim Gunns Frau, Jill Knapp, dic aus Ncw Jcrscy anrief. Sie ist Radioastronomin.
»Hallo, Liebes«, sagte Jim, und nach einer Pause: »Immerhin haben wir jetzt Licht.«
Maarten Schmidt lachte und sagte zu den anderen: »Es ist immer wieder wie bei Galilei. Zuerst muß Licht ins Rohr fallen.«
Jim und Jill sprachen leise miteinander. Sie fragte ihn, wie es ihm gehe. Er sagte, gut. Sie fragte ihn, ob er überhaupt schlafen würde. Er sagte, natürlich nicht. Jill Knapp beschrieb die fieberhaften Stunden vor einem Beobachtungslauf so: »Wir Astronomen haben das Gefühl, daß die Zeit an einem Teleskop extrem kostbar ist. Man spürt, daß das etwas Besonderes ist. Welch eine ausgefallene Idee es ist, daß ein Mensch diese …«, sie machte eine Pause und suchte nach einem Wort, »diese *Dinge* da draußen anschaut.«
Das Team werkelte weiter. Jim Gunn schickte Don Schneider in das Teleskop, um den Schalter am Kludge zu betätigen. Unterdessen stellte Barbara Zimmerman ihr Programm fertig und machte sich nach Pasadena auf – sie hatte getan, was sie konnte. Gunn betrachtete ein paar weiße Punkte – Sterne – auf dem Bildschirm und sagte: »Jetzt wollen wir diesen Saukerl mal fokussieren.« Die Nacht war etwas kälter geworden, was zur Folge hatte, daß der Spiegel des Hale-Teleskops um einen halben

Millimeter schrumpfte und die Sterne aus dem Brennpunkt rückten. Verschiedene Schalter betätigend, sagte Juan Carrasco: »Da haben Sie den Brennpunkt.« Juan gab Don einen Kasten mit Knöpfen – ein Handsteuergerät. Don drückte auf die Knöpfe des Apparats, der den Sekundärspiegel oben am Großen Auge um ein paar Hundertstel Zoll bewegte, und das Surren eines Motors hallte in der Kuppel wider. Sie testeten verschiedene Brennpunkte.

»Zehn nördlich«, sagte Jim zu Juan.

»Fertig«, antwortete der Nachtassistent.

»Noch einmal zehn nördlich.«

»Fertig.«

»Zwanzig nördlich.«

»Das hätten wir.«

Endlich wurden die Sterne auf dem Bildschirm scharf. »Wunderbar!« sagte Juan.

»Fokussierung ausgeschaltet?« fragte Don.

»Fokussierung aus«, antwortete Juan.

Jim Gunn wandte sich an Maarten Schmidt. Er sagte: »Das Teleskop gehört Ihnen.«

»Was sollen wir machen?« rief Maarten.

»Wir könnten einen Transit versuchen.«

»Genau!« Maarten Schmidt wandte sich an Juan: »Pumpen, Licht, alles abstellen.«

Juan antwortete: »Pumpen abgestellt.« Die Ölpumpen verstummten, in der Kuppel wurde es still, das Teleskop blieb stehen und rastete ein. »Licht aus«, sagte Juan. In der Kuppel wurde es schwarz.

»Nachführung abgestellt?«

»Jawohl«, sagte Juan.

»Irgend jemand muß den Schalter an Jims Kasten umlegen«, erinnerte Don die anderen. Juan lief aus dem Arbeitsraum, gefolgt von Maarten. Juan rollte die Treppenleiter unter das Teleskop, und Maarten stieg auf der Leiter in die Kabine, wobei das Licht seiner Taschenlampe hin- und herhüpfte. Oben spannte sich ein Sternenvorhang – die Kuppel war nach Norden geöffnet. Maarten legte den Kippschalter am Kludge um, so daß er auf »scan« zeigte. Er stieg wieder hinab; Juan rollte die Treppe weg. Im Arbeitsraum drückte Jim Gunn auf eine Computertaste, und der Bildschirm wurde dunkel. Einen Augenblick später füllte er sich mit Galaxien. Die Galaxien strömten über den Bildschirm.

»Toll!« sagte Schmidt. Er atmete tief durch und schlug mit einem Bleistift gegen seine Handfläche.

»Was sehen wir hier?« rief Don Schneider laut.

»Da ist eine Galaxie«, sagte Juan.

»Seht euch mal diesen Stern an«, sagte Don.

»James! Mein Gott!« sagte Maarten Schmidt. »Schaut euch das an! Phantastisch! Wir haben es geschafft!«

Gunn lächelte. Ein typisches kleines Gunn-Lächeln.

Sie betrachteten eine Weile den vorbeiziehenden Himmel und beschlossen dann, das Ganze abzubrechen. Es war nur ein Test.

»Sie können den Himmel jetzt anhalten«, sagte Schmidt.

Gunn drückte auf eine Taste, und die Galaxien bewegten sich nicht mehr.

»Das gab jetzt aber einen Ruck«, sagte Maarten, und alle lachten. »Ihr ahnt nicht, wie viele Umweltargumente wir bringen mußten, um den Himmel dazu zu bringen.«

Die Astronomen beschlossen, es noch einmal zu versuchen. Gunn drückte auf eine Taste, und die Galaxien fingen an, sich über den Videobildschirm zu schieben. In Gunns Gesicht breitete sich ein Ausdruck ungläubigen Staunens aus. Er konnte nicht glauben, daß sein Flickwerk tatsächlich funktionierte.

Die durch die Rotation der Erde verursachte Bewegung des Nachthimmels ließ in rascher Folge Objekte auf dem Bildschirm erscheinen, weil das Gesichtsfeld des Hale-Teleskops nur einen winzigen Teil des Himmels erfaßt. Der Monitor zeigte die Bewegung des Himmels, als würde sich der Himmel vom unteren zum oberen Rand des Bildschirms bewegen: am unteren Rand des Bildschirms erschien plötzlich eine Wolke von Galaxien. Nach kurzer Zeit erreichten die Galaxien den oberen Rand und verschwanden dann eine nach der anderen, wie kleine Blasen, die in einem Glas Bier aufsteigen. Unten stand ein Computer, der die Bilder auffing und sie auf Bänder übertrug.

»Wird's jetzt ernst?« fragte Maarten. Das hätte er lieber nicht tun sollen – der Bildschirm blieb leer. Der 4-Shooter streikte wieder. Gunn und Schneider hämmerten auf den Tasten herum, während Schmidt pfeifend durch den Raum ging. Eine halbe Stunde später war der 4-Shooter wieder da, und die Galaxien fluteten wieder über den Bildschirm. Das Teleskop blickte nach Norden, es spähte direkt unterhalb des Großen Wagens in den Himmel. Schwach leuchtende Galaxien flackerten über den Bildschirm – zumeist zwanzig oder dreißig auf einmal –, zerfasernde Wolken, Feuerräder, Perlen, Eier, Münzen. Einige Galaxien waren groß und dicht, die meisten aber winzige Gebilde, die wie Puderzucker auf schwarzem Samt aussahen. Manchmal kroch ein Vordergrundstern aus der Milchstraße in einer leuchtenden Spur über den Bildschirm. Dieser Anblick vermittelte eine Ahnung von der Tiefe des Himmels. Ein großes Teleskop, das in irgendeine Richtung außerhalb der Ebene der Milchstraße zeigt, sieht wesentlich mehr Galaxien als Vordergrundsterne. Wenn man aus dem Brötchen eines Hamburgers eines der kleinen schwarzen Mohnkörner herauspicken und es eine Armlänge von sich entfernt halten würde, würde es gerade einmal das Gesichtsfeld des Hale-Teleskops ausmachen, wenn der 4-Shooter im Einsatz ist. In bestimmten Bereichen dieses kleinen Himmelsausschnitts hatte der 4-Shooter Schnappschüsse gemacht, die bis zu zweitausend Galaxien zeigten. Dies verweist darauf, daß das All weitgehend unerforscht ist. In einem Umkreis von etwa zweihundert Millionen Lichtjahren um die Milchstraße herum ist das Universum (von menschlichen Astronomen) recht gut erforscht worden. Über weiter entfernte Regionen gibt es nur vage Kenntnisse, und die Darstellungen vom Rande des erkennbaren Universums sind noch nicht einmal so

genau wie die Zeichnung des Mönchs, der sich Nord- und Südamerika als eine kleine Insel westlich von Grönland vorstellte. Zwei arg mitgenommene Galaxien, die einem Paar mit verdrehten Armen ähnelten, glitten vorbei. Sie sahen aus, als wären sie aufgeplustert und ineinander verschlungen, und sie stießen rankenförmige Sterngebilde aus.
»Donnerwetter!« sagte Maarten. »Galaxien, die Sterne herumschleudern!«
Etwas später schoß eine Linie über den Bildschirm.
»Was war das?« fragte Juan Carrasco.
»Jemand ist vorbeigeflogen«, sagte Don Schneider.
»Das war ein Meteor«, meinte Jim Gunn.
Der Projektleiter zog einen Taschenrechner hervor. Er untersuchte die Breite der Linie und den Winkel, in dem die Linie den Bildschirm durchquert hatte. Er sagte, dies sei kein Meteor. Nachdem er mit seinem Taschenrechner etwas ausgerechnet hatte, sagte er, das Ding sei ein großes, unscharfes Objekt auf einer Umlaufbahn in Polnähe, weshalb es sich um einen Militärsatelliten, wahrscheinlich um einen Spionagesatelliten, handeln könnte.
Don meinte, irgend jemand müsse ja wohl zusehen. Er kramte eine Tüte Kekse hervor und reichte sie herum. Er setzte sich mit einer Handvoll Kekse in einen Sessel, bereit, die Nacht vor dem Fernseher zu verbringen. »Mensch«, sagte er, während er geräuschvoll auf einem Keks kaute, »das sieht echt gut aus.« Im Arbeitsraum befanden sich mehrere Monitore, darunter der Hauptmonitor, der auf einem Tisch stand. Die vier Kameras des 4-Shooter fingen verschiedene Himmelsausschnitte ein, aber die Bildschirme zeigten ein identisches Bild, eine Szene aus einem der vier Ausschnitte.
Maarten klopfte mit einem Bleistift gegen den Hauptmonitor: »Das ist eine Galaxie, das ist eine Galaxie, das ist eine Galaxie, das ist ein Stern. Die meisten Objekte sind Galaxien.« Einige der leuchtschwächeren Objekte seien riesige elliptische Galaxien in dem Grenzbereich, in dem das Hale-Teleskop noch Licht

einfangen konnte. Das waren fossile Bilder – ihr Licht hatte sich vor über fünf Milliarden Jahren, bevor die Erde zu einer dichten Masse geworden war, zur Milchstraße aufgemacht. Das Telefon klingelte. Maarten hob den Hörer ab. »Großes Auge«, sagte er. »Oh, hallo.« Es war seine Frau Corrie. Sie unterhielten sich leise auf holländisch. Er sagte: »Ja? ... Det het gaat regenen? Oh.« Er drehte sich zu den anderen Astronomen um. »Sie sagt, daß sich über dem Pazifik ein Tief entwickelt. Ein oder zwei Tage geht es noch gut, dann könnten wir Regen bekommen.«
Jim Gunn nahm seine Brille ab, rieb sich die Augen und starrte dann wieder schweigend auf den Bildschirm. Gunn hätte auf einer Krankenbahre aus der Kuppel getragen werden müssen, bevor er eine Nacht darauf verzichtet hätte, Galaxien zu beobachten. Ungefähr jede Stunde ging Don Schneider nach unten und nahm ein auf ein Magnetband gebanntes Stück Himmel aus dem Computer. Mit der Zeit wuchs die Zahl der Bänder in einem Karton im Arbeitsraum.
Juan Carrasco sah zu, wie die Galaxien auf einem Monitor vorbeiglitten, der sich an seinem Steuerpult befand. Er beugte sich zum Projektleiter vor und sagte: »Heute haben Sie es gut getroffen, Maarten.«
Maarten grinste.
Don fragte Juan: »Mögen Sie solche Nächte, Juan?«
»O ja. Nichts weiter tun als gucken.«
»Die Tage sind schlimmer als die Nächte«, sagte Don. »Sie hätten heute nachmittag hier sein sollen, Juan. Haben Sie nicht gesehen, daß mein Haaransatz zurückgeht?« Er schob seine Haare zurück, und Juan lachte. »Die letzten Tage haben mich ganz schön geschafft«, fügte Don hinzu. Irgend etwas lenkte seine Aufmerksamkeit wieder auf den Monitor. »Hier ist eine unglückliche Galaxie«, sagte er.
Maarten nahm seine Brille ab und sah sie sich genauer an. »Ja, sie sieht merkwürdig aus, Don, finde ich auch.«
»Sie gebärt.«
»Ha! Einen Quasar.«

Später schossen Galaxien wie die Ladung einer Schrotflinte über den Bildschirm.
»Donnerwetter!« sagte Don. »Ein großer, langgestreckter Haufen. Manche von diesen Riesenhaufen enthalten tausend Galaxien.«
»Dieser Film sollte wirklich in Farbe sein«, sagte Maarten.
»Lieber schwarz-weiß«, sagte Don. »Ich bin konservativ. Schauen Sie sich diese hier an, Maarten. Für eine Galaxie reichlich kümmerlich.«
»Ja, wirklich. Und was ist das für ein Objekt?« fragte Maarten und deutete auf zwei verschwommene Punkte.
»Ich nehme an, eine Galaxie mit einem Freund«, sagte Don.
Wieder klingelte das Telefon. Don stieß sich mit seinen schwarzen Turnschuhen vom Boden ab und rollte mit seinem Sessel rückwärts zum Telefon. »Großes Auge«, sagte er, als er den Hörer abnahm. »Hallo, John! Ja! Wir machen einen Transit! Ich weiß, ich weiß – ich war skeptisch, ich gebe es zu.«
Schmidt klopfte mit seinem Keks gegen den Bildschirm. Man sah eine riesige Menge von Galaxien. Er beugte sich zum Nachtassistenten hinüber und sagte: »Sehen Sie sich das mal an, Juan. Drei große Ovale – eine Spirale; drei weitere Ovale – eine irreguläre Galaxie.« Es kamen noch mehr Galaxien. »Sieh mal einer an, wir sind noch nicht fertig!«
Juan deutete auf eine Galaxie. »Da ist eine *sehr* merkwürdige Spirale, Maarten.«
»Ja, eine Balkenspirale. Schön.« Maarten stand auf und ging eine Zeitlang im Raum umher. Plötzlich drehte er sich zum Bildschirm um und deutete auf zwei scheibenförmige Galaxien, die sich umfangen hielten. »Oha! Die beiden sind im Clinch!«
»Hörst du, was diese Leute hier sagen?« Don sprach lauter ins Telefon. »Hier ziehen gerade zwei Galaxien vorbei, die etwas miteinander haben.« Der 4-Shooter hatte zwei Galaxien gewissermaßen in flagranti abgebildet, während sie sich ineinanderbohrten und Sterne versprühten. Diese Ekstase würde hundert Millionen Jahre dauern. Don beendete seine Unterhaltung,

und dann sahen die Astronomen schweigend auf den Bildschirm, bis der Gedanke, daß diese Galaxienfelder aus den Uranfängen stammten, das Gespräch auf Zeitreisen brachte. Don sagte zu Maarten: »Haben Sie die Folge von *Star Trek* gesehen, wo Kapitän Kirk im New York der dreißiger Jahre landet?«
»Ist das die mit den Gangstern?« fragte Maarten. »Die finde ich besonders gut!«
»Nein, Sie meinen eine andere. Wo Kirk und Spock auf diesem Planeten landen, der voll mit Gangstern aus Chicago ist.«
»Richtig!« sagte Maarten. »Spock im Nadelstreifenanzug, wie ein Gangster.
»Ja, sie nannten ihn Spacco«, sagte Don. »Aber ich denke an eine andere. Wo sie herausfinden müssen, woher die Zeitstörung kommt. Und Kirk läuft durch diesen Donut.«
»Erinnere ich mich daran?« fragte sich Maarten.
»Und Kirk landet während der großen Weltwirtschaftskrise in New York«, sagte Don. »Mit dieser phantastischen Frau ...«
»Ja!« sagte Maarten.
»Joan Collins!«
»Richtig!«
»Kirk verliebt sich in sie, wer würde das nicht. Aber es stellt sich heraus, daß sie die Anführerin einer pazifistischen Bewegung ist und daß sie verhindern will, daß die Vereinigten Staaten in den Zweiten Weltkrieg eintreten. Dann entdeckt Kirk, daß sie unter ein Auto kommen wird. Er könnte sie retten, aber er muß sie sterben lassen.«
Jim Gunn lehnte sich in seinen Sessel zurück und schloß die Augen.
Später sagte Don Schneider: »Ich finde, wir brauchen für diesen Film Musik.«
Der Nachtassistent war der gleichen Meinung. Juan Carrasco stellte die Stereoanlage an. Statt Musik kamen die Nachrichten: »Der Goldpreis stieg heute um fünfunddreißig Dollar pro Unze, das Geschäft war sehr lebhaft.«
Es folgten die Lokalnachrichten. Der Nachrichtensprecher hat-

te anscheinend gerade eine Meldung auf den Tisch bekommen und fuhr fort: »In San Diego wurde heute ein Mann wegen ... äh, hm ... sexueller Verfehlungen unter Anklage gestellt.«
Die Astronomen schreckten hoch. »Juan! Was ist das?«
»Ich weiß nicht.«
Juan stellte KFAC Los Angeles ein, und Vivaldis *Vier Jahreszeiten* ertönten. Der »Frühling«, in dem sich die Geigen wie Vögel zuzwitscherten, bildete eine heiter-anmutige Untermalung für die vorbeiflutenden Galaxien. Der Bildschirm füllte sich mit verschwommenen Punkten, ein Schneegestöber.
Plötzlich breiteten sich mindestens zweihundert Galaxien auf dem Bildschirm aus. Der Kern eines unbekannten, namenlosen Superhaufens von Galaxien trieb durch das Gesichtsfeld des Hale-Teleskops.

George Ellery Hale war ein Solarastronom, der raffinierte Geräte zur Erforschung der Sonne erfand. Er hatte auch das Talent, bei reichen Unternehmern Geld locker zu machen, das er in den Bau von Teleskopen steckte. Er hatte eine starke Phantasie, die nicht nur ihn, sondern jeden Menschen in seiner Umgebung geradezu überwältigte. Wenn er über größere Teleskope, ja über ein Riesenteleskop sprach und schrieb, zog er Geschäftsleute, Politiker und Wissenschaftler in seinen Bann. Zuerst kam der 40-Zoll-Yerkes-Refraktor in Williams Bay in Wisconsin, der 1897 fertiggestellt wurde. Finanziert wurde er von Charles Yerkes, einem Industriellen aus Chicago, der zugleich ein Meister der Kapitalverwässerung war. Zu seiner Zeit war dieser Refraktor das größte Teleskop der Welt. Als nächstes kam das 1908 fertiggestellte 60-Zoll-Spiegelteleskop, das sich auf dem Gipfel des Mount Wilson befindet und über Pasadena blickt. Den Spiegel bezahlte Hales Vater, während Andrew Carnegie den Rest finanzierte. Eine Zeitlang war dieses Teleskop das größte der Welt. Das dritte war das 100-Zoll-Hooker-Teleskop auf dem Mount Wilson, einstmals ebenfalls das größte der Welt und größtenteils von John Hooker, Haushaltswaren- und Werkzeug-Magnat aus Los Angeles, finanziert. Hale wurde Leiter des Mount-Wilson-Observatoriums, dessen Zentrale sich in der Santa Barbara Street in Pasadena befand.
Für dieses Teleskop bezahlte Hale mit zerrütteten Nerven. Er kam aus einer erblich belasteten Familie in Neuengland, in der nervliche und körperliche Leiden ebensowenig voneinander getrennt werden konnten, wie ein Photon in eine Welle und ein Teilchen zerlegt werden kann. Durch eine ovale Brille strahlte Hale jugendliche Energie aus, und die Damen fanden ihn charmant. Er pflegte die kilometerlangen Serpentinen des Mount

Wilson hinaufzujoggen und dabei italienische Gedichte zu rezitieren. Wenn seine überreizte Phantasie mit ihm durchging, hatte er die merkwürdige Angewohnheit, seine Hände starr von sich zu strecken und in die Ferne zu starren. Er hatte einen schmächtigen Körper, der immer in Bewegung war – wenn er nicht gerade ans Bett gefesselt war, was häufig vorkam. Er litt unter starken Kopfschmerzen, körperlichen Erschöpfungszuständen, Übererregtheit, Schlaflosigkeit, Ohrenklingen, Kribbeln in den Füßen, Verdauungsstörungen und dem allgemeinen Gefühl, verrückt zu werden. Später gab er dieser Galaxie von Symptomen verschiedene Namen. Er nannte sie »Amerikanitis«, weil er meinte, die Amerikaner würden dazu neigen, sich durch ihren Ehrgeiz in den Wahnsinn treiben zu lassen. Oder er nannte sie »Whirligus«. Eines Nachts, als der zweiundvierzigjährige Hale in seinem Schlafzimmer saß und einen Anfall von Verrücktheit, also einen »Whirligus« hatte, erschien vor ihm ein kleines Männchen. Das war das erste Erscheinen des Elfs. Der Elf gab Hale einige Ratschläge für seine Lebensführung. Hale wußte diese Ratschläge zu schätzen und dankte dem Elf, woraufhin dieser verschwand. Als der Elf in den folgenden Monaten wieder erschien, fing Hale an, sich Sorgen zu machen. Wenn ihm die Ohren klangen, kündigte dies das Erscheinen des Elfs an, der dann konkrete Gestalt annahm und ihm alles mögliche zuflüsterte. Hale widerstrebte es natürlich, seiner Familie und seinen Freunden von dem Elf zu erzählen, und daran änderte sich auch nichts, als der Elf anfing, Hale auch tagsüber zu begleiten. Nachts lief Hale in seinem Schlafzimmer umher, geplagt von bösen Träumen. Vielleicht war es der Elf, der Hale dazu brachte, psychiatrische Hilfe zu suchen. Jedenfalls kaufte sich Hale ab und zu eine Zugfahrkarte zur Ostküste und begab sich für einige Monate in ein Sanatorium in Maine. Dort sägte und hackte er Tonnen von Holz, um sich zu beruhigen. Er kaufte sich ein dreirädriges Motorrad. Als er eines Tages durch Pasadena fuhr, bemerkte er zwei Männer auf Motorrädern. Er rief ihnen zu: »Wie wär's mit einem kleinen Rennen?« und gab Gas.

Dann hörte er die Sirenen — ihm war völlig entgangen, daß die beiden Männer Polizisten waren. Er versuchte, die Polizisten mit seinem »Whirligus« anzustecken, aber diese nahmen ihn, den Leiter des Mount-Wilson-Observatoriums, fest. 1922 verschlechterte sich Hales nervlicher Zustand so sehr, daß seine Ärzte ihm zu einer Erholungsreise ins Ausland rieten. Er entschied sich für Ägypten.

Mit seiner Frau und seinen Kindern fuhr er den Nil hinauf zum Tal der Könige in der Nähe von Luxor, wo Howard Carter gerade das Grab des Tutenchamun öffnete. Hale besichtigte die Ausgrabungsstätte und sah zu, wie die Archäologen Goldschätze aus den unterirdischen Räumen holten. Tutenchamun war der Sohn des Pharaos Echnaton gewesen, der versucht hatte, die Verehrung des Sonnengottes Aton in ganz Ägypten durchzusetzen. Hales Biographin, Helen Wright, sagte in ihrem Buch *Explorer of the Universe,* daß der Anblick des Königsgrabs ihrer Ansicht nach das Gegenteil dessen bewirkte, was sich Hales Ärzte erhofft hatten. Der Tod, die Ewigkeit und die Sonne am Nil beeindruckten Hale dermaßen, daß er irgendwann nur noch in einer schattigen Ecke auf seiner Yacht sitzen und über den Fluß hinweg auf gelbe Klippen starren konnte. Bald darauf trat Hale als Leiter des Mount-Wilson-Observatoriums zurück.

Nachdem er in die Vereinigten Staaten zurückgekehrt war, lebte er sehr zurückgezogen in seinem Haus in Pasadena, wo er weiter an der Erforschung der Sonne arbeitete. Er baute ein privates Sonnenlaboratorium und stattete das Gebäude mit Spiegeln aus. Die Eingangstür war aus geschnitztem Holz und Stein, über ihr befanden sich Hieroglyphen und ein Bild der strahlenförmigen Sonne, das sich in ähnlicher Form in einem Grab in Theben befand. Das Gebäude hatte einen unterirdischen Raum, in dem Hale einen Sonnenstrahl in seine Instrumente lenkte und in dem er den Rest seiner Tage zu verbringen hoffte. Aber ihm ging ein Teleskop nicht aus dem Sinn, um das seine Phantasie seit dem Ende des Ersten Weltkriegs gekreist war. Hale hatte seine Kontakte zu Freunden, zu Kollegen und zum Mount-Wilson-Observatorium nicht abgebrochen. Er legte sich den widersprüchlichen Titel »Director Emeritus« zu. Er machte dadurch deutlich, daß zwischen seinem Sonnenlaboratorium und der Zentrale des Mount-Wilson-Observatoriums in der Santa Barbara Street sozusagen noch gewisse Energieströme flossen. Tatsächlich hatte Hale in den frühen dreißiger Jahren noch einen starken Einfluß auf das Observatorium. Der Elf hatte wiederum einen starken Einfluß auf Hale. Helen Wright erfuhr von einem gewissen Dr. Leland Hunnicutt von diesem Elf; Hunnicutt war ein Freund Hales gewesen und hatte sich Hales Beschreibungen des Elfs verständnisvoll angehört. Wright sagt nicht genau, welche Ratschläge der Elf Hale gab, sie sagt nur, daß der Elf »fast zu einem Maskottchen« wurde. Nach allem, was wir wissen, hatte der Elf möglicherweise ein 5-Meter-Teleskop im Sinn, und somit ist nicht ausgeschlossen, daß eines der größten wissenschaftlichen Geräte des zwanzigsten Jahrhunderts auf den Rat eines Elfs hin gebaut wurde.

Als Hale sich stark genug fühlte, um sich den anstrengenden Kontakten mit anderen Menschen auszusetzen, empfing er Besucher in der Bibliothek seines Sonnenlaboratoriums. In einem Lehnstuhl mit einer Bücherstütze und einer Schreibplatte und neben einem Kamin, dessen Flachrelief Aton zeigte, der mit seinem Wagen in die Sonne fuhr, sprach und schrieb Hale so viel über ein gigantisches Teleskop, bis er jeden mit seiner fixen Idee angesteckt hatte. In jener Zeit war das 100-Zoll-Hooker-Teleskop auf dem Mount Wilson das größte Teleskop der Welt. Hale wies darauf hin, daß ein doppelt so großes Teleskop eine *viermal* größere Oberfläche besitzt und viermal mehr Licht einfangen kann. »Sternenlicht fällt auf jeden Quadratkilometer der Erdoberfläche. Das beste, was wir heute tun können, besteht darin, die Strahlen einzufangen und zu sammeln, die auf eine Fläche von 100 Zoll Durchmesser (2,50 Meter, d. Übers.) treffen«, schrieb er 1928 in einem Artikel für *Harper's*. Diese Worte fielen bei den Kuratoriumsmitgliedern der Rockefeller-Stiftung auf fruchtbaren Boden, und nach Rücksprache mit

John D. Rockefeller Jr. wurde beschlossen, Hale Geld für den Bau eines 5-Meter-Teleskops zur Verfügung zu stellen.
Hale wollte natürlich, daß das Geld dem Mount-Wilson-Observatorium zugute käme. Aber das Mount-Wilson-Observatorium wurde von der von Andrew Carnegie gegründeten Carnegie-Stiftung in Washington unterstützt. Das Kuratorium der Rockefeller-Stiftung war nun aber gar nicht von der Idee begeistert, ein Carnegie-Observatorium mit Rockefeller-Geldern zu unterstützen. Die dann folgenden Verhandlungen waren für Hale ungemein anstrengend und kräftezehrend, aber er schaffte es trotzdem, einen Kompromiß auszuhandeln. Die Rockefeller-Stiftung ließ dem California Institute of Technology in Pasadena sechs Millionen Dollar zukommen, während das California Institute und das Mount-Wilson-Observatorium vereinbarten, beim Bau und Betrieb des Teleskops zusammenzuarbeiten.
Als das Geld bewilligt worden war, gründete Hale verschiedene Ausschüsse für die Vorbereitungsarbeiten. John Anderson, ein Astronom vom Mount Wilson, wurde zum Leiter des Projekts ernannt. Auf den Bergen in Südkalifornien wurden verschiedene Standorte auf einen dunklen Himmel und ein gutes Seeing hin getestet. Das Seeing bezieht sich auf Störungen in der Atmosphäre. Werden die Sterne durch ein großes Teleskop gesehen, scheinen sie zu schwanken und zu flattern, als befänden sie sich neben einem Heizkörper. Ein schlechtes Seeing läßt die Sterne flimmern. Hale wollte einen Berg finden, wo die Sterne nicht flimmerten. Im Frühjahr 1934 fuhren Hale und Anderson auf einer schmutzigen, gewundenen Straße zum Mount Palomar hinauf. Hale und Anderson gingen von einem Ende des langen Berges zum anderen und verglichen die Standorte für das Teleskop, bis sie eine Farnwiese in einer Höhe von etwa 1800 Metern fanden. Die Wiese war gut erreichbar und dennoch weit von den Lichtern der Stadt entfernt; die Topographie der Wiese veränderte irgendwie die Luft und ließ die Sterne in vielen Nächten zu ruhigen Punkten werden. Wasser gab es auch – nach Norden hin öffnete sich eine Schlucht, wo unter

jahrhundertealten Eichen eine Quelle sprudelte. Die Indianer aus San Luiseño hatten diese Stelle *Poharup* genannt – Geräusch des Fallenden Wassers.
Die Hauptverantwortung für den Entwurf des Teleskops lag bei John Anderson und einem Ausschuß von Astronomen und Ingenieuren. Sie testeten und verwarfen eine Reihe von Entwürfen für den Tubus und die Montierung des Teleskops, bevor sie sich für das entschieden, was heute als Rahmen- und Hufeisenmontierung bekannt ist. Der Tubus des Teleskops hängt zwischen den Armen einer Gabel, die den Armen einer Stimmgabel ähneln. Wenn der Tubus die Sterne von Osten nach Westen ins Visier nimmt, dreht sich die Stimmgabel um ihren Griff; die Arme der Gabel drehen sich mit. Der Tubus liegt mit seinem großen Gewicht auf dem gabelförmigen Rahmen, so daß die Enden des Rahmens durch ein riesiges Hufeisenlager gestützt werden müssen — ein großes C, das auf dem Rücken liegt und auf einem Film aus Teleskopöl schwimmt. Der Tubus ist ein etwa 18 Meter langes Gittergerüst von I-Trägern, das von dem Ingenieur Mark Serrurier entworfen und nach ihm benannt wurde. Dieses Gittergerüst gibt bei großer Belastung wie eine Brücke nach. Beide Enden des Tubus können sich bis zu 0,6 Zentimeter durchbiegen, und trotzdem hält der Tubus die zwei Hauptspiegel – den 5-Meter-Primärspiegel und den 1,20-Meter-Sekundärspiegel am oberen Ende des Teleskops – mit einer Abweichung von nur 0,25 Millimetern in perfekter Parallelstellung, gleichviel, wohin das Teleskop gerichtet ist, und bannt so die Sterne in den Brennpunkt. »Ich bekam eine Aufgabe, die niemand für lösbar hielt«, erzählte mir Mark Serrurier. »Das reizte mich und erfüllte mich mit großer Befriedigung.«
Im Sommer 1936 sprengten und gruben Arbeitstrupps Löcher in die Farnwiese. Studenten des Caltech transportierten das Felsgestein mit Schubkarren ab. Die Kuppel wurde von einem Ausschuß entworfen. Russell Porter, ein Künstler, Forscher und Amateurteleskopbauer, hat möglicherweise einen Teil der Art-déco-Verzierung an der Kuppel entworfen, aber es ist ebenso-

gut möglich, daß der Ausschuß auch diese Details geplant hat. Porter fiel auf, daß die Kuppel fast genau den Durchmesser und die Höhe des Pantheon in Rom hatte. Aber das war vom Ausschuß offensichtlich nicht beabsichtigt worden.

Die Westinghouse Electric and Manufacturing Company in South Philadelphia fertigte den Tubus, den Rahmen und das Hufeisenlager an. Vor vielen Ehrengästen, darunter Albert Einstein, brachte ein Arbeiter die letzte Niete an der Serrurier-Konstruktion an. Der Tubus, der Rahmen und das Hufeisenlager wurden auf dem Deck eines Frachters durch den Panamakanal nach Kalifornien gebracht. Die Teile wurden in der Kuppel unter der Leitung des Chefingenieurs Byron Hill zusammengesetzt, der später die Leitung des Observatoriums übernahm. Ich besuchte Byron Hill und seine kranke Ehefrau in ihrem großen Fertighaus in Toulumne, Kalifornien. Er verbringt den Morgen damit, Vögel zu füttern und Kaffee zu trinken, und macht nicht viel Aufhebens um seinen Beitrag zur besseren Sicht des Menschen ins Universum. »Ich werde jeden Tag älter«, sagte Byron Hill. »Das gefällt mir ganz und gar nicht.« Als er noch Leiter des Observatoriums war, nannten die Astronomen den Mount Palomar manchmal »Byron's Hill«. In ihren Augen war er ein harter Bursche; er pflegte eine Lederjacke und eine Fliegerbrille zu tragen. Einmal warf er einen Astronomen aus dem Speisesaal, weil dieser Bermudashorts trug – »seine Beine *schockierten* die Wirtschafterin«, erklärte er mir. Ein anderes Mal parkte ein Nachtassistent seinen Wagen in der Hale-Kuppel, wo er nach Meinung von Byron nicht hingehörte. Byron schlang eine Kette um den Wagen, hievte ihn hoch und ließ ihn neben dem Hale-Teleskop baumeln. Über den Tubus, den Rahmen und das Hufeisenlager sagte er: »Sie paßten wunderbar zusammen.«

Der Glasrohling wurde in den Corning-Glaswerken im Bundesstaat New York gegossen. George McCauley, der meisterhaft mit Pyrexglas umzugehen verstand, leitete die Arbeit. McCauley war ein wortkarger Mensch. Auf die Frage, wie er das Glas gießen

würde, antwortete er: »Nicht anders als bei einer Auflaufform, nur mit anderen Methoden.« Er ließ einen igluförmigen Ofen bauen; in diesem Iglu wurden in Gußformen, die Waffeleisen ähnelten, Glasscheiben gegossen. McCauley fing mit kleinen Scheiben an und arbeitete sich bis zu Scheiben mit einem Durchmesser von 5 Metern vor. Als zum ersten Mal eine 5-Meter-Scheibe gegossen wurde, mißlang der Guß, da von der Form Stücke abbrachen und in einem Brei von heißem Pyrex herumschwammen. Auf die Frage, was er jetzt tun wolle, antwortete McCauley kurz angebunden: »Wir werden eben eine neue Scheibe herstellen.« Am 2. Dezember 1934 füllten McCauleys Männer etwa vierzig Eimer glühendheißes Pyrex in ein »Waffeleisen«. Das Pyrex war zähflüssig und quoll aus den Eimern wie dickgewordener Honig. McCauley ließ das Schmelzgut zehn Monate lang in dem allmählich erkaltenden Ofen abkühlen.
Als McCauley den kalten Ofen öffnete, sah er, daß er die größte Glasscheibe der Welt hergestellt hatte. In der Mitte hatte sie ein Loch, wie ein Donut. Ingenieure der Corning-Werke umgaben die Glasscheibe mit einem Stahlbehälter und stellten sie in einen offenen Güterwaggon, der von einer Dampflokomotive nach Kalifornien gezogen werden sollte. Mehr als zwei Wochen lang fuhr der Zug mit der Scheibe durch die Vereinigten Staaten, oft nur mit acht Kilometern pro Stunde. Jedesmal, wenn der Zug hielt, kletterten bewaffnete Wachleute unter den Zug und suchten nach Landstreichern, die versuchten, unter der Scheibe mitzufahren – es war die Zeit der großen Weltwirtschaftskrise. Riesige Menschenmengen strömten herbei und sahen zu, wie der Zug vorbeifuhr. Da Hale und Anderson befürchteten, irgend jemand könnte auf die Scheibe schießen, verkleideten sie die Scheibe zusätzlich mit Stahlplatten. Wenn eine Kugel das Glas getroffen hätte, hätte dies Hales Tod bedeutet. Nachts wurde der Zug auf ein Abstellgleis gestellt, mit Flutlichtern beleuchtet und von Wachmännern mit geladenen Gewehren bewacht, die die Weisung hatten, niemanden auf Schußweite herankommen zu lassen. Der Zug fuhr durch St. Louis, Kan-

sas City, Clovis, Needles und San Bernardino und kam am Karfreitag, dem 10. April 1936, in Pasadena an, wo sich eine große Menschenmenge versammelt hatte. Die Scheibe wurde abgeladen und in die optische Werkstatt des Caltech gebracht.
Diese ganze Aufregung war zuviel für George Ellery Hale. Körperlich und psychisch zu krank, um den triumphalen Einzug seiner Glasscheibe in Pasadena mit anzusehen, hatte er sich von der Welt zurückgezogen und war immer mehr seinem Wahn verfallen. Seine letzten Jahre verbrachte er mit seinen Geräten im unterirdischen Raum seines Sonnenlaboratoriums und betrachtete die Sonne. Tag für Tag drehte sich auf dem Dach des Gebäudes ein Heliostatspiegel, der einen Sonnenstrahl ins Untergeschoß lenkte, wo Hale durch ein Okular mit einem Durchmesser von nur zwei Millimetern starrte und Protuberanzen beobachtete, die sich um eine Wasserstoffkugel hoben und senkten, welche so alt war wie die Welt, sich aber in jeder Minute veränderte. Seine Enkelkinder besuchten ihn und lauschten seinen Geschichten, und vielleicht hörte auch der Elf zu. Den Kontakt zum Palomar-Projekt hielt er durch lange Briefe an einige wenige Freunde. 1938 sagte er im Las-Encinas-Sanatorium in Pasadena zu seiner Tochter Margaret Hale: »Heute ist ein wunderschöner Tag. Die Sonne scheint, und auf dem Palomar wird gearbeitet.« Ein paar Tage später starb er. Seit dem Tag, an dem er die Farnwiese ausgesucht hatte, war Hale nicht mehr auf den Mount Palomar zurückgekehrt. Er sah nie sein größtes Teleskop.
Marcus Brown, der Chefoptiker des Caltech, leitete das Schleifen des Spiegels. Brown stellte einundzwanzig arbeitslose Männer (zumeist direkt von der Straße weg) ein, die die Schleifmaschine bedienen sollten. Browns Männer trugen weiße Anzüge und weiße Turnschuhe, die die Werkstatt nie verließen. Der riesige Glasrohling ruhte auf einer Drehscheibe. Während sich die Drehscheibe drehte, preßte ein Arm eine runde rotierende Schleifschale gegen das Glas; der Arm fuhr mit der Schale in verschiedenen Richtungen über das Glas, so daß sich

überschneidende Kreise entstanden, auch Lissajous-Figuren genannt.
An einem Nachmittag im Frühling fuhr ich auf einer unbefestigten Straße den Verdugo Hill in der Nähe von Pasadena zu einem sonnigen Haus hinauf. In ihm wohnte Melvin Johnson, meines Wissens der einzige noch lebende Meisteroptiker, der an dem 5-Meter-Teleskop gearbeitet hatte. Wir tranken Kaffee, und Johnson sagte, daß er schon so lange nicht mehr über den Spiegel gesprochen habe und daß er vermutlich gar nicht mehr die richtigen Worte finden würde. Aber dann begannen seine Worte wie Lissajous-Figuren um eine riesige Pyrexscheibe zu kreisen, die in der Mitte ein Loch hatte. Die Optiker führten einen Stöpsel aus Pyrex in das Loch ein, bevor sie mit dem Schleifen begannen. Die Schleifschale, die das Glas rieb und glättete, war mit Pech beschichtet. Mel Johnson erzählte, daß das Pech immer wieder nach einer anderen Formel hergestellt wurde und daß das Kochen des Pechs in einem Topf im wesentlichen Schwarze Kunst war. »Wir haben alle möglichen Mixturen ausprobiert. Ich habe mir so viele Formeln ausgedacht, daß sie eine ganze Mülltonne füllten.« Das Pech, sagte er, enthielt Bernsteinharz von Alabama-Pinien, Kiefernteeröl und Bienenwachs. In der Hoffnung, das Glas noch gleichmäßiger polieren zu können, experimentierten die Optiker mit Pech, das mit Paraffinwachs, Motoröl und einem Pulver aus gemahlenen Walnußschalen verschnitten wurde. »Es war fein wie Mehl«, sagte Johnson. Alle paar Minuten gossen die Optiker Wasser und Karborundumsplitt über das Glas. Sie benutzten immer feineres Karborundum und arbeiteten dann mit Polierrot. 1941 hatten sie knapp fünf Tonnen Glas weggeschliffen, rund dreißig Tonnen Schleifmittel und Polierrot verbraucht und die Pyrexscheibe zu einer kugelförmigen Hohlfläche geschliffen. Jetzt mußten sie dem Glas eine leicht paraboloide Form geben. Ein Paraboloid ist eine Schale, die Licht in einem Brennpunkt bündelt. Die Glasschicht, die die Optiker entfernen mußten, um dem Spiegel diese Form zu geben, war nur halb so dick wie

ein menschliches Haar. Diese Schleifarbeit dauerte noch einmal acht Jahre und wurde durch den Zweiten Weltkrieg unterbrochen.

Die Optiker hatten Angst, daß von ihren Apparaten Metallspäne auf das Glas fallen könnten. Ein zwischen die Schleifschale und das Glas eingeklemmtes Metall- oder Sandkörnchen hätte einen spiralförmigen Kratzer in das Glas geritzt, der das Projekt um ein halbes Jahr oder vielleicht sogar um Jahre verzögert hätte. Sie reinigten den Raum mit Staubsaugern und Elektromagneten. Dann sahen sie sich den Staub unter einem Mikroskop an, klassifizierten die Partikel und bewahrten sie in Umschlägen auf. Wenn sie ein Staubteilchen sahen, das sie nicht einordnen konnten, unterbrachen sie die Arbeit so lange, bis sie herausgefunden hatten, woher das Teilchen kam. Als das Schleifen dem Ende zuging, verbrachten die Optiker mehr Zeit mit dem Testen des Glases als mit dem Schleifen, weil sie Angst hatten, an manchen Stellen, besonders am äußeren Rand, zu tief zu schleifen; in diesem Fall wären sie nicht in der Lage gewesen, aus dem Glas jemals wieder die maßgerechte optische Fläche herzustellen. Ihr Testgerät war so präzise, daß ein Optiker seine Hand eine Minute lang auf das Glas legen konnte, bis es sich erwärmte, seine Hand wegnehmen und dann sehen konnte, daß auf dem Glas eine Wölbung in Form einer Hand zurückblieb. Bevor sie das Glas durch das Testgerät betrachteten, mußten sie jedes Gebläse ausschalten und verhindern, daß irgend jemand im Raum umherging, »weil ein Luftzug bewirkt, daß die Luft wie ein Nebelschleier aussieht«, sagte Mel Johnson. Er erinnerte sich, daß er gesehen hatte, wie Wellen über die Oberfläche des Glases zitterten, so als wäre das Glas ruhelos und hätte ein sanft pulsierendes Leben. Diese Wellen irritierten die Optiker, bis sie entdeckten, daß der Verkehr auf dem California Boulevard, der in der Nähe der Werkstatt vorbeiführte, den Spiegel gleichmäßig vibrieren ließ. Danach verlegten die Optiker den Präzisionstest des Glases auf den frühen Samstagmorgen.

Als die Oberfläche des Glases eine einigermaßen akzeptable

paraboloide Form erreicht hatte, entfernten die Optiker den Stöpsel aus dem Loch in der Mitte. Im November 1947 versahen sie die Glasscheibe mit einer Stahleinfassung (die sie nie wieder verlassen sollte), stellten sie in einen Behälter und brachten sie mit einem Tieflader auf den Mount Palomar. Die Glasscheibe hat nur den Zweck, fünf Gramm reflektierendes Aluminium in einem perfekten Paraboloid zu halten, damit das Sternenlicht in eine Kamera gelenkt wird. Die anderen Teile des Teleskops haben den Zweck, die Glasscheibe zu drehen und sie auf einen Punkt am Himmel gerichtet zu halten. Der Physiker John Strong hatte ein Verfahren zur Aufbringung von Aluminium auf Glas entwickelt. Strong hatte den Optikern des Caltech seinen Trick beigebracht und war dann weitergezogen. Ich telefonierte lange herum, bis ich John Strong in Amherst in Massachusetts aufspürte, wo er an einer neuen Ausgabe eines Lehrbuchs arbeitete. »Ich habe den Spiegel nie wieder gesehen«, sagte Strong am Telefon. Er erzählte, daß er das Glas habe reinigen müssen, damit die Aluminiumatome an ihm haften blieben. Denn er wußte, daß von der menschlichen Haut abgesondertes Fett, das unweigerlich von den Händen der Optiker auf das Glas gelangt, das Aluminium kräuseln läßt, bis es sich ablöst. Strong hatte versucht, Glas, das für astronomische Zwecke eingesetzt werden sollte, mit chemischen Lösungsmitteln zu reinigen, aber keines war stark genug, um Hautfett zu beseitigen. Dann entdeckte Strong die Wildroot-Frisiercreme. »Ich habe sie nie für meine eigenen Haare benutzt«, sagte er, »aber sie gehörte zu den Dingen, die man eben kannte.« Er vermischte Kreidepulver mit Wildroot-Creme und rieb zum Entsetzen der Optiker das ganze Glas damit ein. »Um Glas sauber zu kriegen«, erklärte Strong ihnen, muß man es erst richtig schmutzig machen.« Er wischte die Schmiere mit Filzballen weg, und auf dem Glas blieb ein hauchdünner Film Wildroot-Creme zurück. Er stellte das Glas in eine Vakuumkammer und fuhr mit heißen Elektroden über das Glas, die die Wildroot-Creme und alle Fingerabdrücke wegbrannten und ein absolut

blankes Glas hinterließen. »Die Wildroot-Creme war ein kleines Stück Schwarze Kunst«, erklärte er mir. »Sie enthält peruanisches Wollfett.« Während sich das Glas noch in der Vakuumkammer befand, verdampfte Strong in der Kammer Aluminiumdrähte, und das Aluminium benetzte das Glas wie Tau.
Die Optiker öffneten die Kammer: das Glas war zu einem Spiegel geworden. Drei Tage vor Weihnachten 1947 versammelten sich Astronomen und Ingenieure in der Kuppel, um das »erste Licht« zu sehen. Sie rollten den eingefaßten Spiegel unter den unteren Teil des Teleskops. Sie setzten den Spiegel mit Hilfe eines hydraulischen Hebers in das Teleskop ein. Byron Hills Arbeiter begannen, die Bolzen anzuziehen, die rings um den Spiegel herum angebracht waren.
Ein Knall und ein gräßliches Quietschen erfüllten die Kuppel. Es klang, als würde ein Schwein totgeschlagen – das unmißverständliche schrille Kreischen eines Sprungs, der durch ein 5 Meter großes Pyrexglas ging. Viele Augen blickten auf John Anderson, der zwanzig Jahre lang auf diesen Augenblick gewartet hatte und ein Herzleiden hatte. Nach einem Moment des Schweigens, in dem Anderson nicht zusammengebrochen war, sagte ein Arbeiter: »Hat man das schon erlebt, daß ein Bolzen abspringt, der eine Million Dollar wert ist?« Der Bolzen war aber nicht abgesprungen, er hatte nur entsetzlich gequietscht. Ein paar Minuten später saß John Anderson in einem Aufzug, der ihn viereinhalb Meter nach oben brachte, wo er in das Okular an der Basis des Großen Auges schauen konnte. Er blickte eine Weile schweigend in die Milchstraße. Als er wieder unten war, fragte ihn jemand: »Was haben Sie gesehen?«
»Oh, ein paar Sterne«, sagte er.
Ein Astronom und Ingenieur nach dem anderen fuhr mit dem Aufzug hinauf zum Okular. Byron Hill erinnerte sich, wie es war, als er an die Reihe kam: »Noch nie hatte ich so viele Sterne gesehen. Sie waren wie Blütenstaub auf einem Fischteich.« Der Anblick, so sagte er, »machte mich sehr froh.«
Alle wußten, daß an dem Spiegel noch viel zu tun war. Wenn

ein großes Teleskop das »erste Licht« eingefangen hat, beginnen Korrekturen, die Jahre dauern können. Obwohl Glas zerbrechlich ist, ist es letztlich eine tiefgekühlte Flüssigkeit. In physikalischer Hinsicht ähnelt Glas einem Gelee. Glas kann hin- und herschwappen und zittern. Wenn ein großer Spiegel in Schräglage gekippt wird, sackt er nach unten durch. Der Spiegel des Hale-Teleskops ist eine gummiartige Masse. Man kann mit dem Daumen fest auf ihn drücken und dadurch den Brennpunkt verschieben.

Heute sorgen computergesteuerte Druckkissen dafür, daß die großen Teleskopspiegel ihre Form behalten. Als Hale zum ersten Mal den Bau eines 5-Meter-Spiegels vorschlug, war ihm bewußt, daß das Problem der Stützung eines Glas-Sees mit einer Toleranz von vier Millionstel Zoll auf einer Fläche von etwa 20 Quadratmetern mit der damals vorhandenen Technik wohl nicht zu bewerkstelligen war. Also beschloß er, seine Hoffnung auf eine neue Technik zu setzen. Zu Beginn der dreißiger Jahre entwarf und baute ein Ingenieurteam sechsunddreißig mit Blei beschwerte Spiegelstützen. Als die Glasscheibe in der optischen Werkstatt des Caltech ankam, wurden die Stützen in Aussparungen auf der Rückseite der Scheibe eingesetzt. Dann untersuchte der Ingenieur Bruce Rule das Glas, um zu sehen, ob es zusammengesackt war, und entdeckte, daß es sich ein wenig wie nichtvulkanisiertes Latex verhielt. Als die Optiker den Spiegel schräg hielten, verrutschte das Glas und kehrte eine ganze Weile nicht in die normale Form zurück. Die Stützen konnten das Verrutschen nicht kompensieren. Im Sommer 1948 – sechs Monate nach der ersten Testbeobachtung – entfernte Bruce Rule die Stützen aus den Aussparungen und baute sie um. Rules sechsunddreißig Stützen arbeiten passiv, mit Hilfe von Hebeln und Bleigewichten. Die Hebel bewegen sich kaum und üben dennoch eine dreidimensionale Kraft auf das gesamte Glas aus, die stellenweise 5000 Newton erreicht.

Bruce Rule war ein großer, weißhaariger Mann mit einer dicken Brille und einer weichen, gemessenen Stimme, der sogar am

Caltech als Genie galt. Einen solchen Ruf erlangt man am Caltech nicht leicht, denn dort pflegen sich die Genies gegenseitig nicht als solche zu bezeichnen. Ich besuchte Bruce Rule eines Tages in seinem Haus in Pasadena. »Ich würde die Stützen nicht Maschinen nennen«, sagte Bruce. »Ich würde sie Verbundstützeinheiten nennen.« Jede Einheit, die einem in das Glas eingelassenen Kolben ähnelt, enthält unzählige Teile. Rule sagte: »Ich denke, daß sechshundert bis tausend Teile pro Einheit eine realistische Schätzung ist.« Da es sechsunddreißig Stützeinheiten gibt, bedeutet das, daß der Hale-Spiegel von sechsunddreißigtausend Metallteilen gehalten wird, von denen sich die meisten bewegen, wenn auch nur leicht. Hier zeigt sich, warum Bruce Rule als ein Genie betrachtet wurde. Rule sagte: »Diese Schätzung hängt davon ab, wie man die Teile zählt. Zählt man all die kleinen Teile in den Kugellagern mit, ist die Zahl größer.« Die Stützeinheiten sind in Wirklichkeit mechanische Computer. Sie reagieren auf Kräfte in dem Spiegel und korrigieren diese. Rule sagte: »Ich habe niemals empfohlen, dieses System noch einmal anzuwenden.« Am Caltech versteht praktisch jeder etwas von elektronischen Computern, aber niemand versteht etwas von mechanischen Computern, und folglich wagt sich niemand an Bruce Rules Stützeinheiten heran. Seit 1948 wurde nur einmal versucht, sie zu ölen. Ohne großen Erfolg. Die Bleigewichte an den Elementen sind verstellbar, aber niemand will sie verstellen. Ein- oder zweimal im Jahr geht ein Ingenieur unten um das Teleskop herum und greift in die Spiegeleinfassung. Er schüttelt die Gewichte nacheinander hin und her, damit sie nicht aus der Übung kommen. Ansonsten sind die Caltech-Leute überzeugt, das Öffnen von Rules Einheiten, nur um zu sehen, wie sie innen aussehen, ziehe unweigerlich einen Rausschmiß nach sich. Rule machte sich um seine Einheiten keine Sorgen. »Wir haben keine Drei-Monats-Garantie abgegeben«, sagte er. »Wir haben für ein ganzes Leben gebaut.«

Wenn die Stützeinheiten klemmen, verwandeln sich die Sterne auf dem Bildschirm der Astronomen in hohle Dreiecke. Der

Astronom wendet sich dann an Juan Carrasco und sagt: »Der Spiegel braucht Bewegung.« Daraufhin schwenkt Juan das Teleskop schnell von Horizont zu Horizont, von Norden nach Süden, von Osten nach Westen, bis die Sterne wieder zu Punkten werden. Die verantwortlichen Ingenieure befürchten jedoch, daß die Sterne sich eines Nachts in Dreiecke verwandeln, Juan den Spiegel bewegt und die Dreiecke dann noch größer werden. In diesem Fall müßten die Ingenieure in den Archiven des Caltech nach dem Mikrofilm mit Rules Konstruktionszeichnungen für die Stützeinheiten suchen, obwohl kein Mitarbeiter des Caltech sicher ist, daß er die Zeichnungen verstehen würde. An den Wochenenden des Sommers 1948, als Rule die Stützen entwarf, ging er gerne an den Strand, wo er im Sand lag, der Brandung lauschte und vor seinem geistigen Auge Formen sah – Hebel und Kolben und eine sich kräuselnde Glasfläche. »Ich beschäftigte eine Mannschaft von dreißig technischen Zeichnern«, sagte Rule.

Etwa zu der Zeit, als der Spiegel in das Teleskop eingesetzt wurde, ging der Chefoptiker Marcus Brown in den Ruhestand. Ein Astronom namens Ira Bowen wurde zum Leiter des Observatoriums ernannt, und Bowen persönlich überwachte die letzten Feinarbeiten am Spiegel. Im Frühjahr 1949 zogen die Optiker die Aluminiumschicht vom Glas ab und gingen daran, das Glas mit kleinen Poliergeräten zu bearbeiten. Unter Ira Bowens aufmerksamem Blick führte Don Hendrix einen Großteil der Polierarbeit durch, bei der Melvin Johnson ihm assistierte. Sie setzten das Glas in das Teleskop ein. Bowen schaute nach einem hellen Stern, dessen Reflexion im Glas zu sehen war, und vermaß den Stern, während Hendrix oder Johnson jede fehlerhafte Stelle im Glas mit einem Fettstift umrandete. Diese Messungen dauerten in der Regel ein bis drei Nächte. Im Morgengrauen nahmen sie dann das Glas aus dem Teleskop und legten es auf eine Schwebebühne. Hendrix und Johnson polierten das Glas an ein oder zwei Stellen. Hendrix benutzte beim Polieren am liebsten eine pechbeschichtete Aluminiumscheibe von der

Größe eines kleinen Pfefferminzbonbons. Manchmal nahmen sie auch ein Stück Korken. Die kleinsten fehlerhaften Stellen waren ein oder zwei Zoll groß. Um diese Stellen zu polieren, tauchte Mel Johnson einen Aquarellpinsel in Wasser, dem das Poliermittel Barnesite beigegeben war. Er bestrich die Stelle mit Barnesite und rieb sie dann mit seinem Daumen ab. »Am Daumen sind keine scharfen Kanten«, sagte er. »Der Daumen gleitet gut in die betreffende Stelle.« Johnson arbeitete gerne mit seinem Daumen, weil er beim Reiben die Temperatur des Glases feststellen konnte. Jede Reibbewegung entfernte etwa zwei Hundertstel von einem Millionstel Zoll Glas, aber die durch das Reiben entstandene Wärme führte dazu, daß sich das Glas um ein Mehrfaches ausdehnte. Sie polierten hier ein wenig und dort ein wenig, bis sie spürten, daß sich das Glas ausgedehnt hatte. Danach ließen sie das ganze 5-Meter-Glas für den Rest des Tages abkühlen, damit die Ausdehnung zurückging; erst dann konnten sie sehen, was sie mit dem Glas gemacht hatten. Sie setzten das Glas wieder in das Teleskop ein und testeten es an einem Stern. So ging es den ganzen Sommer und Herbst 1949. »Alles, was wir uns wünschten«, sagte John, »war ein fester Lichtpunkt.« Zum Schluß polierten sie den Spiegel mit mathematischer Präzision. Hätte der Hale-Spiegel die Größe der Vereinigten Staaten gehabt, wäre eine Unebenheit nicht höher als zehn Zentimeter gewesen. Hierbei sind die durch die Glasblasen erzeugten Löcher nicht mitgerechnet, die die Optiker mit Pech füllten.

Bowens letzte Tests zeigten, daß das Glas einen Astigmatismus hatte – der Spiegel war leicht verkrümmt. Die Optiker hätten das Glas weitere drei Jahre polieren können, aber sie lösten das Problem durch einen Kludge. Sie kauften in einem Billigladen vier Federwaagen und befestigten sie an der Rückseite des Glases, wo jede Feder mit einem Zug von etwa 200 Gramm auf den Spiegel einwirkte – gerade genug, um den Spiegel einige Millionstel Zoll zu öffnen und die Verkrümmung auszugleichen. Als sich im Jahre 1981 ein Caltech-Ingenieur an der Rückseite des Spiegels zu schaffen machte, fragte er sich, was in aller Welt diese Federwaagen hier zu suchen hätten, und entfernte sie. Als sich die Astronomen beschwerten, weil sich der Brennpunkt verschoben hatte, wurden die Federwaagen schleunigst wieder angebracht.

Unter den professionellen Schleifern von astronomischen Spiegeln heißt es, daß ein Optiker mit einem Spiegel niemals fertig ist – er muß ihm weggenommen werden. Im Herbst 1949 polierten Hendrix und Johnson das Glas immer noch mit Pech, Kork und Daumen. Die Astronomen bekamen immer wieder zu hören: »Wir hätten gerne noch eine Woche.« Dies führte zu stürmischen Auseinandersetzungen hinter verschlossenen Türen, da die Astronomen darauf brannten, das Teleskop zu benutzen. »Ira Bowen ließ sich nicht erweichen«, erzählte Byron Hill. Mel Johnson meinte, er könne mit dem Glas gut noch zwei Jahre leben. Die Astronomen fingen an, rebellisch zu werden. Bowen blieb wieder hart, aber die Astronomen ließen nicht locker. Schließlich gab Bowen nach. Er nahm Hendrix und Johnson den Spiegel weg – und erklärte ihn für fertig. Er gab Hendrix die Weisung, eine Aluminiumschicht auf den Spiegel aufzutragen und ihn in das Teleskop einzusetzen. Im November 1949 wurde das Hale-Teleskop offiziell in Betrieb genommen.

George Ellery Hale erfuhr nie, daß sein Teleskop das Hale-Teleskop genannt wurde. Diesen Namen erhielt das Gerät erst bei einer Einweihungsfeier in der Kuppel am 3. Juni 1948, mehr als zehn Jahre nach Hales Tod. James R. Page, der Vorsitzende des Caltech-Kuratoriums, eröffnete die Feier mit einer Rede, in der er sagte: »Dieses Teleskop ist der verlängerte Schatten eines Genies.« Fragt sich, was der Elf von dieser Aussage hielt. Später schwenkte Bruce Rule das Teleskop über den Köpfen der Zuschauer hin und her, während er den Himmel anflehte, es möge keine Schraube und kein Tropfen Öl auf die Menge fallen.

Alle sechs Monate nehmen die Palomar-Ingenieure den Spiegel aus dem Teleskop und reinigen ihn mit Naturschwämmen und der Orvus-Seife von Procter & Gamble. Einmal im Jahr entfernen die Ingenieure die Aluminiumschicht von dem Glas. Die Arbeiten werden von einem untersetzten Mann mit einem Schnurrbart überwacht, der Robert Thicksten heißt. Wenn das Aluminium entfernt ist, steht Thicksten auf einer kleinen Plattform im Loch in der Mitte des Glases und prüft das Glas. Das Glas, sagt Thicksten, erinnert ihn an einen Edelstein. George McCauleys Pyrexglas enthält wie ein Edelstein Farben, die sich bei unterschiedlicher Beleuchtung verändern. Manchmal erscheint das Glas topasgelb, dann wieder hellgrün oder bernsteinfarben. Bei starkem Licht weist das Glas einen schimmernden blauen Dunstring auf, der durch eine unbekannte trübende Substanz entsteht und das Loch in der Mitte wie eine blaue Iris umgibt. Von oben ist die wabenförmige Struktur der Rückseite des Glases deutlich zu sehen – ein Netz von Dreiecken und Sechsecken, das dem Glas das erschreckende Aussehen eines Insektenauges verleiht. Wird die Rückseite beleuchtet, zeigen sich im Glas dunkle Gebilde – Brocken von Schamottestein, die aus dem Ofen herausgebrochen und in die Schmelze gefallen waren. Das Glas glitzert nicht nur durch silbrige Luftblasen, sondern ist auch von zerfließenden Falten, Wirbeln und Schlieren durchzogen, die an einer Stelle der Oberfläche ein Spinngewebe von Rissen bilden. Die Risse enthalten Einsprengsel von Polierrot, das sich in das Glas hineingearbeitet hat. Die Optiker hatten kleine Löcher in die Stellen gebohrt, wo die Risse endeten, um eine weitere Ausdehnung der Risse zu verhindern; dann hatten sie die Löcher mit Pech gefüllt. Auch das beste handwerkliche Können hatte es nicht vermocht, alle Spuren natürlicher Einwirkungen in dem 5-Meter-Spiegel zu beseitigen. Wenn die Prüfung des Glases abgeschlossen ist, reinigen Bob Thicksten und seine Ingenieure das Glas mit Lösungsmitteln, bringen es in eine Vakuumkammer und bedampfen es mit Aluminium, wodurch es wieder zu einem Spiegel wird. Thicksten hat beschlossen, das Glas nicht mehr mit Wildroot-Creme einzureiben. »Das war Schwarze Kunst«, glaubt er.

Fast alle, die am Hale gebaut haben, leben nicht mehr. John Anderson starb 1959 an einem Herzinfarkt. George McCauley, Russell Porter, Marcus Brown, Ira Bowen und Don Hendrix sind tot. Im Laufe der Jahre wurde die Zusammenarbeit, die George Ellery Hale zwischen dem Mount-Wilson-Observatorium und dem Caltech ausgehandelt hatte, immer schwieriger, förmlicher, kleinlicher und artete schließlich in einen erbitterten Konkurrenzkampf aus – was häufig vorkommt, wenn es um Teleskope geht. 1979 übernahm das Caltech die Verwaltung und finanzielle Verantwortung über die Teleskope auf dem Mount Palomar, das Hale eingeschlossen. Das Hale überstand die Trennung unbeschadet. Es ist ein wunderbares Gerät, das über den menschlichen Schwächen zu stehen und nach einem eigenen unbeugsamen Willen zu funktionieren scheint. Sollte es aber jemals einen ernsthaften, unvorhergesehenen Schaden nehmen, dann gibt es nach Bob Thickstens Meinung nicht mehr als sechs Menschen auf der Welt, die es reparieren könnten. *Vielleicht.* Im Sommer stand Thicksten nachts häufig auf dem Rundgang, der um die Kuppel herumführt, lauschte den nächtlichen Geräuschen des Großen Auges und fragte sich, ob das Brummen des Getriebes den richtigen Ton habe. »Wir wissen, wann bestimmte Dinge funktionieren«, sagte Thicksten einmal zu mir. »Aber das Vertrackte ist, daß wir nicht wissen, *wie* sie funktionieren.« Das Große Auge hatte seine Schöpfer überdauert.

* * *

Die Erbauer statteten das Hale mit einer Reihe von kleineren Spiegeln aus, so daß das Licht vom Hauptspiegel zu verschiedenen Beobachtungsstationen geleitet werden kann. Eine von diesen Stationen ist ein kleiner Raum am oberen Teil des Teleskops, der Primärfokuskabine genannt wird. Ein Beobachter kann im Primärfokus sitzen und durch ein Okular direkt hinunter in den Hauptspiegel schauen, in dem sich die Tiefen des Universums widerspiegeln. Wenn ich mir überlege, wie man die

Leistungsfähigkeit des Hale-Teleskops veranschaulichen könnte, fällt mir ein, was Don Schneider mir einmal über ein Erlebnis erzählte, das er eines Nachts im Primärfokus hatte. Gegen Morgen hatte er ein paar Minuten für sich. Noch nie hatte er die Venus durch das Große Auge gesehen. »Zeigen Sie mir bitte die Venus«, bat er Juan Carrasco über die Sprechanlage. Die Primärfokuskabine neigte sich, als Juan das Teleskop nach unten und nach Osten schwenkte, wo sich die Venus befand. »Da wären wir«, sagte Juan. »5 Meter sind auf Venus gerichtet.« Don blickte durch das Okular. Ein Lichtstrahl traf auf sein Auge. Er riß den Kopf zurück, denn ein bleistiftdünner weißer Lichtstrahl schoß aus dem Okular. Das Licht war so hell, daß man nicht hineinsehen konnte, und erinnerte ihn an den Strahl eines Filmprojektors. Es war das Licht der Venus, das auf fast 20 Quadratmeter Spiegel gefallen und im Okular gebündelt worden war. Im Licht des Morgensterns konnte er Staubkörnchen tanzen sehen.

George Ellery Hales größtes Teleskop ist eine Zeitmaschine. Sie bildet die vergangene Zeit ab. Das Sonnenlicht braucht acht Minuten, um die Erde zu erreichen. Photonen von der Venus brauchen zwischen zwei und vierzehn Minuten, um zur Erde zu gelangen, je nachdem, wie weit die Venus auf ihrem Orbit gerade von der Erde entfernt ist. Der Planet Saturn ist eine Lichtstunde entfernt. Proxima Centauri, der nach der Sonne erdnächste Stern, ist etwa vier Lichtjahre und drei Lichtmonate entfernt. (Proxima Centauri bewegt sich und wird uns eines Tages gar nicht mehr nahe sein, weil Sterne einsam durch die Milchstraße wandern.) Ein paar Dutzend bekannte Sterne treiben jetzt in der Nähe der Sonne und tragen Namen wie Epsilon Indi, Tau Ceti, Krüger 60, Kapteyns Stern und Procyon. Ferne Riesensterne – Rigel, Aldebaran, Beteigeuze, Antares – sind Hunderte von Lichtjahren entfernt. Die Milchstraße besteht aus Bildern von Sternen, die im Durchschnitt einige tausend Lichtjahre von der Erde entfernt sind. Die Milchstraße erscheint als ein Lichtband, das den Himmel umkreist, weil die

Milchstraße eine scheibenförmige Spiralgalaxie ist; wir befinden uns in dieser Scheibe und schauen hinaus. Eine Spiralgalaxie ist eine sich drehende Materiewolke, die außer hundert Milliarden Sternen viel Gas und Staub und eine riesige Menge sogenannter dunkler Materie enthält, über die die Astronomen, wie sie selbst zugeben, fast nichts wissen. Eine Zahl wie hundert Milliarden ist schwer vorstellbar. Wenn man so viele Zehn-Dollar-Noten aneinanderlegen würde, würden sie eine Kette bilden, die achtmal um die Erde geht, dann zum Mond, zurück zur Erde und wieder zum Mond. Fünf Quadratkilometer Weizen enthalten ungefähr hundert Milliarden Weizenkörner. Ein Stern ist im Verhältnis zu einer Galaxie, was ein Weizenkorn im Verhältnis zu einer Farm in Kansas ist.
Nehmen wir an, daß die Sonne der Punkt auf dem i ist. In diesem Maßstab hätte die Erde die Größe eines einzelligen Mikroorganismus, der sich etwa fünf Zentimeter von der Sonne entfernt befindet. Im gleichen Maßstab wäre der nahe Stern Proxima Centauri ungefähr 14 Kilometer entfernt – und der Mittelpunkt der Milchstraße wäre 80 000 Kilometer entfernt. Wenn der Erde etwas zustoßen würde, würde sie nicht vermißt werden. Der Mensch ist entbehrlich. Und die Erde auch. Die hundert Milliarden Sterne in der Milchstraße, einschließlich der Sonne, drehen sich um den Mittelpunkt der Milchstraße, so wie sich die Erde um die Sonne dreht. Die Sonne und die Erde brauchen 250 Millionen Jahre, um einmal das Zentrum der Milchstraße zu umrunden – diesen Zeitraum nennt man ein galaktisches Jahr. Die Sonne und die Erde existieren seit etwa achtzehn galaktischen Jahren – sie haben seit ihrem Entstehen also etwa achtzehnmal das Zentrum der Milchstraße umrundet. Irgendein extrem schweres, kompaktes Objekt sitzt im Rotationszentrum der Milchstraße und sendet Radiowellen aus. Die Radiosignale, die wir aus dem Kern der Milchstraße empfangen, haben ihre Reise zu uns ungefähr 23 000 v. Chr. angetreten – etwa in der Zeit, als die Jäger des Spätpaläolithikums in den Pyrenäen Handabdrücke auf Höhlenwände malten.

Nicht allzuweit von der Milchstraße entfernt treiben andere Galaxien – die Magellanschen Wolken, das Draco-Zwergsystem, das Fornax-Zwergsystem, der Andromedanebel, das Feuerrad, der Whirlpool, der Centaurus A, der Sombrero, die Zwicky-Antennen, das Stephan-Quintett. Der Andromedanebel, ein naher Nachbar, ist eine etwa zwei Millionen Lichtjahre entfernte Spiralgalaxie. Wenn die Milchstraße die Größe eines Zehncentstücks hätte, wäre der Andromedanebel ein anderes Zehncentstück in einer Entfernung von etwa 60 Zentimetern. Geheimnisvolle Kräfte, über die wir noch nicht viel wissen, bewirken, daß die Galaxien ungewöhnliche Formen bilden: Balkenspiralen, Kugeln, Fußbälle, Ringe, flaumige Bälle, die einen Schweif hinter sich herziehen, dünne glatte Scheiben und chaotische Flickenteppiche. Galaxien sind gesellig. Sie schließen sich gerne zu Haufen zusammen. Ein kleiner Haufen wie die Lokale Gruppe enthält ungefähr ein Dutzend Galaxien, von denen die meisten Zwerggalaxien sind, wie beispielsweise die Magellanschen Wolken. Ein sogenannter kleiner Haufen enthält etwa hundert Galaxien. Ein großer Haufen enthält einige tausend durcheinanderwirbelnde Galaxien.

Superhaufen sind die größten eindeutig identifizierten Strukturen des Universums. Ein Superhaufen ist eine Megalopolis von Galaxien, die Dutzende von großen Haufen und unzählige Galaxien enthält, welche Wirbel bilden oder allein dahintreiben. Galaxien, die sich nicht zu einem Haufen vereinigt haben, werden Feldgalaxien genannt – sie sind im Weltall verstreut wie Wildblumen auf einer Wiese. Ein typischer Superhaufen hat eine bestimmte Form: er ist entweder ein langgezogener Klecks, der an eine Süßkartoffel erinnert, oder ein gewölbtes Blatt, das wie ein Teil einer Blase aussieht (die Astronomen streiten nur zu gerne darüber). Auf jeden Fall sind Superhaufen wolkenähnliche Zusammenballungen von Galaxien, die riesige Leerräume beziehungsweise scheinbar leere Blasen umschließen.

Die am dichtesten bevölkerte Region unseres eigenen Lokalen

Superhaufens ist eine starke Konzentration von Galaxien, die im Sternbild Jungfrau zu sehen ist. Diese Galaxien sind vielleicht dreißig oder sechzig Millionen Lichtjahre von der Milchstraße entfernt. Auch andere nahe Superhaufen schmücken den Himmel: der Hydra-Centaurus-Haufen, der Perseushaufen. Der Superhaufen im Sternbild Pavo enthält Hunderttausende von Galaxien, die wie Staub über den südlichen Himmel verstreut sind. Wird ein Teleskop dorthin gerichtet, sieht der Beobachter, daß sich die Region der Superhaufen über Zeitwüsten erstreckt, die nirgends aufgezeichnet sind. Im sichtbaren Universum kann es etwa eine Million Superhaufen geben. Diese Zahl ist eine bloße Annahme. Das Universum kann auch zehn Milliarden sichtbare Galaxien enthalten – oder vielleicht hundert Milliarden – niemand weiß es genau.
Wenn ein Teleskop zurück in die Zeit (beziehungsweise weit ins All) späht, erscheinen die Galaxien kleiner und schwächer. Von der Erdatmosphäre geht nachts ein leichtes natürliches Leuchten aus, Nachthimmelslicht genannt, das die schwächsten Galaxien überstrahlt. Wenn ein Teleskop in eine Zeit zurückblickt, die etwa fünf Milliarden Lichtjahre zurückliegt, kann es nur die hellsten Galaxien aufspüren – riesige, elliptische Galaxien –, weil die Spiralgalaxien, genau wie die Milchstraße, zu leuchtschwach sind, um über eine solche Entfernung hinweg gesehen zu werden; das schaffen auch die besten Instrumente nicht. Bei extremen Entfernungen kann ein Teleskop nur die leuchtstärksten Objekte auflösen, und das sind die Quasare. Quasare sind die einzigen leuchtenden Objekte, die ein Teleskop in den Tiefen des Kosmos sichten kann; sie leuchten hinter den entferntesten sichtbaren Galaxien hervor, und die am stärksten rotverschobenen Quasare sind wahrscheinlich die fernsten Objekte, die das Hale-Teleskop jemals wird erspähen können.

In drei Märznächten begann die Suche nach Quasaren. Welchen Aufschluß diese Suche über den äußeren Rand des bekannten Universums geben würde, wußte Maarten Schmidt nicht, und er spekulierte nicht gerne darüber, welche Überraschungen das Universum für die Astronomen bereithalten könnte. Über Bildschirme zogen Galaxien, was den Arbeitsraum wie die Brücke eines Raumschiffs aussehen ließ. Wir mußten mit fünfzehn Warp gereist sein, als der 4-Shooter plötzlich ausfiel, die Bildschirme sich mit flackernden und tanzenden Streifen füllten, und wir auf Hilfsstrom für die Steuerimpulse umschalten mußten. Jim Gunn und Don Schneider verwünschten den 4-Shooter und hämmerten auf die Tasten, während Maarten Schmidt ein Stück von Bach pfiff. Als sich der 4-Shooter wieder anständig benahm, diskutierten die Astronomen über das, was auf den Bildschirmen geschah.

Don Schneider zeigte auf den Hauptbildschirm. »Schauen Sie sich das an, Maarten. Eine gerade Reihe von Galaxien.«

»Sieht aus wie eine Kette«, erwiderte Maarten trocken.

»Du liebe Güte«, sagte Don, »noch mehr Galaxien. Dies muß ein Superhaufen sein. Hier ziehen jede Menge Kinkerlitzchen vorbei.« Was er als »Kinkerlitzchen« bezeichnete, waren Galaxien von der Größe der Milchstraße, aber sie waren so weit entfernt, daß sie sich auf dem Bildschirm wie kleine Sprenkel ausnahmen, wie unzählige kleine Blätter, die auf einen Teich gefallen waren.

Ich fragte mich laut, ob die Galaxien, die wir sahen, schon jemals Namen erhalten hatten.

Jim Gunn sagte: »Ganz bestimmt nicht.«

»Sind sie jemals gezählt oder katalogisiert worden?«

»Nein, mit Sicherheit nicht.«

»Sind sie jemals zuvor von Astronomen *gesehen* worden?«
»Glaube ich nicht.« Jim zog ein Taschentuch hervor und schneuzte sich. »Maarten, sind diese Galaxien jemals auf einer Fotoplatte festgehalten worden?«
Mit einem Keks in der Hand dachte Maarten über diese Frage nach. »Ich würde sagen, nein – was meinen Sie, James?«
»Wir gehen ziemlich tief hinein.«
»Ja, außer den hellen sind die meisten dieser Galaxien zu schwach, um auf einer Fotoplatte zu erscheinen.«
»Es ist irgendwie umwerfend, nicht wahr?« bemerkte Jim. Er wandte sich dem Nachtassistenten zu. »Dies ist eine aufregende Nacht.«
»O ja«, sagte Juan, »alles funktioniert.«
Jim lachte. »Sagen Sie das bloß nicht!«
Die Stereoanlage im Arbeitsraum spielte jetzt Beethoven. Maarten Schmidt hatte zwar nichts gegen Beethoven, wußte aber, daß J. S. Bachs dreihundertster Geburtstag bevorstand. Er ging hinüber zur Stereoanlage und sagte: »Ich würde gerne etwas anderes hören, mal sehen, ob sie Bach im Radio bringen.« Das Klappern von Zimbeln und ein wehleidiger Sopran erfüllten den Raum. »Das ist nicht Bach.« Er drehte weiter. Menschliche Stimmen ertönten. Schmidt stellte das Radio lauter. Er hatte eine Bach-Kantate gefunden – und einen Sender, der in dieser Nacht nur Bach spielte. Schmidt sagte: »Eigentlich klar, daß man ihn einen Tag vor seinem Geburtstag im Radio findet.« Etwas später kam die h-Moll-Messe: »Gloria, Gloria in excelsis Deo ...«
Juan beugte sich vor und rief zu Don hinüber: »Wie finden Sie heute das Seeing?«
Don meinte, trotz etwas Hochnebels sei es im großen und ganzen gut.
Der Meinung war auch der Projektleiter. Er dirigierte die h-Moll-Messe mit einem Keks zwischen Daumen und Zeigefinger, und die Stimmen sangen: »Et in terra pax hominibus/Bonae voluntatis ...«

»Schnell, Jim! Hier ist eine ganz merkwürdige!« rief Juan Carrasco.
Jim Gunn rollte mit seinem Stuhl nach vorn und starrte auf eine große helle Galaxie. Er fragte: »Ist sie verformt?«
Maarten Schmidt setzte sich hin, nahm seine Brille ab und betrachtete die Galaxie aufmerksam. Sie war verbogen wie ein verbeulter Hut. Maarten tastete auf dem Tisch nach einem Lineal. Er legte es an die auf dem Bildschirm dahintreibende Galaxie. Er sagte: »Oh – ja, ja, James, das sieht wie eine Verformung aus.«
»Sie ist auf jeden Fall nicht symmetrisch«, bemerkte Jim.
»Mensch, das ist eine tolle Galaxie!« sagte Maarten.
»Einfach wunderbar«, sagte Jim. »Man könnte viel Zeit damit verbringen, dieses Ding zu untersuchen. Seltsame Dinge ...« Seine Stimme verlor sich, er nahm einen Schluck aus einer Dose Limonade mit Zitronen- und Limonengeschmack.
»Soll ich ein Foto von ihr machen?« fragte Juan.
»Nur zu!« antwortete Jim.
Juan holte eine Polaroidkamera vom Regal. Er richtete sie auf seinen Bildschirm und machte eine Aufnahme von der verformten Galaxie. Er sah zu, wie sich das Foto entwickelte. Langsam zeigte sich eine verzerrte und scheinbar lädierte Galaxie. Dieser Lichtfleck hatte einen Unfall gehabt. Vielleicht war eine schwere Wolke aus dunkler Materie auf sie gefallen, vielleicht war sie auch zu nah an eine andere Galaxie herangekommen. Was auch passiert sein mochte, einige Milliarden Sterne waren aus ihrer normalen Umlaufbahn um das Zentrum der Galaxie geschleudert worden; dadurch hatte sich die Galaxie so verformt, daß sie dem verbogenen Rad eines Fahrrads ähnelte. Juan lächelte. Aller Wahrscheinlichkeit nach war diese Galaxie noch nie zuvor von menschlichen Augen gesehen worden und würde wohl auch lange nicht mehr gesehen werden. Er sagte: »Wunderbar, Professor James E. Gunn. Wirklich eine gelungene Nacht.« Er richtete die Kamera auf eine andere Galaxie. *Klick. Swiii.* »Bildnis einer unbekannten Galaxie.« *Swiii.* »Still-

leben mit Galaxie«, »Die Rückkehr der verlorenen Galaxie«, »Die Standhaftigkeit der Galaxien«, »Die Sternennacht«. Auf seinem Steuerpult stapelten sich Polaroidfotos. »Sie können diese haben«, sagte er und schob den Stapel zu mir herüber. »Ich habe schon mehr als genug.«

Der Projektleiter war nicht so leicht zufriedenzustellen. Maarten Schmidt ging oft auf den Rundgang der Kuppel. Er behauptete, er mache sich Sorgen über das Wetter, ich stellte aber fest, daß Maarten um so häufiger auf dem Gang verschwand und um so länger dort blieb, je besser das Wetter wurde. Ich fragte Jim Gunn, was das zu bedeuten hätte. »Maarten gewöhnt sich gerne an die Dunkelheit«, sagte Gunn, womit er meiner Ansicht nach auf höfliche Weise sagen wollte, daß Schmidt eine besondere Art hatte, die Sterne zu betrachten. Als ich Schmidt selbst fragte, lautete seine wohlgesetzte Antwort: »Diese Ausflüge auf den Rundgang sind auf ihre Art entspannend und ein wunderbarer Kontrast zu den Strapazen des Tages.« Bei der erstbesten Gelegenheit zog er seinen Parka an und schlüpfte aus dem Arbeitsraum. Unter dem Hale-Teleskop bedeckte er seine Taschenlampe mit einer Hand, weil die Kuppel pechschwarz sein mußte, damit die Sensoren des 4-Shooter nicht kaputtgingen. Er stieg eine Treppe hinauf, legte einen Hebel um und öffnete eine Stahltür, die auf den Gang hinaus und zum Nachthimmel führte. Dann ging er langsam um die Kuppel herum, »gegen den Uhrzeigersinn«, wie er die von ihm bevorzugte Richtung zu beschreiben pflegte.

Mit fünfundfünfzig Jahren hatte Maarten Schmidt das Alter erreicht, in dem manche prominente Wissenschaftler ihre Veröffentlichungen durch eine Müllpreßanlage schicken müssen, damit sie noch in eine Aktentasche passen. Er saß in einem halben Dutzend Verwaltungsräten und nahm auf der ganzen Welt an Konferenzen teil. Er suchte den Rundgang besonders gerne um drei Uhr morgens auf, denn, so sagte er, »es ist schön, an nichts Besonderes zu denken«. Für viele amerikanische Astronomen war er eine interessante, aber distanzierte Persönlichkeit fast so schwer zu ergründen wie ein Quasar. Man kannte ihn von zahllosen Konferenzen. Er, der Präsident der American Astronomical Society, überragte alle und fiel auf – mit seinen gewellten grauen Haaren, seinem weißen Hemd und seiner Fliege. Er war in den Niederlanden geboren und aufgewachsen. Nachdem er sechsundzwanzig Jahre lang in Südkalifornien gelebt hatte, hatte er noch immer die sogenannte »green card«, die ihn als einen Ausländer auswies. Er behielt seine niederländische Staatsangehörigkeit und nahm an den holländischen Wahlen teil. Im Gegensatz zu den meisten Astronomen legte er bei einem Beobachtungslauf Wert auf sorgfältige Kleidung. Er trug ein kariertes Jackett und ein Hemd, das so rot war wie ein Feuerlöscher, und wenn er auf den Rundgang ging, legte er einen eleganten gelben Kaschmirschal um. Schmidt hatte internationale Kontakte. »Ich telefoniere viel – zuviel«, sagte er. »Im Moment stelle ich fest, daß ich meine ganze Büroarbeit im Büro und meine ganze wissenschaftliche Arbeit zu Hause erledige. Das ist merkwürdig.« Wenn er das Caltech abends verließ, aß er mit seiner Frau Corrie im Garten hinter ihrem gemeinsamen Haus zu Abend. Sie sahen zu, wie die Dämmerung hereinbrach, und beobachteten die ersten Sterne. Seltsamerweise kennen die meisten Berufsastronomen die Sternbilder nicht sehr gut – sie finden Sterne aufgrund ihrer Koordinaten. Aber Maarten Schmidt kannte sich am Nachthimmel aus. Nach dem Abendessen pflegte er noch eine ganze Weile an seinen Quasaren zu arbeiten, dann sah er fern. Später träumte er manchmal von dem Großen Auge, obwohl er sich nie daran erinnern konnte, was in diesen Träumen passierte.

Nachdem er und Corrie geheiratet hatten, hatten sie sich einen lässigen Lebensstil zugelegt; sie blieben bis drei Uhr morgens auf und schliefen lange. Dann hatten sie drei Töchter bekommen. Ihre Töchter, so Maarten, »erlaubten uns nicht, so weiterzuleben«. Als die Töchter erwachsen waren, fuhren Maarten und Corrie gerne in einen kleinen Urlaubsort in der Anza-Borrego-Wüste, wo sie in riesigen Clubsesseln im Freien unter einer Palme sitzen und die Sterne betrachten konnten. Sie reichten sich gegenseitig einen Feldstecher zu und diskutierten dann über ein besonders eindrucksvolles Sternbild. Sie fanden eine Art inneren Frieden, wenn sie das nächtliche Leben in der Wüste beobachteten – Eselhasen rannten vorbei, Fledermäuse jagten Nachtfalter, Meteore schossen über den Himmel. Sie sprachen nur wenig oder schwiegen. Maarten mochte besonders das Heulen der Kojoten, solche Laute hatte er in seiner Jugendzeit in Holland nie gehört. Sie betrachteten das Kommen und Gehen von Planeten und das Rotieren der Milchstraße über ihren Köpfen, bis die Morgendämmerung sie überraschte. Maarten Schmidt wuchs während des Zweiten Weltkriegs in Groningen im Norden Hollands auf, wo sein Vater ein städtischer Beamter war. Im Sport war er nicht gut (außer im Hochsprung); er war ein Kind, das lieber in die Sterne guckte. Im Krieg wurde Groningen meistens verdunkelt, und Maarten war dreizehn Jahre alt, als ihm zum ersten Mal unnatürlich helle Sterne über seiner lichterlosen Stadt auffielen. Sie zogen ihn an. Sein Großvater gab ihm eine starke Vergrößerungslinse und ein Okular. Maarten klebte die Linse an das eine Ende einer Papprolle und das Okular an das andere Ende. Er ging mit seiner Erfindung in den dritten Stock seines Hauses und blickte aus dem Fenster. In der Leier entdeckte er einen Doppelstern. Er suchte den Himmel ab. Dann heulten die Sirenen los. Die Bomberstaffeln der Alliierten flogen auf ihrem Weg nach Hamburg und Bremen fast jede Nacht über Groningen hinweg, und das ohrenbetäubende Dröhnen ihrer Maschinen erschütterte die Stadt. Manchmal schossen die rund um die Stadt aufgestellten Flugabwehrgeschütze der Deutschen wild auf die Bomber, und überall stachen die Lichtsäulen der Suchscheinwerfer in den Himmel. Manchmal griffen die alliierten Bomber die deutschen Geschütze im Tiefflug an, manchmal warfen sie ihre Bomben über Groningen ab. Eines Nachts fiel eine Bombe auf die Straße in der Nähe von Maartens Haus. Sie verkrochen sich bis zwei Uhr morgens unter der Treppe, bis die Sirenen Entwarnung gaben, und versuchten dann, noch ein bißchen zu schlafen.

Als Maarten 1963 entdeckte, daß Quasare hell leuchtende und sehr ferne Objekte sind, wurde er berühmt, wonach er nicht gestrebt und wogegen er sich manchmal gewehrt hatte. Schmidts Quasare strahlen wie Leuchtfeuer aus unvorstellbaren Fernen durch die Nacht. Die Leute fragten ihn oft, ob er das Schmidt-Teleskop erfunden hätte. (»Nein, das war der alte Bernhard Schmidt. Wir haben nichts miteinander zu tun. Er war die meiste Zeit betrunken, zwischendurch muß er genial gewesen sein.«) 1967 erschien sein Gesicht auf der Titelseite von *Time;* nachdem er jahrelang ganz allein in der Primärfokuskabine Quasare fotografiert hatte, hatte er in jenem Jahr einen Einbruch in die Tiefe des Universums erzielt, hatte die Grenzen des Hale-Teleskops in einen Bereich vorgeschoben, den sich seine Erbauer in ihren kühnsten Träumen nicht vorgestellt hätten, hatte immer fernere Quasare entdeckt, hatte in unvorstellbare Zeiträume zurückgeblickt.

Er verweilte eine Zeitlang auf dem Rundgang. Bei den Quasaren gab es noch so viel zu erforschen. In zweiundzwanzig Jahren hatte er nur Teilantworten auf seine Fragen nach ihrem Entstehen und Vergehen gefunden. In einem Interview mit dem Wissenschaftshistoriker Spencer Weart sagte er einmal, er stelle sich die Wissenschaft als einen Teppich vor, dessen Teile von vielen Händen miteinander verknüpft werden, so wie es die alten flämischen Weber getan hatten, die nebeneinander auf Bänken arbeiteten. Corrie webte. Sie hatte in ihrem Haus große, unterschiedlich geformte Wandteppiche in gedämpften Farben aufgehängt. Er war von den Wandteppichen seiner Frau umgeben, die ihm, wie er sagte, vielleicht das Gefühl gaben, daß auch die Wissenschaft eine Art Wandteppich sei, an dem in der Vergangenheit schon gearbeitet worden war. Gegenüber dem Historiker Weart drückte er es so aus: »Ich habe ganz stark das Gefühl, daß man als Astronom ein Glied in einer Kette ist, weil man in der Wissenschaft – vor allem in der Astronomie –

mehr als auf anderen Gebieten auf dem aufbaut, was die Vorgänger erarbeitet haben. Man trägt hier ein wenig bei, man fügt dort etwas hinzu. Alles wird zusammengenäht, und ein paar Stiche stammen von einem selbst.« Er hatte ein ausgeprägtes Bewußtsein dafür, daß neben ihm noch andere an dem Teppich arbeiteten, Fäden aufnahmen, kleine Knoten machten und so auf wundersame Weise ein Muster entstehen ließen. »Und so«, sagte er, »wird der Teppich immer größer.« Wenn die Karriere eines Wissenschaftlers beendet war und andere mit dem Weben begonnen hatten, konnte man später immer noch den eigenen Beitrag finden und sagen: »Hier ist er ja.«

Er wollte wissen, was in der Frühgeschichte des Universums geschehen war, wann die Quasare zu leuchten angefangen hatten. Er hoffte, daß der 4-Shooter das Licht der ersten Quasare am Anfang der Zeit sehen würde, daß der 4-Shooter das »erste Licht« sehen würde. Wenn der 4-Shooter immer tiefer in die Zeit vorstoßen und etwas Neues zutage fördern würde, dann würde das für Maarten Schmidt bedeuten, daß er ein paar Fäden mehr in einen langen Teppich einziehen konnte – eine bescheidene Antwort auf die Mißachtung der menschlichen Vernunft durch die Natur. Wenn das Experiment gelingt, fängt der 4-Shooter archaische Photonen von stark rotverschobenem Quasarlicht ein. Diese Photonen haben dann irgendeinen weit entfernten Quasar verlassen und sind durch den leeren Raum geflogen; ihre Reise hat so lange gedauert, wie die Zeit selbst existiert, ohne daß sie auf ein Hindernis gestoßen sind – was eindrucksvoll demonstriert, wie leer der Raum ist; dann sind sie, die zwei- oder dreimal älter waren als die Erde, auf einen Spiegel getroffen. Die Milchstraße lag wie ein feiner Nebel über dem östlichen Kamm des Mount Palomar. An das Ächzen der Ölpumpen gewöhnt, stellte Maarten fest, daß jetzt eine unwirkliche Stille über dem Palomar lag; die Ölzufuhr war abgestellt, weil das Teleskop in dieser Nacht nicht bewegt wurde. Auf dem Mount Palomar war es ganz ruhig, kein Vogel war zu hören. Sogar die Kröten schliefen. Man hörte nur, wie ein schwacher

Wind durch die Zedern fuhr und am Geländer des Rundgangs entlangstrich. Coma Berenices und Bootes stiegen zusammen mit dem wunderbar goldenen K-Stern Arktur zu ihrem Kulminationspunkt – sie waren die Vorboten des Frühlings. Er band seinen Schal fester und steckte die Hände in die Taschen. Seine Schritte hallten durch die Stille. Der Nebel, der über den Lichtern von San Diego und Los Angeles lag, hatte sich überall ausgebreitet und war emporgestiegen; die Kuppeln auf dem Mount Palomar sahen aus, als schwebten sie losgelöst von ihrem Fundament über den Niederungen alles Sterblichen unter einem Himmel, der zwar nicht leer, aber weit von der Erde entfernt war.

Teil 2
Die Shoemaker-Kometen

An einem Berghang in der Nähe von Flagstaff, Arizona, stand in einem Kiefernwald ein niedriges Haus aus Betonstein. Es ähnelte einem Bunker. Auf ihm stand ein zweites Haus mit hohen Wänden aus Vulkangestein und Glas. In diesem Haus saß der Astronom und Geologe Eugene M. Shoemaker am Eßtisch und las Zeitung. Er las laut vor: »Astronomen glauben, eine sehr ferne Galaxie entdeckt zu haben.« Er lächelte amüsiert und sagte: »Was, zum Kuckuck, soll das? Was bedeutet das?« Er setzte seine Halbbrille ab. »Meine Güte, es gibt ja nur ungefähr hundert Milliarden sichtbare Galaxien.«
»Ich frage mich, welche sie entdeckt haben«, kommentierte seine Frau Carolyn trocken. Sie räumte den Tisch ab. Es war Abend geworden, und draußen regnete es unaufhörlich.
Gene legte die Zeitung auf den Tisch. Er hatte ein kerniges Gesicht, gebräunt von den vielen Jahren, in denen er nach den Überresten von riesigen Einschlagkratern suchte, die Asteroiden und Kometen auf der Erde hinterlassen hatten. Um den Hals trug er ein Lederband, das durch einen Silberverschluß in Form eines Adlers zusammengehalten wurde. Er sagte zu mir: »Für die Astronomen ist das Sonnensystem heute kaum noch von Belang. Im neunzehnten Jahrhundert war es für die Astronomie von größtem Interesse. Als die Instrumente besser wurden, konzentrierten sich die Astronomen auf das, was sie die großen Fragen nannten. Aus diesem Grund wurde das Hale-Teleskop gebaut – um die Optik so hochzupowern, daß man die Struktur des Universums erforschen konnte.« Sein an eine Drahtbürste erinnernder Schnurrbart verzog sich, als er schmunzelte. Er sagte: »Also kamen die Geophysiker und adoptierten das Waisenkind – das Sonnensystem.«
Ein Oktoberregen prasselte gegen das Haus. Gene und Carolyn

hatten mit ihren Kindern in dem unteren Haus gewohnt, bis es dort zu eng geworden war. Was schien natürlicher, als auf das Dach ein weiteres Haus zu setzen, und zwar eins aus Vulkangestein? Als die Kinder erwachsen waren und das Elternhaus verließen, zog Genes Mutter in das untere Haus.

Gene sagte: »Wir werden diesen Monat etwas Neues erforschen.« Er nahm ein Blatt Computerpapier in die Hand und faltete es auseinander. Unter der Überschrift »Die bekannten Trojaner« wurden die Namen von Helden aus dem Trojanischen Krieg aufgezählt: Achilles, Patroklos, Hektor, Nestor, Priamos. Jeder Name war einem Kleinplaneten auf einer Umlaufbahn um die Sonne zugeordnet, und hinter jedem Namen stand eine lange Reihe von Zahlen, die die Umlaufbahn des betreffenden Kleinplaneten beschrieb. Ein Kleinplanet oder Planetoid ist dasselbe wie ein Asteroid. Das Blatt mit den trojanischen Helden bestand vorwiegend aus Zahlenkolonnen. In letzter Zeit, sagte Gene, hätte er über diese trojanischen Kleinplaneten nachgedacht und sich gefragt, ob es da draußen nicht noch viele *unbekannte* Trojaner gäbe. Er fuhr mit dem Finger über Abschnitte, die nur aus Zahlen bestanden. »Schauen Sie sich diese Bahnelemente an«, sagte er. »Man kann schon an diesen Zahlen sehen, daß die trojanischen Wolken wirklich riesig sind.«

Mir sagten diese Zahlen natürlich überhaupt nichts.

Aber wenn Gene Shoemaker auf diese Zahlenreihen blickte, erstanden vor seinem geistigen Auge zwei riesige, noch nirgends erfaßte Wolken von Asteroiden in der Nähe des Jupiter. »Diese Wolken«, sagte er, »nehmen ein beachtliches Stück Himmel in Anspruch. Das Stück Himmel, das wir mit einem kleinen Großfeldteleskop erforschen können.«

»Falls es aufhört zu regnen, Gene.« Carolyns Stimme kam aus der Küche, wo sie Geschirr spülte.

Vom Dach kamen betrübliche Geräusche. Gene blickte auf: »Das klingt eher entmutigend.«

Carolyn kam aus der Küche. Sie sagte freundlich: »Wenn es in

Flagstaff regnet, Gene, dann regnet es auch auf dem Mount Palomar.«
Genes Interesse für die trojanischen Kleinplaneten war dadurch geweckt worden, daß Carolyn vor kurzem beim Durchsehen einiger Negative einen neuen trojanischen Kleinplaneten entdeckt hatte. Sie hatte nach Planetoiden gesucht, die sich der Erde näherten – vagabundierende Objekte, die auf die Erde zusausen –, hatte statt dessen aber diesen trojanischen Kleinplaneten in der Nähe des Jupiter entdeckt. Es war ein riesiger Planetoid – eine Rußkugel mit einem Durchmesser von fast 13 Kilometern –, bei weitem der größte, den die Shoemakers jemals gefunden hatten. Wenn sie ihn oft genug fotografiert hatten, um seine Umlaufbahn zu bestimmen, hatten sie das Recht, ihm einen Namen zu geben. Einer langen Tradition zufolge mußte ein solcher Planetoid nach einem Helden aus dem Trojanischen Krieg benannt werden. Sie lasen die *Ilias.* Gene erzählte: »Die großen Namen waren alle schon vergeben. Wir dachten schon, wir müßten mit dem kläglichen Rest, mit dem Fußvolk vorlieb nehmen.« Dann stießen sie auf den Namen Paris. »Aus irgendeinem Grund ist Paris niemals verwendet worden. Ich weiß nicht, warum. Paris war immerhin derjenige, der den Krieg anfing.« Paris war ein Sohn des Priamos, des Königs von Troja. In seiner Jugend hatte er hauptsächlich Schafe gehütet. Eines Tages stahl er dem griechischen König Menelaos Helena und brachte sie nach Troja. Menelaos belagerte Troja mit seinem griechischen Heer, um Helena zurückzuerobern. Das war der Beginn des Krieges zwischen Trojanern und Griechen.
Es gibt zwei trojanische Wolken – eine vor und eine hinter Jupiter –, die auf derselben Umlaufbahn reisen wie der Planet. Die Trojaner sind schwache und langsame Asteroiden. Da sie dunkler sind als Anthrazit, sind bisher nur vierzig Trojaner entdeckt worden, während im Asteroidengürtel Tausende von Objekten gefunden wurden. Die Shoemakers hatten bei guten Sichtverhältnissen erkannt, daß die Erde im Begriff war, einer der bei-

den trojanischen Asteroidenwolken relativ nahe zu kommen. Daher hatten sie beschlossen, einen Teil ihrer Beobachtungszeit am 18-Zoll-Schmidt-Teleskop auf dem Palomar für die Suche nach Trojanern zu verwenden.
Die trojanischen Wolken waren noch nie vollständig erforscht worden. Als verstreute Lichtpunkte, die durch ein kleines Teleskop kaum auflösbar sind, sind die Trojaner fast nicht aufzufinden. Sie breiten sich fächerartig zu beiden Seiten des Jupiter auf einer Länge von fast einer Milliarde Kilometern aus. Niemand weiß genau, wie sie dorthin gekommen sind. Niemand weiß genau, woraus sie bestehen – man weiß nur, daß es sich um irgendeine dunkle Substanz handeln muß.
1906 entdeckte der deutsche Astronom Max Wolf einen Asteroiden, der sich in der Umlaufbahn des Jupiter bewegte und dem Planeten um 60 Grad voraus- oder nachging, also hin- und herschwang, so als würde Jupiter ihn anstoßen. Wolf nannte diesen Asteroiden Achilles. Achilles war irgendwie in eine Region gelangt, wo die Gravitationsfelder des Jupiter und der Sonne eine Senke bilden, in der sich der Asteroid ständig auf und ab bewegt und in der Schwebe befindet, ohne jemals wieder entweichen zu können. Schon 1772 hatte der französische Mathematiker J. L. Lagrange eine solche Besonderheit in Orbitalsystemen erkannt. Lagrange hatte errechnet, daß es Gravitationssenken geben müsse, und zwar im Abstand von 60 Grad beiderseits eines Körpers, der einen anderen Körper umkreist. Ein einzelnes Objekt, das in eine dieser Senken gerät, schwingt in dieser Senke hin und her und kann sie ohne einen Anstoß von außen nie wieder verlassen. Diese »Senken« nennt man Lagrange- oder Librationspunkt.
Achilles war das erste Objekt, das man am vorderen Librationspunkt in der Umlaufbahn Jupiters entdeckt hatte. Dann entdeckte man in derselben Umlaufbahn einen Asteroiden, der am Librationspunkt 60 Grad *hinter* Jupiter reist, so als würde Jupiter ihn hinter sich herziehen. Bald stellte sich heraus, daß Planetoidenschwärme Jupiter an zwei Seiten begleiten: zwei Wol-

ken aus schwarzen Kugeln, die zu beiden Seiten des größten Planeten im Sonnensystem herumwirbeln. Es bürgerte sich ein, diese Asteroiden nach Helden aus dem Trojanischen Krieg zu benennen. Asteroiden, die vor Jupiter laufen, werden nach Helden der griechischen Seite benannt, während Asteroiden, die Jupiter folgen, ihre Namen nach Helden der trojanischen Seite erhalten – zwei wogende feindliche Armeen, über die Jupiter das Kommando hat. Die beiden Wolken sind also als Griechen und Trojaner bekannt, wenngleich die Astronomen sie gewöhnlich nur als »Trojaner« bezeichnen.

Die Suche nach Asteroiden macht es erforderlich, Lichtpunkte zu fotografieren, die wie Glühwürmchen aufleuchten und wieder erlöschen, während sie als Wolken und Planetoiden-Familien um die Sonne kreisen und von der Erde überholt werden. (Die Erde bewegt sich schneller als die meisten Planetoiden, weil ihre Umlaufbahn der Sonne näher ist.) Jetzt war die Erde gerade im Begriff, an der griechischen Asteroidenwolke vorbeizuziehen. Im Laufe von etwa drei Monaten ziehen die Griechen – die Asteroiden, die vor Jupiter herziehen – langsam durch das Sternbild Fische. Sie sind dann an einem dunklen, relativ sternlosen Himmel weit von der Milchstraße entfernt sichtbar, wo sonst dichte Wolken von Hintergrundsternen die schwachen Asteroiden verdecken. Dieser Monat – Oktober – stellt eine wichtige Phase dar, weil der Kern der griechischen Asteroidenwolke um Mitternacht seinen Kulminationspunkt erreicht. »Sind Sie ein Spieler?« fragte Gene, und sah mir direkt in die Augen. Dann fuhr er fort: »Ich glaube, wir könnten noch eine ganze Menge von diesen Jungs finden.«

Der letzte Versuch, die Zahl der Trojaner zu erfassen, lag zwanzig Jahre zurück und war von dem holländischen Astronomen C. J. van Houten unternommen worden; er hatte einige Fotoplatten untersucht, auf denen Teile der Asteroidenwolken zu sehen waren. Er hatte viele Astronomen mit seiner Behauptung verblüfft, es könnte da draußen noch bis zu neunhundert unentdeckte Trojaner geben. Aber ob verblüfft oder nicht, kein

Astronom war bislang darangegangen, van Houtens Theorie zu überprüfen.

Gene Shoemaker übertrumpfte Houtens Schätzung bei weitem. Er sagte: »Ich glaube, daß es in beiden Wolken insgesamt zweihunderttausend Trojaner geben könnte, die einen Durchmesser von mehr als einem Kilometer haben. Wir sprechen von sehr vielen Asteroiden – fast so viele wie im *gesamten* Hauptgürtel. Man muß dazusagen, daß dies keineswegs die gängige Auffassung über die Trojaner ist.« Er vermutete, daß die trojanischen Wolken weit von der Ebene des Sonnensystems entfernt sein, sich also in einem Bereich befinden könnten, in dem noch nie jemand systematisch nach Trojanern gesucht hatte. »Wir hoffen, daß wir dort erfolgreich sind«, sagte er.

Asteroidenwolken enthalten allerlei Schutt – von Staubkörnern und Sandkörnern über Gesteinsbrocken bis hin zu kleinen Welten. Wenn Carolyn, die nach der Beobachtungsreihe die Filme untersucht, eine Handvoll großer Trojaner entdeckte, würde das bedeuten, daß es außerdem noch viele kleine unsichtbare Objekte gibt. Große Trojaner, die sich in Himmelsregionen verstecken, wo sie nicht vermutet werden, würden darauf hindeuten, daß es zu beiden Seiten des Jupiter einen feinen Dunstschleier von nicht erkennbaren Trojanern gibt. Gene sagte: »Diese Wolken könnten tatsächlich große Mengen Materie enthalten.« Carolyn würde bald einen Stapel Negative untersuchen und dabei nicht nur nach Trojanern, sondern auch nach erdnahen Objekten Ausschau halten, die an der Erde vorbeischießen, denn ein solches Objekt könnte jederzeit auf einem Film auftauchen. Aber wenn das Wetter nicht mitmachte, könnten sie die Trojaner erst einmal vergessen. »Das Ganze ist reine Glückssache«, seufzte Gene und lauschte dem Regen.

* * *

Am nächsten Abend beluden die Shoemakers ihren Plymouth Fury, um zum Mount Palomar zu fahren. Der Fury war ein großes goldgrünes Schiff mit einem beschädigten Kotflügel. Er war wohl während des unaufhaltsamen Voranschreitens der amerikanischen Wissenschaft beschädigt worden. Obwohl der Fury eine stattliche Größe besaß, hatten die Shoemakers Mühe, ihre ganze Ausrüstung darin zu verstauen. Carolyn besaß ein Stereomikroskop, das mit auf den Mount Palomar mußte, weil sie es für ihre Suche nach Kometen und Asteroiden brauchte. Das Mikroskop füllte den halben Kofferraum aus, aber das eigentliche Problem war der Reporter, der mit den Shoemakers reiste und zwei Rucksäcke und einen Matchbeutel bei sich hatte. Carolyn fragte: »Was ist da drin?«

»Warme Kleidung«, antwortete ich.

»Aha«, sagte Gene skeptisch.

Ich erzählte ihnen nicht, daß ich nicht unbedingt der erste Reporter sein wollte, der bei der Suche nach Asteroiden erfriert.

Wenn die Shoemakers zum Mount Palomar fuhren, brachen sie nachts auf, weil sie den Fury dann durch die Mojave-Wüste jagen konnten, ohne den Gesetzeshütern zu begegnen, die Carolyn »John Law« nannte. Zweiunddreißig Kilometer hinter Flagstaff machte es *wahump,* und Gene verkündete: »Unsere Federung ist am Ende.«

»Weil du zu schnell fährst«, sagte Carolyn.

Ich saß mitsamt meinem Gepäck eingekeilt auf dem Rücksitz.

Sie drehte sich um, um aus dem Rückfenster auf ein paar Scheinwerfer zu blicken, die auf uns zufuhren. »Ist das John Law?« fragte sie mich.

Ich blickte mich um, und auch Gene warf einen Blick nach hinten. »Wo?« fragte er. Der Fury schwankte und verlangsamte das Tempo. Ein Auto schoß mit Tempo 150 an uns vorbei. Gene gab wieder Gas und sagte dann unvermittelt: »Das letzte Jahr war für Carolyn besonders gut. Sie hat fünf Kometen entdeckt.«

Sie bestätigte das. Sie sagte: »Ich war so verwöhnt, daß ich jedesmal, wenn wir auf den Berg fuhren, damit rechnete, einen Kometen zu finden. In diesem Jahr habe ich überhaupt noch keinen Kometen gefunden. Ich weiß nicht, was los ist.« Nachdem sie den größten Teil ihres Erwachsenendaseins in dem Beruf verbracht hatte, den man Hausfrau nennt, war Carolyn Spellmann Shoemaker Astronomin geworden. Neben anderen Künsten hatte sie auch die Kunst der Entdeckung von Kometen erlernt. Sie war eine stille, ernsthafte Person, die nicht viel Aufhebens um ihre Leistungen machte. Sie hatte eine ausgeprägte Kinnpartie, und in jedem Herbst zeigte ihre Haut eine leichte bronzefarbene Tönung, eine Bräune, die sie im westaustralischen Hinterland bekommen hatte.* Sie und Gene verbrachten den Sommer damit, riesige ringförmige Strukturen kartographisch zu erfassen, die durch Einschläge von Kometen und Asteroiden auf der prähistorischen Erde entstanden waren. Wenn man Carolyn ansah, hatte man den Eindruck, sie besäße einen inneren Kompaß, mit dessen Hilfe sie sich auf einem eigenen Himmelsmeridian bewegte. Sie pflegte über sich selbst zu sagen: »Ich bin der geborene Eremit«, womit sie offensichtlich andeuten wollte, daß es ihr bestimmt war, wie eine Astronomin der alten Schule zu arbeiten. Als Carolyn Filme nach Asteroiden durchforstete, die sich der Erde näherten, hatte sie ihre ersten Kometen entdeckt. Manche Astronomen schätzen sich glücklich, wenn sie in ihrem Leben einen Kometen finden – vor allem, weil Kometen nach ihren Entdeckern benannt werden. Carolyn hatte es bisher auf stolze sechs Shoemaker-Kometen gebracht, von denen sie fünf während einer unglaublich erfolgreichen achtmonatigen Beobachtungsreihe im Jahre 1984 entdeckte. Kein Astronom vor ihr hatte jemals fünf Kometen in acht Monaten gesichtet. Zwei der Shoemaker-Kometen gehören zur sogenannten Jupiterfamilie: Shoemaker 1 und Shoemaker 2 kreisen auf kurzen Umlaufbahnen in der Nähe Jupiters um die Sonne. Sie werden vielleicht zehntausend Jahre lang leuchten, bevor sie erlöschen. So existiert der Name Shoema-

* Am 18. Juli 1997 kam Gene Shoemaker bei einer dieser Forschungsreisen ums Leben. Er starb bei einem Verkehrsunfall in der australischen Wüste, Anm. d. Übers.

ker möglicherweise länger als Marmor oder vergoldete Denkmäler. Die anderen vier Shoemaker-Kometen bewegten sich auf langen Umlaufbahnen durch das Sonnensystem und sind jetzt in der Tiefe des Alls verschwunden.

Von ihren Geschlechtsgenossinnen hatte nur die Engländerin Caroline Herschel, die von 1750 bis 1848 lebte, mehr Kometen als Carolyn Shoemaker – nämlich acht – gefunden; sie hatte mit einem bescheidenen Teleskop gearbeitet, das ihr Bruder, Sir William Herschel, für sie gebaut hatte. »Ich will Caroline schlagen«, bemerkte Carolyn kühl. Danach wollte sie Mr. Honda, Mr. Bradfield und Dr. Mrkos schlagen, drei Astronomen, die mit jeweils zwölf Kometen den ersten Platz unter den noch lebenden Kometenentdeckern einnehmen.

Jede Beobachtungsreihe auf dem Mount Palomar erbrachte einen Stapel Negative, die Carolyn in Flagstaff mit Hilfe ihres Stereomikroskops auswertete. Aber das Mikroskop begleitete Carolyn praktisch überallhin. Sie nahm es mit auf den Berg, um Filme zu untersuchen, die Gene sofort in die Dunkelkammer brachte, denn ein sich der Erde nähernder Asteroid kann binnen weniger Tage an der Erde vorbeischießen. Wenn sie nach Kometen und Asteroiden suchte, legte sie die Negative paarweise unter das Mikroskop – Fotos von Sternfeldern, die im Abstand von vierzig Minuten aufgenommen wurden. Ein Objekt, das durch das Sonnensystem fliegt, bewegt sich in vierzig Minuten so weit, daß es ihr beim Betrachten der Bilder auffällt – in Stereo. Jedes Fotopaar enthält etwa zehntausend Sterne oder sternähnliche Objekte. Die meisten von ihnen sind tatsächlich Sterne, aber die Fotos sind auch mit fliegenden Trümmerbrocken übersät. Normale Asteroiden strömen wie ein Fischschwarm in dieselbe Richtung. Anomale, gefährliche Objekte, die auf der Erde einschlagen könnten, bewegen sich oft rückwärts, gegen den normalen Strom der Trümmerbrocken, schießen diagonal über das Gesichtsfeld oder fallen auf, weil sie sich zu schnell bewegen. Carolyn hatte sehr scharfe Augen und hielt ständig nach Dingen Ausschau, die sich bewegen.

»Gene!« sagte sie. »Ist das Auto hinter uns John Law?«
Der Fury ruckelte, als Gene sich umschaute. »Ich hoffe nicht«, sagte er.
»In Arizona«, sagte Carolyn, »kann man wegen einer Geschwindigkeitsübertretung im Gefängnis landen.«
Das hatte die Polizei den Shoemakers irgendwann klargemacht. Carolyn wollte nicht, daß die Suche nach Planetoiden im Gefängnis endete.
Es hörte auf zu regnen, und die Wolken brachen auf. Ein weißlich-rosafarbener Stern leuchtete genau vor uns im Westen. »Aha, Jupiter«, sagte Carolyn. »Ein gutes Zeichen.« Wir fuhren vom Colorado-Plateau hinunter in die Mojave-Wüste. Carolyn stellte einen Kassettenrecorder auf den Vordersitz und ließ ein Band von Herb Alpert und der Tijuana Brass Band laufen. Über uns wölbte sich die Milchstraße, und im Westen versank Jupiter hinter der Wüste und der Bergkette. Jupiter ist ein Riesenplanet – die Erde würde ohne weiteres in Jupiters Großen Roten Fleck passen. Nach der Sonne übt Jupiter mit seiner Masse im Sonnensystem den größten Einfluß auf andere Himmelskörper aus. Es schien, als würde Jupiters Schwerkraft Genes Fuß auf das Gaspedal drücken und den Fury nach Westen ziehen. Nicht nur im übertragenen Sinn lebte Gene Shoemaker auf der Überholspur. »Ich habe viel mehr Pläne im Kopf, als ich je verwirklichen kann«, sagte er. »Aber ich habe beschlossen, in meinem Leben, egal, wieviel Zeit mir noch bleibt, nur das zu tun, was mir Spaß macht.«
»Aber du mußt genau unterscheiden, was wirklich Spaß macht und was nur scheinbar Spaß macht«, sagte seine Frau.
»Ja, ich habe viele Eisen im Feuer, alle hängen irgendwie zusammen ...«
»Wenn du wenigstens die Ausschüsse aufgeben würdest ...«
»Ha!« sagte er, was wohl bedeuten sollte: »Sehr unwahrscheinlich.«
Genes wissenschaftliche Arbeit auf verschiedenen Gebieten hatte ihm elf oder mehr Medaillen und Auszeichnungen einge-

bracht, die sich bei ihm daheim in Kästen auf dem Klavier angesammelt hatten. Bei verschiedenen Mondmissionen der NASA hatte er als Projektleiter fungiert, und jetzt war er Mitglied des Voyager-Teams. Wenn die Impaktgeologie – die die Auswirkungen des Einschlags von Gesteins- oder Eisbrocken auf einem Planeten untersucht – einen Begründer gehabt hätte, dann wäre es Gene Shoemaker gewesen. Diejenigen Caltech-Astronomen, die an das Hale-Teleskop gewöhnt sind, interessieren sich hauptsächlich für Phänomene außerhalb unserer Milchstraße. Viele von ihnen finden das Sonnensystem superlangweilig, da es ihrer Meinung nach keine große wissenschaftliche Herausforderung darstellt – neun Kugeln nichtleuchtender Materie, die um einen schrecklich normalen Stern kreisen, dazu so ein Schotter wie Asteroiden, Monde und Kometen: das war der Katzentisch im großen Himmelskasino. Die folgenden Kommentare, die ich im Caltech hin und wieder gehört habe, vermitteln einen Eindruck von der Einstellung vieler Astronomen zum Sonnensystem.

»Alles, was sich innerhalb unserer Galaxis befindet, lohnt das Hinschauen nicht.«

»Ich kann mir einfach nicht vorstellen, daß man von der Suche nach Asteroiden leben kann.«

»Planeten sind die Schlackenhalden des Universums. Die Erde ist das Paradebeispiel. Das einzig Gute an der Erde ist, daß sie als Standort für ein Teleskop dient. Aber wir müssen diese Atmosphäre loswerden. Dann werden wir vielleicht etwas Interessantes sehen.«

»Es ist mir völlig Wurscht, ob ich einen Kometen entdecke oder nicht. Es sei denn, er schlägt auf der Erde ein. Und dann soll er sowieso nicht nach mir benannt werden!«

Gene Shoemaker antwortete indirekt auf die Diffamierung der Planeten. »Das Sonnensystem *ist* ein unbedeutender Staubhaufen«, gab er zu. »Aber zufällig ist es der Ort, an dem wir leben.« Irgendwo vor seinem inneren Auge oder vielleicht in seinem Herzen hatte Gene eine ganz besondere Vorstellung vom Sonnensystem. Und das war nicht das Sonnensystem, von dem ich gehört hatte. In Schulbüchern wird das Sonnensystem als eine Reihe von flachen, konzentrischen Kreisen abgebildet, die die Sonne umgeben, wobei jeder Kreis die Umlaufbahn eines Planeten darstellt. Gene stellte sich das Sonnensystem kugelförmig vor. In seiner Vorstellung war das Sonnensystem nicht der ewige, unveränderliche Mechanismus, den Isaac Newton gesehen hatte, sondern eher ein kosmisches Karnevalstreiben: eine dynamische, sich ständig verändernde Trümmerwolke, filigranartig durchsetzt mit Granatsplittern, voll von Materiebrocken, die zu Ellipsen und Schleifen geformt werden, außerdem lange, chaotische, schwingende Umlaufbahnen, auf denen überall Geschosse herumschwirren – Planetoiden, die hin und wieder auf einen Planeten aufprallen und eine starke Explosion verursachen. Er sagte: »Da draußen ist eine Herde von wilden Tieren, die das Sonnensystem durchstreifen. Es macht einen Riesenspaß, diese Kleinplaneten zu entdecken, aber es macht noch mehr Spaß herauszufinden, was sie eigentlich sind und wie sie zur Entstehung des Sonnensystems passen.« Neugierde war seiner Ansicht nach eine der beiden Hauptantriebskräfte eines Wissenschaftlers; die andere war der typisch menschliche Wunsch, eine Entdeckung zu machen, die die Erinnerung an die eigene Person über den Tod hinaus wachhalten würde. »Der Trick«, sagte er, »besteht darin, die negativen Gedanken so weit wie möglich niederzuhalten.« Er lächelte etwas schief. »Was nicht immer möglich ist.« Dann fuhr er den Fury auf die Standspur und hielt an. Zeit für einen Fahrerwechsel.

Wir stiegen aus und befanden uns auf einer schmalen Bundesstraße, die eine zwischen Bergketten gelegene Wüste durchquerte. Keine Scheinwerfer in Sicht. Gene stand mitten auf der Straße und streckte sich. Er beugte sich nach hinten und schaute hoch. Er sagte: »Von den Trojanern keine Spur. Seine Gürtelschnalle glänzte im Sternenlicht – sie war aus Silber und hatte die Form eines vielstrahligen Sterns. Am Himmel leuchteten viele Lichter, aber die Wolke der trojanischen Planeten war

nicht zu sehen, sie war zwanzigtausendmal leuchtschwächer als irgendein Stern, den man mit bloßem Auge sehen konnte. »Die Wissenschaft«, sagte er plötzlich, »ist ganz anders, als man sie sich vorstellt.«
Ich sagte: »Klingt so, als wollten Sie und Carolyn einen neuen Asteroidengürtel entdecken.«
»Van Houten hat ihn eigentlich entdeckt – als er die Schätzung von neunhundert weiteren Trojanern aufbrachte. Aber ich glaube im Gegensatz zu allen anderen, daß es noch viel mehr gibt.«
Der Geruch von feuchten Kreosotebüschen erfüllte die Luft. In der Wüste hatte es geregnet. Kein gutes Zeichen. »Weiß der Himmel, was sich auf dem Berg tut«, unkte Carolyn. Wir stiegen in den Fury, schlugen die Türen zu, und sie gab Gas.
Gene fing an, über Kometen zu sprechen. Besonders faszinierend fand er das Kometenreservoir des Sonnensystems. Jenseits von Pluto, des äußersten bekannten Planeten, gibt es eine kugelförmige Kometenschale, die Oortsche Wolke, so genannt nach dem holländischen Astronomen Jan Oort, der die Existenz dieser Wolke nachwies. Die Oortsche Wolke enthält eine riesige Zahl von Kometen – zwischen einer Billion und einer Billiarde Kometen (niemand weiß, wie viele es genau sind), die sich in kreisförmigen Umlaufbahnen um die Sonne bewegen, Umlaufbahnen, die im Durchschnitt etwa ein Lichtjahr von der Sonne entfernt sind. (Wenn Plutos Umlaufbahn die Größe eines Zehnpfennigstücks hätte, befände sich ein typischer Oort-Komet in einer Entfernung von knapp zehn Metern.) Kometen sind Materieklumpen mit einem Durchmesser von 8 bis 16 Kilometern, die verschiedene Arten von Eis, Silikatstaub und kohlenstoffhaltige Verbindungen enthalten. Kometen sind die Urmaterie des Sonnensystems, Trümmer, die nach der Bildung der Planeten übrigblieben.
Von der Oortschen Wolke aus betrachtet, würde die Sonne wie ein heller Stern aussehen. Da draußen bewegt sich ein typischer Komet bezogen auf die Sonne langsam – mit einer Geschwin-

digkeit von etwa 480 Kilometern pro Stunde. Da draußen kann ein Komet die Schwerkraft von anderen Sternen spüren. Die Sonne, sagte Gene, kreist mit vielen Sternen um das Zentrum der Milchstraße. (Seine Vorstellung von der Milchstraße ähnelte seiner Vorstellung vom Sonnensystem: Die Milchstraße ist eine Ansammlung von sich bewegenden Objekten.) Alle Sterne am Himmel ziehen um das Zentrum der Milchstraße wie der Verkehr auf einer Schnellstraße. Wenn ein Komet von der Schwerkraft eines vorüberziehenden Sterns angezogen wird, kann seine Bewegung in manchen Fällen fast zum Stillstand kommen – auf eine Geschwindigkeit herabsinken, die bezogen auf die Sonne 8 bis 16 Kilometer in der Stunde beträgt. Dann tut er das, was jedes Objekt tun würde, das bewegungslos über der Sonne verharrt. Er fällt auf die Sonne zu. Wenn er das innere Sonnensystem erreicht hat, fällt der Komet mit riesiger Geschwindigkeit. Er macht eine Haarnadelkurve um die Sonne und kehrt dann zur Oortschen Wolke zurück. Manche Kometen fallen tatsächlich in die Sonne. Gene Shoemaker dachte über Kometen nach, die das innere Sonnensystem durcheilen, und fragte sich, wie oft Kometen in der Planetenzone eingefangen werden. Ein Komet kann zum Beispiel an Jupiter vorbeiziehen, durch Jupiters Schwerkraft verlangsamt werden und in einer Umlaufbahn in der Nähe der Sonne landen. Der Teil des Sonnensystems, in dem die Planeten ihre Bahnen ziehen, steckt vielleicht voller unsichtbarer Kometen. Die Kometen sind deswegen unsichtbar, weil sie keinen Schweif mehr hinter sich herziehen. In Sonnennähe fängt ein Komet an zu dampfen, und sein Eis beginnt zu verdunsten. Der Komet schleudert auch Staub nach außen. Das Ergebnis ist der wohlbekannte Schweif. Wenn ein Komet in einer sonnennahen Umlaufbahn eingefangen wird, könnte das im Kometenkern enthaltene Eis im Laufe der Zeit verdampfen.

Eine Denkschule nimmt an, daß das Eis in Kometen irgendwann verdampft und nur eine Staubhülle zurückläßt. Gene war da anderer Ansicht. Er vermutete, daß ein schwarzer Brocken

zurückbleibt – ein erloschener Kometenkern von vielleicht 1,5 Kilometern Durchmesser. »Wenn der Komet sein Gas abgibt, bildet sich auf ihm eine Dreckkruste«, sagte er, »wie bei schmelzendem Schnee. Auf der Oberfläche des Kerns setzt sich ein Belag ab, wahrscheinlich eine Mischung aus polymerisiertem Kohlenwasserstoff und Schotter, eine Art Asphalt. Die Oberfläche eines alternden Kometenkerns sieht dann allmählich so aus wie ein schmelzender Schneehaufen in der Bronx. Das Innere bleibt gefroren, während sich auf der äußeren Oberfläche des Kerns eine Dreckkruste bildet. Wenn die Kruste dicker wird, hört der Kern auf, Staub herauszuschleudern. Der Schweif verschwindet. Durch ein Teleskop betrachtet, sieht der Komet jetzt wie ein schwarzer Asteroid aus. Jetzt ist er definitionsgemäß ein Kleinplanet auf einer chaotischen Umlaufbahn, eine Kanonenkugel, die durch das Sonnensystem trudelt.
Einen erloschenen Kometen kann es an viele Orte verschlagen. Sein wahrscheinlichstes Schicksal ist, daß er nahe an Jupiter vorbeizieht und aus dem Sonnensystem hinauskatapultiert wird. Er kann auch im Asteroidengürtel eingefangen werden und sich unter die Asteroiden mischen. Auch ein Aufprall auf Jupiter ist möglich. Und schließlich kann er – obwohl das weniger wahrscheinlich ist – mit der Erde kollidieren.
Um drei Uhr morgens fuhr Carolyn den Fury auf den Parkplatz eines Truck Stops in der Mojave-Wüste. Wir setzten uns an eine Theke, und eine Serviererin in einem karierten Hosenanzug schenkte uns drei Tassen Kaffee ein. Hat es früher mehr Kometen gegeben? Gene stellte sich laut diese Frage.
Hat es einmal Kometen geregnet? Wodurch entstand ein Kometenregen? Er dachte über diese Fragen nach, während er den Kaffee schlürfte.
Die Serviererin stand mit verschränkten Armen an der Kasse und beobachtete Gene. Wir waren die einzigen Gäste.
Carolyn sagte: »In Gene arbeitet es immer.«
»Ja«, sagte er, »und manchmal kommt was dabei heraus.«
Was würde geschehen, fragte er, wenn ein Stern von der Größe

der Sonne so nahe an das Sonnensystem herankäme, daß er sich durch die Oortsche Kometenwolke bohrt? Er sagte: »Ich habe errechnet, daß es vielleicht alle hundert Millionen Jahre einen Zusammenprall mit einem großen Stern gibt. Wenn ein Stern von der Größe der Sonne langsam vorbeiziehen würde, könnte er der Oortschen Wolke einen wahnsinnigen Stoß versetzen. Der Stern könnte ein Loch durch die Oortsche Wolke bohren. Aus der Wolke würden Kometen in alle Richtungen fliegen, was die Einschlagsquote auf der Erde vergrößern würde. Wir könnten uns in diesem Augenblick am Ende eines Kometenregens befinden.«
Die Serviererin kam zu uns. »Noch 'nen Kaffee?«
»Ja bitte«, sagte Gene. »Ein Komet, der aus der Oortschen Wolke kommt, könnte einigen Schaden anrichten, wenn er uns trifft.«
Die Serviererin füllte unsere Tassen und beäugte Gene.
»Solche Brocken«, fuhr dieser fort, »fliegen mit einer Geschwindigkeit von 65 Kilometern pro Sekunde – das ist die dreifache Geschwindigkeit eines durchschnittlichen erdnahen Asteroiden.«
Ein Kometenregen könnte ebenso verheerende Auswirkungen auf die Erde haben wie mehrere Atomangriffe.
Vielleicht hatte ein Kometenregen zur Auslöschung vieler Tier- und Pflanzenarten am Ende der Kreidezeit geführt, also vor fünfundsechzig Millionen Jahren, als etwa die Hälfte der auf der Erde lebenden Arten verschwand, darunter auch die Dinosaurier.
Gene ging zur Toilette, und die Serviererin paßte diesen Moment ab, um mit der Rechnung zu kommen.
Sie sagte leise zu Carolyn: »Haben Sie die Weltraumstation nördlich von hier gesehen?«
»Meinen Sie die Edwards Air Force Base?« fragte Carolyn.
»Nein, Sie wissen schon, wo die Raumschiffe gelandet sind.«
»Oh«, sagte Carolyn.
»Wo die Außerirdischen diese Felssteine zurückgelassen haben.

Sie haben bestimmt davon gehört – ihr Mann interessiert sich doch für diese Dinge. Diese Botschaften aus dem All.«
»Das klingt interessant«, sagte Carolyn.
»Da sind Kräfte, die die Steine zusammenhalten. Jugendliche stoßen die Steine mit ihren Motorrädern weg, und über Nacht kehren sie an ihren Platz zurück. Keiner weiß, was da passiert.«
Carolyn bezahlte die Rechnung.
Die Serviererin fügte hinzu: »Es könnte irgendeine magnetische Kraft sein.«
»Wir sollten uns die Sache mal ansehen«, sagte Carolyn.
»Ja, unbedingt. Da sind Wesen aus dem Weltraum gelandet. Gute Nacht.«

Der Pazifische Ozean schickte dicke Wolkenbänke über den Mount Palomar, und die Astronomen fühlten sich an der Nase herumgeführt. Wir wohnten in einer Hütte am Berghang unterhalb der Kuppel des 18-Zoll-Teleskops, frühstückten bis in den frühen Nachmittag hinein und starrten aus dem Fenster. Nach dem Frühstück gingen oder fuhren wir zur Kuppel, wo Gene und Carolyn einige Dinge erledigten, während sie auf besseres Wetter warteten. Die Kuppel des Kleinen Auges, wie die Astronomen das Schmidt-Teleskop manchmal nennen, hat die Form einer Kugel. Mit einem Durchmesser von gut fünf Metern sieht sie aus wie eine Weltraumkapsel. Sie hat zwei Stockwerke. Im unteren befinden sich ein kleines Büro, eine Dunkelkammer, eine Vorratskammer und eine Toilette. Im oberen steht das Teleskop. Die gesamte Kuppel würde fast in den Tubus des Hale-Teleskops passen.
Gene arbeitete in der Dunkelkammer. Er mischte riesige Mengen von Fotochemikalien. Er wickelte einen Kodak IIa-D-Spezialfilm von einer Rolle ab, die so groß war wie eine Küchenpapierrolle, und schnitt den Film mit einem Apparat, den er »Keksförmchen« nannte, in 15 Zentimeter große Scheiben. Aus der Dunkelkammer kam ein lautes *Wumm.* Dann ein gedämpftes »Verdammt«. *Wumm.* Die Shoemakers nannten diese Filmscheiben »Kekse« oder »Plätzchen«. Gene füllte drei Kästen mit Plätzchen. Futter für das Teleskop. Er brachte die Kästen in ein Labor im Großen Auge, wo er sie mit Stickstoff behandelte und in einem Ofen erhitzte, um die Filme für schwaches Licht zu hypersensibilisieren. »Das ist Schwarze Kunst«, sagte er.
Carolyn stellte ihr Mikroskop im Büroraum auf und suchte alte Filme nach Asteroiden ab. Es gab immer Filme, die sie noch nicht durchforstet hatte. Während sie arbeitete, hörte sie einen

Radiosender, der von sich behauptete, die seichteste Musik in ganz Südkalifornien zu bringen. Ab und zu zog sie die Lamellen der Jalousien auseinander, um die Wolkenstraßen und die langgestreckten Federwolken zu betrachten, die über dem Berg dahinzogen. Wenn der Himmel bewölkt ist, erstarrt das Leben auf dem Palomar. Unten im Monasterium sitzen die Astronomen vor dem Fernseher und hoffen auf einen Wetterumschwung.

Im Kleinen Auge faltete Gene ein Blatt Papier auseinander und trug Zahlenkolonnen ein; das waren die Sternfelder, die sie während dieser Beobachtungsreihe fotografieren wollten – ein Geologe plante einen Angriff auf den Himmel. Das Wetter machte ihm allmählich Sorgen. Er fragte sich, ob die Trojaner wieder verschwinden würden. Er ging durch das Büro und schaute Carolyn über die Schulter. Eines Nachmittags verschwand er plötzlich in der Vorratskammer. Kurz darauf polterte er: »Woher kommen diese Ameisen?« In der Kuppel gab es ganze Armeen von winzigen schwarzen Ameisen, und jetzt bevölkerten sie die Vorratskammer. »Man sollte wirklich etwas gegen diese Ameisen unternehmen«, sagte er. Aber er hatte keine Ahnung, was. Er kam mit einem Glas Erdnußbutter und einem Löffel heraus und fragte Carolyn: »Ist das unsere Erdnußbutter oder ist die schon länger hier?«

»Die ist schon länger hier.«

»Möchtest du?«

»Nein, danke.«

Er setzte seine Halbbrille auf und inspizierte die Erdnußbutter. »Hm.« Er schob sich eine Portion in den Mund. Er schluckte vorsichtig. Zumindest keine direkte Vergiftungsgefahr.

»Hier habe ich etwas, das aussieht wie ein Komet«, sagte sie.

»Wirklich?«

»Ein kleiner verschwommener Komet.« Sie sah in einen Schnellhefter, der die letzten Notizen über Kometen enthielt.

Er setzte sich an das Mikroskop. Er konnte keine Kometen finden. »Manchmal«, sagte er, »glaube ich, daß ich nicht mehr …«

»Ganz richtig im Kopf bin?« neckte sie ihn.
»Ja. Er hat keinen festumrissenen Kern.« Sie kamen zu dem Schluß, daß es nur eine Galaxie war.
Gene hielt es für angebracht, Bob Thicksten, den Leiter des Observatoriums, anzurufen. »Hi, Bob. Ich wollte mal hören, wie es mit unserer Zeit steht ... Das Uhrwerk hat immer noch Schlupf? ... Oje ...«
»Mist«, sagte Carolyn.
»Wir werden die Sache im Auge behalten. Wie sind die Wetteraussichten? Trübe? Na ja, der Himmel sieht jetzt besser aus als den ganzen Tag über.«
Genes Hoffnung auf besseres Wetter war reines Wunschdenken. Irgend etwas schlug laut gegen die Metallkuppel. »Was ist das denn?« rief er und öffnete die Tür. Ein Lichtstrahl fiel in das Büro, dann folgte ein lautes Prasseln. »Nein, das ist ja zum Auswachsen«, stöhnte er. Der Boden war mit Hagel bedeckt.
So ging es drei Tage lang.
Eines Nachmittags kam Don Schneider ins Monasterium, um einen kleinen Imbiß einzunehmen. Er schüttete Rice-Crispies in eine Schale, holte ein heißes Plunderteilchen aus dem Mikrowellenherd und sagte: »Es wird aufklaren.«
Am Tisch fuhren einige Köpfe hoch.
»Haben Sie den Wetterbericht gehört, Don?«
»Nein, aber Maarten Schmidt kommt heute abend.«
»O ja, Maarten hat bekanntlich Glück mit dem Wetter.«
»Das ist kein Glück.«
»Was denn, hat Maarten einen heißen Draht zu Gott?«
»Nein«, erwiderte Don, »Gott hat einen heißen Draht zu Maarten Schmidt.«
An diesem Abend hatten die Wolken irgend etwas, das die Shoemakers bewog, zur Hale-Kuppel zu gehen, um vom Rundgang aus den Himmel zu betrachten. Sie nahmen einen Weg, der den Bergkamm entlangführte, vorbei an Krüppeleichen und Würgkirschenbüschen. Kleine Vogelschwärme flogen vorbei. Die Luft roch nach Herbstlaub und ließ schon die Kälte

ahnen. Aus dem Unterholz schimmerte es weiß und blau hervor, und ein blauer Eichelhäher flog mit einer Würgkirsche im Schnabel davon. Die Shoemakers gingen um die Hale-Kuppel herum und schauten sich die Wolken an.
»Nur der Himmel selbst weiß, was er tun wird«, sagte Carolyn.
»Eine klare Nacht ist nicht ausgeschlossen«, sagte Gene hoffnungsvoll.
Wie so oft standen sie einen Augenblick lang da und bewunderten das Hale-Teleskop. »Jemand, der von diesem Ding nicht tief beeindruckt ist, hat keine Seele«, bemerkte Gene. Das Hale-Teleskop hatte etwas mit dem gewaltigen Hoover-Damm gemeinsam, vielleicht die Naivität einer Welt, die noch an ihre Maschinen glaubte. Das Hale-Teleskop verkörperte einige der Sehnsüchte – und Schrecken – des zwanzigsten Jahrhunderts. Gunn und Schneider arbeiteten in der Kabine am unteren Ende des Teleskops und bereiteten sich auf die Suche nach Quasaren vor. Etwas glitzerte in Gunns Händen: die Pyramide aus verspiegeltem Quarz, die das Sternenlicht in vier Strahlen zerlegte.
Wir gingen zu unserer Wohnhütte zurück, und die Shoemakers bereiteten einige Hamburger zu – für den Fall, daß das Wetter aufklarte. Wir aßen schnell, während wir durch das Fenster die Wolken beobachteten. Als wir in der Dämmerung Kaffee tranken, sahen wir eine hochgewachsene Gestalt, die Hände in den Taschen des Parkas vergraben, mit gesenktem Kopf gedankenverloren auf der Straße vorbeigehen. Maarten Schmidt war angekommen. Zehn Minuten später brachen die Wolken auf und verschwanden.
Gene und Carolyn packten die Kaffeekanne zusammen mit einer Packung Kekse in eine Papiertüte und luden sie in den Fury. Sie fuhren zur kleinen Kuppel und parkten dort. Gene arbeitete im Büro, Carolyn stieg in das obere Stockwerk der Kuppel und zog eine Plastikhülle vom Teleskop (die Kuppel war undicht). Sie drückte auf einen Knopf. Mit einem Quietschen, das durch Mark und Bein ging, öffneten sich in der Kuppel zwei

Türen. Mit einem weiteren Knopfdruck drehte sie die Kuppel nach Norden, in Richtung des Sternbildes Schwan, das sich quer über die Milchstraße erstreckt. Das Dämmerlicht war zurückgegangen, und die schwarze Zone im Schwan – eine Staubschneise in der Milchstraße – zeichnete sich immer deutlicher ab. Sie betätigte die Hebel, die ringförmig am unteren Ende des Teleskops saßen, richtete es auf den hellsten Stern im Schwan – Deneb – und blickte durch ein Leitrohr, das am Tubus des Schmidt-Teleskops angebracht war. Sie hantierte eine Weile, um das Teleskop richtig einzustellen. Das Teleskop, das nicht größer war als ein Kühlschrank, war in einem Grau gestrichen, das man von Kriegsschiffen kennt. Die Nieten und Dellen auf seinem Tubus erinnerten an den Rumpf eines Unterseebootes, das eng mit Wasserbomben in Berührung gekommen war. Das Kleine Auge wurde während der großen Weltwirtschaftskrise entworfen und gebaut und sah ein bißchen wie eine aerodynamische Birne aus; die Erbauer hatten offensichtlich gehofft, daß es mit dieser Form unbeschadet die Stürme der Zukunft würde überstehen können.

Gene kam die Treppe herauf. Er legte einen Stapel Papier auf ein Steuerpult neben dem Teleskop. »Das Gewicht!« rief er. Das Teleskop war (aufgrund des ausgeleierten Getriebes) über den ganzen Himmel gehoppelt; Jim Gunn hatte einmal halb im Spaß empfohlen, man solle es mit einem Bleigewicht belasten. Gene hatte ein Gewicht von einer Waage gefunden. Jetzt holte er es von einem Regal und hängte es mit Hilfe eines Klebebandes (Palomar-Kleber) an das Teleskop. Er gab dem Teleskop einen Klaps und sagte: »Jetzt müßte das Getriebe wieder richtig greifen.« Er griff nach dem Teleskop, kippte es zur Seite und ließ zwei Türen an seiner Seite aufschnappen. Carolyn reichte ihm einen Filmhalter mit einem runden Stück Schwarzweißfilm – einem Plätzchen. Er schob den Filmhalter durch die Türen des Teleskops, befestigte ihn an seinem Platz und ließ die Türen zuschnappen. »Fertig«, sagte er.

Carolyn ging zum Steuerpult und las die Koordinaten der ersten Belichtung vor. »Rektaszension zweiundzwanzig, zweiunddreißig Komma null.«

Er zog an einem Hebel und schwenkte das Kleine Auge über den Himmel, während eine Skala an der Wand anzeigte, wohin das Teleskop gerichtet war.

Sie sagte: »Deklination plus fünfzehn, siebenundvierzig.« Ihr Atem dampfte in der Kälte.

Er schwenkte das Teleskop weiter. Es näherte sich dem Rand der trojanischen Wolke, die jetzt im Osten über dem Bergkamm aufstieg.

Er saß auf einem Hocker und machte das Licht in der Kuppel aus. Er spähte durch das Okular des Leitrohrs. Er sah ein Fadenkreuz und einen hellen Stern – seinen Leitstern. Er sagte: »Wie hell ist dieser Stern, Liebes?«

»Sechs Komma vier«, antwortete sie.

Der Leitstern lag in der Nähe des Fadenkreuzes. »Es zeigt jedenfalls in den richtigen Teil des Himmels«, sagte er. Er betätigte die Handsteuerung und schwenkte das Teleskop, bis sich der Leitstern genau in der Mitte des Fadenkreuzes befand. Das Teleskop war auf die erste Belichtung eingestellt. Er sagte: »Ich bin bereit.«

»Fünf«, sagte sie, »vier, drei, zwei, eins, öffnen.«

Er langte nach oben, zog an einem Hebel, und am oberen Ende des Teleskops öffneten sich zwei Klappen wie zwei sich lösende Hände.

»Und los!« sagte sie.

Die automatische Nachführung des Teleskops würde dafür sorgen, daß der Leitstern im Fadenkreuz blieb, während sich der Himmel bewegte und das Teleskop Licht sammelte. Manchmal rutschte der Leitstern aus dem Fadenkreuz. Der Himmel zuckt nicht, aber Teleskope zucken. Dann drückte Gene wie wild auf die Knöpfe der Handsteuerung, um den Stern wieder einzufangen, bevor die Aufnahme verwischte.

Plötzlich hüpfte der Leitstern aus dem Fadenkreuz, und Gene sagte: »Es hat einen schlimmen Schluckauf!«

»Wir blicken nach Osten, Gene.«
»Es spielt verrückt. Es schlägt nach allen Seiten aus.«
»Das ist eine Katastrophe, Gene.«
»Verdammt«, sagte er, und man hörte ein Geräusch wie *sss, sss,* als er auf die Knöpfe der Handsteuerung drückte. »Das Getriebe ist ausgeleiert«, sagte er. »Das Teleskop schwingt vor und zurück.« An der Montierung des Teleskops tanzten blaue Funken. Carolyn sagte: »Du könntest das Gewicht an die andere Seite hängen.«
Er machte das Licht an. Er hängte das Gewicht auf die andere Seite des Teleskops. Carolyn stellte das Teleskop auf die Koordinaten der nächsten Aufnahme ein, während er die Daten auf der Skala an der Wand ablas. »Das Uhrwerk könnte Schlupf haben«, sagte er. Bob Thicksten hatte ihn ja gewarnt. »Es ist einfach unglaublich«, brummte er.
Carolyn fand den Radiorecorder und stellte einen Radiosender ein, den sie besonders gerne hörten und der gerade die Beach Boys spielte.
Er machte das Licht aus und begann mit der nächsten Aufnahme. »Es ist einfach schrecklich!« sagte er, während er durch das Leitrohr spähte. »Es macht riesige Ausschläge.« Er bat sie um das Steuergerät für die Schnelleinstellung. Für das 18-Zoll-Teleskop gab es zwei Steuergeräte: eins für die langsame und eins für die schnelle Einstellung. Er brauchte beide, um dieses wilde Pferd zu bändigen. »Hierfür braucht man beide Hände«, sagte er, begleitet von seltsamen Geräuschen – *sip, sip, sip, klick* –, aus dem Teleskop flogen noch mehr Funken. Er lehnte sich zurück und sagte seufzend: »Man kann Jupiter sehen.«
Carolyn ging zur Öffnung der Kuppel und sah nach draußen. »Erstaunlich, wie sich das Wetter gemacht hat. Anscheinend lag Nebel über San Diego. Schlicht und einfach Nebel!« Die umliegenden Bergketten ragten wie Walrücken aus dem Nebel.
»Maarten Schmidt sollte öfter hier rauf kommen«, sagte Gene.
Sie tauschten die Plätze, und Gene rief Carolyn die Koordinaten zu. Sie stemmte sich gegen das Teleskop, es wog eine halbe

Tonne. Sie saß auf einem verstellbaren Stuhl. Ein Knopfdruck, und sie fuhr nach oben. Für diese Aufnahme wurde das Teleskop zur Seite gekippt, so daß das Okular schwer zu erreichen war. »Es ist zum Aus-der-Haut-Fahren«, sagte sie. »Ich kann meinen Leitstern nicht finden. Wir sind zu weit weg.« Sie hantierten am unteren Teil des Teleskops und schafften es schließlich, es genau auszurichten. Carolyn belichtete den Film, und die Verschlüsse sprangen auf.

»Na, wie läuft's?« fragte er.

»Gar nicht so schlecht, Gene. Aber immer scheint irgendwas zu wackeln.«

Bei der Himmelsfotografie kommt es darauf an, daß ein Teleskop den Sternen genau nachgeführt wird, während sich die Erde dreht. »Wenn das Teleskop nicht gut nachgeführt wird«, erklärte Carolyn, »werden die Sterne auf dem Bild zu Seepferdchen und Unterseebooten.« Die Montierung des Schmidt-Teleskops sieht aus wie eine Stimmgabel. Das Teleskop hängt zwischen den Gabelarmen, und wenn sich der Himmel dreht, dreht sich der Griff der Gabel mit, um den Tubus auf dieselbe Stelle am Himmel gerichtet zu halten. An der Wand befinden sich zwei Skalen, die anzeigen, wohin das Teleskop in der Rektaszension (Länge) und in der Deklination (Breite) in einem Koordinatensystem zeigt, das sich auf die Himmelskugel bezieht. Bis zur Zeit des Kopernikus nahmen die Astronomen an, daß die Erde im Zentrum dieser Himmelskugel hängt und daß sich die Kugel um die Erde dreht.

Jede Belichtung dauerte vier Minuten, und wenn sie beendet war, nahmen die Shoemakers den Filmhalter mit einer Filmscheibe aus dem Teleskop; sie brachten ihn hinunter in die Dunkelkammer und legten eine andere Scheibe ein. Sie arbeiteten mit zwei Filmscheiben, so daß immer eine im Teleskop Licht sammelte. Am nächsten Morgen würde Gene die Filme entwickeln. Im Laufe der Nacht zeigte sich Jupiter im Westen, während die trojanische Wolke zu ihrem Kulminationspunkt hinaufstieg. Die Shoemakers richteten das Teleskop immer wieder auf die Wolke. Sie machten Aufnahmen, die sich schuppenartig überlagerten. Hin und wieder wechselten sie sich am Teleskop ab. Alle vierzig Minuten führten sie das Teleskop wieder zurück und fotografierten die Stellen, die sie schon aufgenommen hatten, noch einmal, um einen Stereoeffekt zu erzielen. Alles, was sich in vierzig Minuten bewegt hatte, würde beim Untersuchen der Filme vor Carolyns Augen in Stereo aus der Fläche des Bildes herausspringen. Die Kälte wurde beißend. Die Temperatur in Teleskopkuppeln muß genau mit der Außentemperatur übereinstimmen. Andernfalls würde warme Luft durch den geöffneten Spalt hinausströmen, sich um das Teleskop kräuseln und die Sterne zum Flimmern bringen, was das Seeing verschlechtert. Oben zog ein Meteor vorbei, der einen grünlichen, geschwungenen Schweif zurückließ. Gene blickte vom Steuerpult auf. »Das war ein Prachtstück«, sagte er.

»Verflixt«, sagte seine Frau. »Ich verpasse sie immer.«

»Weil du durch das Teleskop siehst.«

»Das ist nicht fair, Gene.«

»Du Ärmste.«

Die kleine Kuppel war mit wissenschaftlichen Geräten zweifelhafter Herkunft vollgestopft. Unterschiedlich große Hocker, ein verstellbarer Stuhl, an der Wand zwei Quecksilberthermometer. Alle möglichen Arten von Uhren, die tickten oder stillstanden. Das Knacken der Relais am Steuerpult hallte durch die Kuppel. Ein Generator brummte unter dem Fußboden, und aus dem Kassettenrecorder unter dem Teleskop ertönten synthetische Geigen.

»Unser Sohn Patrick sagt dazu ›Zahnarzt-Musik‹«, bemerkte Carolyn. Durch den geöffneten Kuppelspalt kam ein kalter Wind, gegen den noch so viele übereinandergezogene Kleidungsstücke nicht halfen. Die Sterne glänzten hell, intensiv, zu nah. Rote Zahlen auf einer Digitaluhr am Steuerpult zerlegten die Zeit. Ich saß mit dem Rücken gegen die Kuppel gelehnt, stemmte meine Füße gegen den unteren Teil des Teleskops und hörte zu, wie sich Carolyn und Gene leise unterhielten. Sie

hatten ihre Kapuzen heruntergezogen und sahen in ihren vielen Kleidungsstücken unnatürlich dick aus. Sie hätten auch Astronauten sein können. Ich zog meine Kapuze fester um den Kopf und zog ein Paar Handschuhe an. Die Öffnung der Kuppel sah aus wie das Fenster eines Raumschiffs. Ich döste eine Weile, und als ich wieder aufwachte, waren in der Öffnung merkwürdige Sterne zu sehen – der Himmel hatte sich bewegt. Wir hätten im Weltraum dahintreiben können. »Sind Sie noch da?« fragte Carolyn mich. Ich sagte zu ihr, daß man den Eindruck haben könne, wir befänden uns im freien Fall.
»Sind wir auch«, antwortete sie.
Sie zog an einem Hebel, und die Klappen an der Nase des Teleskops öffneten sich mit einem dumpfen Laut. Sie sagte: »Irgendwann wollte ich tatsächlich in die Raumfahrt gehen. Jetzt nicht mehr.« Ein Funkenregen fiel vom Teleskop herab. »Heute läuft ein großer Teil der Astronomie über die Elektronik. Die Astronomen sitzen vor einem Monitor. Ich sitze lieber unter freiem Himmel. Mir gefällt die Vorstellung, daß irgendwo da draußen diese kleinen Gebilde vorbeiziehen.«
Gene sagte nachdenklich: »Diese kleinen Gebilde haben im allgemeinen einen Durchmesser von ein bis drei Kilometern.«
»Es wäre schön, einen zu besuchen«, sagte Carolyn.
»Es wäre leichter, einige erdnahe Asteroiden zu erreichen, als zum Mars zu gelangen«, sagte Gene, der am Steuerpult stand und auf die vorbeifliegenden Sekunden schaute.
»Wie steht's mit meiner Zeit, Gene?«
»Bestens«, sagte er.
Carolyn griff nach oben und zog an einem Hebel. Die Klappen des Teleskops fielen zu. Sie schwenkte das Teleskop zur Seite. Sie holte den Filmhalter aus dem Teleskop, um den Film zu wechseln.
Der Asteroidengürtel, erklärte Gene, ist eine Sammlung von fast einer Million großer Stein- und Eisenbrocken. Die meisten von ihnen reisen zwischen den Umlaufbahnen von Mars und Jupiter. Aber jede Population hat auch ihre Einzelgänger.

Wenn einzelne Asteroiden aus dem Gürtel herausgeschleudert werden, können sie auf lange, hohe, schräge Umlaufbahnen gelangen; sie können aus jeder Richtung auf die Erde zufliegen. »Ein Asteroid, der die Erdbahn kreuzt«, sagte Gene, »kann überall am Himmel erscheinen.«

»Wie oft schlagen Asteroiden auf der Erde ein?« fragte ich. Gene antwortete ohne zu zögern: »Ich schätze, daß es pro Jahrmillion zehn größere Einschläge gibt. Zwei Drittel der Asteroiden landen im Meer.«

»Was passiert bei einem Einschlag?«

Wiederum sagte er ohne zu zögern (er hatte alles im Kopf): »Wenn man alle Atomwaffen aus den Arsenalen der USA und der Sowjetunion nähme – das sind nach den heute allgemein zugänglichen Zahlen etwa zwölftausend Megatonnen Sprengköpfe –, sie aufeinanderstapeln und zünden würde, dann hätten wir das Ausmaß eines Asteroideneinschlags erreicht.«

»Ich bin fertig, Gene«, sagte Carolyn.

Er sah auf die Uhr. »Fünf, vier, drei, zwei, eins«, und dann mit leiserer Stimme, »öffnen.«

1932 entdeckte Karl Reinmuth, ein Asteroidenjäger aus Heidelberg, den ersten Asteroiden, der sich der Erde näherte; es war ein Felsbrocken mit einem Durchmesser von ungefähr 1,5 Kilometern, der im freien Fall an der Erde vorbeischoß. Auf einer Fotoplatte erschien er als eine helle Linie zwischen den Sternen – ein schnell fliegendes erdnahes Objekt. Er nannte es Apollo, nach dem griechischen Gott auf dem Sonnenwagen, weil die Umlaufbahn den Asteroiden in die Nähe der Sonne brachte. Apollos Umlaufbahn erwies sich als instabil und chaotisch, und die Astronomen verloren ihn aus den Augen. Apollo tauchte 1973 wieder auf, als er bei einer erneuten Annäherung an die Erde abermals gesichtet wurde. Apollo war zufällig auch der Gott, der unsichtbare Pfeile auf die Sterblichen schoß, die diese sofort töteten.

Fünf Jahre nach der Sichtung von Apollo entdeckte Karl Reinmuth einen weiteren Asteroiden, der sich der Erde näherte –

Hermes. Hermes schoß an uns vorbei – und verfehlte uns um eine Entfernung, die zweimal so groß war wie der Abstand zwischen Erde und Mond; nie zuvor hatte man einen näheren Asteroiden beobachtet. Das klingt nach einer recht sicheren Entfernung, ist es aber nicht. Durch das All fliegen so viele große erdnahe Objekte, daß garantiert hin und wieder eines davon einen Volltreffer landet.

Die nächste Entdeckung eines erdnahen Objekts fand 1949 statt, als ein Astronom namens Walter Baade eine Glasplatte untersuchte, mit der im 48-Zoll-Schmidt-Teleskop auf dem Mount Palomar Aufnahmen gemacht worden waren. Baade fand eine lange, helle Linie, die sich in eine anomale Richtung erstreckte – ein Asteroid, den er Ikarus nannte, als er entdeckte, daß dieser auf seiner verlängerten Umlaufbahn an Mars, Erde, Venus und Merkur vorbei in die Nähe der Sonne gelangte. Ikarus ist ein zigarrenförmiger, etwa 1,5 Kilometer langer Gesteinsbrocken von brauner und grauer Färbung, der offensichtlich durch seine Besuche in der Nähe der Sonne angesengt wurde.

Heute suchen weniger als ein halbes Dutzend Berufsastronomen systematisch nach Asteroiden, die sich auf instabilen Umlaufbahnen um die Erde bewegen. Es gibt nicht viele Astronomen, die sich für Objekte interessieren, die sich so nah an der Erde befinden, daß sie sie treffen könnten. Wir leben in der Schußlinie von Heckenschützen, die wir jede Nacht sehen können – kleine Meteore, die die Atmosphäre durchqueren. Weiter draußen rasen ganze Berge mit extrem hoher Geschwindigkeit durch leere Räume. Das, was im Verständnis der Astronomen ein Beinahezusammenstoß ist, kommt recht häufig vor, so daß ein aufmerksamer Astronom mit dem Fotografieren eines solchen Ereignisses Ruhm ernten kann. Am 4. Juli 1973 arbeitete eine ehemalige Mitarbeiterin von Gene namens Eleanor Helin am 18-Zoll-Schmidt-Teleskop auf dem Mount Palomar; sie fotografierte einen riesigen, leuchtenden Asteroiden, der fast so groß war wie die Spitze des Mount Everest und an der Erde vor-

bei die Ebene des Sonnensystems durcheilte. In der zwanzigminütigen Belichtungszeit entstand auf der Aufnahme eine Linie, die wie ein Kratzer aussah. »Er hatte ein Mordstempo drauf«, sagte Gene. Kurz darauf verschwand er. Er lief auf einer Kometenbahn, hatte aber im Gegensatz zu einem Kometen keinen Staubschweif. Er wurde 1973 NA genannt – erhielt also keinen Namen, sondern nur eine vorläufige Bezeichnung. 1973 NA wird irgendwann zurückkommen, aber niemand weiß, wo und wann, weil er derzeit ein verlorengegangenes Objekt ist.
Gleich zu Beginn des Jahres 1976 fotografierte Eleanor Helin ein Objekt, das plötzlich neben der Erde auftauchte, so wie ein Auto von hinten auf der Überholspur einer Schnellstraße heranrast. Es flog an uns vorbei. Dann kreuzte es direkt unseren Weg. Sie nannte es Aten. Aten kreuzt alle zwanzig Jahre unseren Weg. Was Atens weiteres Schicksal betrifft, so gibt es nur zwei Möglichkeiten. Entweder wird Aten der Erde eines Tages so nahe kommen, daß die Erde ihn in eine neue Umlaufbahn schleudert. »Oder«, sagte Gene, »Aten hat eine verdammt gute Chance, auf der Erde einzuschlagen.«
Gene und Carolyn Shoemaker haben der Liste dieser Objekte etliche hinzugefügt. An einem Nachmittag im Mai 1984 hielt sich Carolyn im Büro in der Kuppel des Kleinen Auges auf und untersuchte Aufnahmen des Nachthimmels, die Gene frisch aus der Dunkelkammer brachte. Sie fand ein helles, sich langsam bewegendes Objekt. Sie rief das Minor Planet Center, das Zentrum für Kleinplaneten, in Cambridge, Massachusetts, an und gab die Koordinaten des Objekts durch. »Das Ding schien sich zu beschleunigen«, erinnerte sich Gene. Kurz darauf spuckte der Computer des Zentrums die Lösung aus: Das Objekt schien sich zu beschleunigen, weil es wie der Scheinwerfer eines herannahenden Zuges direkt auf die Erde zuraste. Dieser Asteroid – 1984 KD – schoß an der Erde vorbei, aber er wird immer wieder kommen, bis er entweder mit der Erde kollidiert oder in eine neue Umlaufbahn geschleudert wird. Bisher sind 192 Asteroiden bekannt, die die Erdbahn kreuzen; die

meisten wurden in den letzten Jahren entdeckt – ein beträchtlicher Teil von Gene und Carolyn Shoemaker.
Ein Asteroid ist ein relativ kleiner Brocken aus Stein oder Eisen, die Erde ist ein sehr großer Brocken aus Stein und Eisen, und beide befinden sich im freien Fall um die Sonne. Die Asteroiden wandern durch die Umlaufbahn der Erde. Hin und wieder erscheint ein unbekannter Asteroid am Himmel – ein sich schnell bewegender Lichtpunkt, der mit einer Durchschnittsgeschwindigkeit von 15 Kilometern pro Sekunde oder fast 55 000 Kilometern pro Stunde durchs All fliegt. Mehr als zehn Jahre lang hatte Gene Shoemaker Statistiken über erdnahe Objekte aufgestellt. Das Problem dabei war die Tatsache, daß ein Apollo-Objekt hier und ein Aten-Objekt dort nur Teilstatistiken ergaben. »Maarten Schmidt hat es leicht mit seinen Quasaren«, sagte er, »die bewegen sich nicht.« Woher kommen diese erdnahen Objekte? Wie viele gibt es da draußen? Ein »nahes Herankommen« scheint eine recht große Entfernung zu sein, aber gemessen an der gewaltigen Größe des Sonnensystems ist sie es nicht; beobachtet man dort einen Gesteinsbrocken, der sich mit 55 000 Kilometern pro Stunde der Erde nähert, so ist das einem Autofahrer vergleichbar, der nachts auf einem Bahnübergang steht und in der Ferne auf den Gleisen ein Licht sieht. Aus einem Auto kann man wenigstens aussteigen. Als Statistiker, zu dessen Beruf das Errechnen von Wahrscheinlichkeiten gehört, erkannte Gene Shoemaker mit mathematischem Scharfsinn, daß das scheinbar Unmögliche im Gesamtverlauf der geologischen Zeit zwangsläufig irgendwann eintreten würde: der durch die Natur verursachte Atomkrieg.

* * *

Eines Nachts fragte ich Carolyn: »Wie kamen Sie eigentlich dazu, nach Asteroiden zu suchen?«
»Man wächst da sozusagen hinein«, antwortete sie. Ihre Stimme kam aus der Dunkelheit unter dem Teleskop. »Ich wollte etwas tun. Ich langweile mich schnell. Ich glaube, ich war es leid,

Hausfrau zu sein. Gene ist eigentlich ein planetarischer Geologe und kein Astronom. Aber er macht viel auf diesem Gebiet. Seine Astronomie hat mich wirklich interessiert. So habe ich mich irgendwie an die Astronomie herangetastet, zuerst war sie eine Nebenbeschäftigung. Ich wußte nicht, ob ich es durchhalten würde, die ganze Nacht mit Gene am Teleskop zu verbringen. Das machte mir Sorgen. Vor allem im Winter, wenn die Temperatur hier unter Null fallen kann. Ich kann keine Handschuhe tragen, weil ich mit vielen kleinen Metallteilen hantieren muß.«

»Schließen«, sagte Gene.

Sie schloß die Teleskopklappen und fuhr fort: »Aber wenn ich auf einem Film einen Kometen oder ein sich schnell bewegendes Objekt entdecke, dann ist das sehr aufregend.« Sie schwenkte das Teleskop zur Seite, wobei das Getriebe ächzte. »Dann habe ich das Gefühl, daß ich etwas sehe, was noch nie jemand vor mir gesehen hat.«

Sie meinte, es wäre Zeit für einen Keks. Sie machte das Licht an, ging hinunter und kam kurz darauf mit drei Bechern voll Kaffee und einer Tüte Kekse zurück. »Möchten Sie?« fragte sie und hielt mir die Tüte hin. Sie hatte kräftige Hände mit ziemlich kurzen Fingern.

Einige Kekse und ein Becher Kaffee wärmten mich ein wenig auf. Ich hatte ein Paar Skihosen aus meinem Gepäck geholt, aber auch sie konnten die Kälte nicht abhalten. Ich war zu dem Schluß gekommen, daß die erste Überlebensmaxime auf dem Mount Palomar lautet, daß diejenigen, die Kekse essen, die Morgendämmerung erleben.

»Ich glaube, ich wäre eine ziemlich unbrauchbare Großmutter«, sagte sie, »wenn ich nicht angefangen hätte, mich für Asteroiden zu interessieren.« Die Freude über das Aufspüren von Kleinplaneten hatte das ausgefüllt, was sie »Ruhelosigkeit« nannte. Mutter zu sein, hatte sie befriedigt, sagte sie, aber Großmutter war sie nicht besonders gerne. Ihre Ruhelosigkeit saß sehr tief, war wahrscheinlich das typisch amerikanische Bedürf-

nis, alles in einen Wagen zu packen und den Garten Eden zu suchen.
Carolyns Vater, Leonard Spellmann, hatte sich in Colorado im Silberbergbau versucht, jedoch ohne großen Erfolg. Er ging 1920 nach New Mexico und erwarb dort ein Stück Land. Daraus hätte etwas werden können, wenn er nicht Hazel Arthur, einer Lehrerin aus Gallup, begegnet wäre, die er heiratete. Da er Hazel das Landleben nicht zumuten wollte, trennte er sich von seiner Parzelle und ging nach Gallup, wo er ein Herrenbekleidungsgeschäft eröffnete. Daraus hätte auch etwas werden können, wenn nicht die große Weltwirtschaftskrise gekommen wäre und wenn seine Geschäftspartner ihn nicht über den Tisch gezogen hätten. In dieser Zeit wurde Carolyn geboren. Leonard packte alles zusammen und zog mit der Familie nach Oregon, wo er Versicherungen verkaufte. Auch damit kam er auf keinen grünen Zweig. Er ging mit der Familie nach Chico in Kalifornien, wo er Immobilien verkaufte. Nur gab es während der Wirtschaftskrise im ländlichen Kalifornien leider keinen nennenswerten Markt für Immobilien. Carolyn sagte: »Dad war eigentlich ein Farmer, das lag ihm am meisten.«
»Schließen«, sagte Gene.
Sie schloß die Klappen, holte den Halter mit der belichteten Filmscheibe heraus und ersetzte ihn durch einen neuen. Eine Kette klirrte. Sie begann mit der nächsten Aufnahme.
Zu Beginn der vierziger Jahre ließ sich Carolyns Familie in Chico, Kalifornien nieder. Im Sommer wurde es in Chico unerträglich heiß, und wenn die Spellmanns wegen der Hitze nicht schlafen konnten, setzten sie sich in den Garten, erzählten sich Geschichten und sangen. Carolyn Spellmann war ein verträumtes Mädchen und hing sehr an ihrer Familie. Wenn das Singen aufhörte und die anderen einschliefen, betrachtete sie den riesigen Mond.
Ihre Eltern wollten sie und ihren Bruder Richard aufs College schicken. Richard ging aufs Caltech. Da sie nur eine hochqualifizierte Ausbildung finanzieren konnten, besuchte Carolyn das

preiswertere State College in Chico und wohnte zu Hause. Sie machte ihren Magister in Pädagogik. Während ihrer Collegezeit erfuhr sie von Richard einiges über seinen Zimmergenossen am Caltech. Und Gene Shoemaker erfuhr von seinem Zimmergenossen Richard einiges über dessen Schwester. Als Carolyn den vielgepriesenen Gene kennenlernte, hatten die beiden schon eine gewisse Zuneigung zueinander gefaßt. Dann ging Gene an die Universität Princeton, um dort in Geologie zu promovieren. Sie korrespondierten eine Zeitlang, bis Carolyn den Briefwechsel plötzlich abbrach.
Gene war sehr betroffen. »Was ist passiert?« fragte er in einem Brief. Er schrieb ihr weiterhin, bei ihr war Funkstille. Schließlich antwortete sie ihm sinngemäß: Ich dachte, du interessierst dich nicht mehr für mich, weil du jetzt in Princeton studierst. Gene schrieb zurück und fragte, ob sie Lust hätte, mit ihm auf dem Colorado-Plateau einen Campingurlaub zu machen. Während dieses Urlaubs machte Gene Carolyn einen Heiratsantrag. Sie antwortete: »Kein Problem, Gene.«
Als ich Gene heiratete«, sagte Carolyn unter dem Teleskop, »hatte ich mir allerdings nicht vorgestellt, daß er so ein Workaholic ist.«
»Ha, ha! Carolyn ist auch ganz schön ehrgeizig«, rief Gene vom Steuerpult herüber.
»Wie ist meine Zeit, Gene?«
»Du hast noch fünfundvierzig Sekunden.«
Sie hatte versucht, in den unteren Klassen der High School zu unterrichten, fand es aber schrecklich und wurde rechtzeitig schwanger, um sich vor den wilden Neuntkläßlern in Sicherheit zu bringen.
»Ich habe mich viele Jahre um meine Familie gekümmert«, sagte sie. »Das hat mir auch gefallen. Aber ich habe an mir eine gewisse Ruhelosigkeit festgestellt. Dann fing ich an, mich für Kleinplaneten zu interessieren. Wenn man anfängt, welche zu finden, macht es so viel Spaß, daß man nicht mehr aufhören kann.«

»Zehn Sekunden ...«
»Jetzt kann ich einfach nicht mehr aufhören.«
»Fünf ...«
»Manchmal wünsche ich mir sehr, daß ich damit aufhören könnte.«
»Schließen.« Gene sagte es leise und mit einer unmißverständlichen Genugtuung darüber, daß er Photonen eingefangen hatte.

* * *

Carolyn Shoemaker stand gewissermaßen im Mastkorb und stieß den ersten Schrei aus, wenn ein Asteroid oder Komet über dem Horizont erschien. Sie konnte schon an der Bewegung eines Objekts erkennen, ob es ungewöhnlich war. Sie meldete ihre Beobachtungen sofort dem Astronomen Brian Marsden, dem Direktor des Minor Planet Center in Cambridge. Marsden berechnete die Bahn des Objekts an einem Computer. Wenn sich das Objekt als ein sich der Erde nähernder Asteroid erwies, gab das Minor Planet Center die Entdeckung weltweit bekannt, wodurch andere Astronomen die Möglichkeit erhielten, das Objekt während seiner Reise an der Erde vorbei genau zu untersuchen. Carolyn hatte (außer sechs Kometen) sechs die Erdbahn kreuzende oder sich der Erde nähernde Objekte entdeckt – 1983 RB, 1984 KB, 1984 KD, 1985 TB, Nofretete und Mera (»eine Nymphe, eine von Jupiters Geliebten«). Die Entdeckung dieser Asteroiden war so neu, daß vier von ihnen noch nicht benannt worden waren. Sie hatte auch andere Gruppen von Asteroiden entdeckt (die Asteroiden werden häufig nach der Art ihrer Umlaufbahn klassifiziert). Sie hatte zehn Asteroiden der Hungaria-Gruppe und vierzehn der Phocaea-Gruppe entdeckt. Sie hatte den trojanischen Planetoiden Paris und einen riesigen Asteroiden in der Nähe des Jupiter entdeckt, den sie und Gene »Caltech« nannten. Sie hatte die Sichtung von mehr als dreihundert namenlosen Asteroiden im Hauptgürtel gemeldet, und sie hatte eine Vielzahl von Asteroiden des

Hauptgürtels entdeckt und benannt. Obwohl diese nicht so spektakulär waren wie erdnahe Asteroiden, handelte es sich um absolut respektable Kleinplaneten, die benannt werden wollten. An einem Heiligabend stellten sie und Gene gerahmte Fotografien von Sternfeldern unter den Weihnachtsbaum. Jedes Foto zeigte die Spur eines reisenden Asteroiden (in Form eines Striches). Gene und Carolyn hatten mehrere Asteroiden nach ihren Kindern und anderen Familienmitgliedern benannt.
»Es haute mich fast um«, sagte ihr Schwiegersohn Fred Salazar. Er bekam einen Kleinplaneten, der mit dem Segen der International Astronomical Union den Namen Salazar erhielt. Freds Frau Linda (Genes und Carolyns jüngste Tochter) bekam den Planetoiden Linda Susan. Genes Mutter bekam den Planetoiden Muriel. Genes und Carolyns Tochter Christy bekam Christy Carol und ihr Sohn Patrick bekam Patrick Gene. Patricks Frau, Paula Kempchinsky, erhielt den Kleinplaneten Kempchinsky. Eine von Paulas Freundinnen sagte zu ihr: »Meine Mutter hat mir noch nie einen Planeten zu Weihnachten geschenkt. Ich bekomme immer nur Kissenbezüge.«
1801 entdeckte der sizilianische Astronom Giuseppe Piazzi einen Planetoiden zwischen Mars und Jupiter. Das überraschte die anderen Astronomen nicht. Eine große Lücke zwischen den Umlaufbahnen von Mars und Jupiter hatte den Gedanken nahegelegt, daß sich hier ein Planet befinden könnte. Piazzi nannte seinen Planetoiden Ceres Ferdinandea, zu Ehren von König Ferdinand III. von Sizilien, was die anderen Astronomen schokkierte, weil sie meinten, Planeten sollten nach Göttern benannt werden. Daher verkürzten sie den Namen zu Ceres. Im nächsten Jahr entdeckte Heinrich Olbers in derselben Region einen zweiten Planetoiden. Er nannte ihn Pallas, nach der Göttin der Weisheit. Bis 1807 waren Juno und Vesta gefunden worden. Die Astronomen nannten diese Kleinplaneten »Asteroiden« (das griechische Wort für »sternähnlich«), weil sie in einem Teleskop nur als Lichtpunkte erschienen. Viele Jahre vergingen, ohne daß ein neuer Kleinplanet gefunden wurde. 1845 ent-

deckte ein Postmeister namens Hencke einen fünften Asteroiden, Astraea, wofür er vom König von Preußen eine Pension erhielt. Von jetzt an ging es Schlag auf Schlag. Bald tauchten jährlich neue Kleinplaneten auf. Ein berühmter Entdecker von Asteroiden war der deutsche Maler Goldschmidt, der in Paris lebte und eine Wohnung über dem Café Procope hatte. Nachts richtete Goldschmidt sein Teleskop aus dem Fenster. Er fand vierzehn Planetoiden.

Bald hatte es sich eingebürgert, die Asteroiden nach Göttinnen zu benennen, aber als die Astronomen bei Dynamene und Gerda, der Tochter des Gimer, angekommen waren, merkten sie, daß ihnen die Göttinnen ausgingen. Sie fingen an, die Planetoiden nach ihren Ehefrauen, Töchtern und Freundinnen zu benennen – Bertha, Edna, Rosa, Henriette, Alice. In den neunziger Jahren des 19. Jahrhunderts stieg die Entdeckungsrate von Asteroiden dank der Fotografie auf zwanzig pro Jahr, und die Damen hörten auf, Namensgeberinnen zu sein. Ein Pfarrer aus Boston entdeckte im Hauptgürtel den Planetoiden Winchester, das ist der Name eines exklusiven Vororts von Boston. Ein Österreicher nannte einen Planetoiden Philgoria, nach seinem Wiener Klub. Karl Reinmuth, der Entdecker von Apollo und Hermes, fand außerdem Azalea, Geranium, Petunia, Chicago, California und Granule (diesen Namen gab er dem Planetoiden zu Ehren des Pathologen Edward Gall, der die Gall-Granula, feinkörnige Strukturen in weißen Blutkörperchen, entdeckte). Ein Russe entdeckte und benannte Amerika. Ein Russe entdeckte und benannte Mark Twain. Russen fanden auch Gogol, Tschechow, Jack London und Rockwell Kent, ganz zu schweigen von Laputa, so heißt die schwimmende Insel in *Gullivers Reisen*, die voll von verrückten koprophilen Wissenschaftlern ist. Aber als sie einen Planetoiden Karl Marx nannten, geriet die internationale Fachwelt in helle Aufregung, obwohl niemand etwas dabei fand, daß die Amerikaner einen Planetoiden The NORC nannten, um einen Computer zu ehren.

Clyde Tombaugh vom Lowell-Observatorium in Flagstaff ent-

deckte 1930 den Planeten Pluto. Es heißt, er habe den neunten Planeten entdeckt. Das ist eine Untertreibung – er hat den 1164sten Planeten entdeckt. Heute haben etwa sechseinhalbtausend Planetoiden Nummern und bekannte Umlaufbahnen. Weitere sechsundsechzigtausend wurden ein- oder zweimal gesichtet, also nicht häufig genug, um ihre Umlaufbahnen kartographisch genau zu erfassen und zu numerieren. Der Durchmesser der Planetoiden, die erst in jüngerer Zeit mit Nummern versehen wurden, kann einige hundert Meter und mehrere Kilometer betragen – im Fall der Trojaner können es 80 bis 130 Kilometer sein. Ein Erforscher des Asteroidengürtels namens Edward Bowell gibt alle paar Wochen einem Kleinplaneten eine Nummer – er arbeitet mit Clyde Tombaughs Pluto-Teleskop. Bowell sagte: »Ich stehe ständig vor dem Problem, wie ich diese Dinger nennen soll.« Er nannte einen Planetoiden Barks, nach seinem Lieblingsillustrator von Comic-Heften Carl Barks, der einmal Dagobert Duck und drei kleine Enten auf eine Reise durch den Asteroidengürtel schickte.
Ein Asteroid kann erst dann benannt werden, wenn seine Umlaufbahn bekannt ist, was bedeutet, daß er bei drei verschiedenen Reisen um die Sonne, also dreimal gesichtet werden muß. Dann bekommt er eine Nummer und kann benannt werden. Der jeweilige Name entspricht dem Wunsch des Entdeckers, vorausgesetzt, daß die International Astronomical Union keinen Anstoß an dem Namen nimmt. Da oben (beziehungsweise da unten, unter unseren Füßen) treiben die Kleinplaneten Kansas, Libyen, Pittsburghia, Atlantis, Utopia, Transsylvanien und Paradise dahin, zum ersten Mal von Schelte J. (»Bobby«) Bus am 13. Februar 1977 auf dem Mount Palomar fotografiert und nach der Stadt Paradise in Kalifornien benannt, wo seine Eltern lebten. Solange das Interesse am Asteroidengürtel anhält, werden sich die Asteroid-Spezialisten hübsche Namen wie Michelle, Davida, Douglas, Jerome, Dorothea, Anna, Iva, Diana, Mimi, Mildred, Dolores, Priscilla, Birgit, Oliver und Jolanda einfallen lassen. Dr. Paul Wild aus der Schweiz entdeckte den

Kleinplaneten Rumpelstilz. Er entdeckte auch Swissair, einen Kleinplaneten, den er nach seiner bevorzugten Fluglinie benannte. Er fand Ragazza (»das italienische Wort für *Mädchen*«, wie er im Minor Planet Circular Nr. 4, 146 erklärte, in dem seine Entdeckung international bekanntgegeben wurde), Retsina (»zu Ehren des geharzten Weines aus Griechenland«), Cosícosí (»die italienische Bezeichnung für Indifferenz«) und Bistro (»ein kleines, gemütliches Restaurant«). Drei Kleinplaneten sind nach Evita Peron benannt: Evita, Descamisada und Fanatica. Irgendwo zwischen Mars und Jupiter treiben Fanny, Piccolo, Wu, Photographica, Requiem, O'Higgins, Lucifer, Tolkien, Echo, Zulu, d'Hotel, Fantasia, Limpopo, Valentine, Ultrajectum, Panacea, Geisha, Beethoven, Academia, Dudu, Felix, Bach, Chaucer, Einstein, Dali, Scabiosa, Nemo und Mr. Spock.
Es ist interessant, wie diese Gesteinsbrocken entstanden sind. Vor ungefähr viereinhalb Milliarden Jahren explodierte in einem Arm der Milchstraße ein Stern und wurde zu einer Supernova. Eine Supernova ist die Hekatombe eines Sterns. Es gibt mindestens zwei Arten von Supernovae. Die eine Art (Typ II) beginnt als Riesenstern, der mindestens achtmal so groß ist wie die Sonne. Wenn der Stern älter wird, verbraucht er seinen nuklearen Brennstoff und erzeugt Elemente. Alle leichteren Elemente der Periodentafel bis zum Eisen wurden wahrscheinlich in den Spätphasen der nuklearen Verbrennung im Inneren von Riesensternen erzeugt – außer Wasserstoff, Helium und Lithium, die während des Urknalls entstanden. Ein Riesenstern verbrennt in den letzten fünfhunderttausend Jahren seiner Existenz in seinem Kern Helium und erzeugt Kohlenstoff. Sechshundert Jahre lang verbrennt er Kohlenstoff und erzeugt Neon. Sechs Monate lang verbrennt er Neon und Sauerstoff und erzeugt Schwefel. Der Stern entwickelt mehrere »Zwiebelschalen« aus leichteren Elementen, die alle verbrennen und zu schwereren Elementen verschmelzen. Im Mittelpunkt des Sterns wächst ein Eisenkern, der von einem Siliziummantel umgeben ist. Bei Eisen kann es keine Kernfusion geben; es kann nicht brennen.

Am letzten Tag im Leben des Sterns verbrennt das Silizium in dem Bereich zwischen dem Siliziummantel und dem Eisenkern schnell. Das Silizium wird zu Eisen, das sich um den Eisenkern herum ansammelt. Der Eisenkern wird zu schwer, um sich selbst zu tragen. In einer Hundertstelsekunde stürzt der Mittelpunkt des Kerns zusammen. Er implodiert zu einer winzigen Neutronenkugel von der Größe eines Asteroiden – er wird zu einem Neutronenstern. Die »kosmische Zwiebel« ist jetzt eine hohle Kugel. In den nächsten drei Tausendstelsekunden schrumpft der Neutronenstern und dehnt sich wieder aus. Er zerspringt. Dieses Zerspringen erzeugt eine Stoßwelle, die etwa einen Tag braucht, um sich durch die Zwiebelschichten des Sterns hindurchzuarbeiten; der Stern segnet das Zeitliche und erzeugt einen Lichtstrahl, der eine Galaxie überstrahlen kann. Die Stoßwelle setzt auch eine schnelle nukleare Synthese in der Feuerkugel in Gang und erzeugt Elemente, die schwerer sind als Eisen, zum Beispiel Silber, Gold und Platin, die zusammen mit den anderen Stoffen des Sterns in einer wogenden Wolke aus Gas und Staub auf die Reise gehen. Außer Wasserstoff kommt alles, was der menschliche Körper enthält, von den Sternen: Kohlenstoff, Sauerstoff, der Stickstoff der Proteine, Kalium und das Kalzium der Knochen, das Eisen des Hämoglobins. Plato hatte recht: die Menschen haben ihren Ursprung in den Sternen.

Vor rund viereinhalb Milliarden Jahren explodierte ein namenloser Stern in einer Supernova. Die expandierende Stoßwelle trieb durch eine Gas- und Staubwolke in einem Arm der Milchstraße, reicherte die Wolke mit Metallen an, und preßte Teile der Wolke zusammen. Am Rand der Stoßwelle begann die Wolke an manchen Stellen unter der Gravitationswirkung zu zerspringen. An einer Stelle verflachte sich ein Gas- und Staubknoten und fing an, sich zu drehen. Zu den für astronomische Verhältnisse gewöhnlichen Verhaltensweisen der physikalischen Materie gehört die Verdichtung derselben zu einem rotierenden Materiepfannkuchen, der Akkretionsscheibe genannt wird. Das Sonnensystem begann als eine Akkretionsscheibe. Als der Druck und die Dichte im Zentrum der Scheibe einen kritischen Punkt überschritten, kam es zu einer thermonuklearen Zündung, und die Sonne wurde geboren. Der Pfannkuchen verflachte zu einer Scheibe aus Eis- und Gesteinskugeln. Diese werden Planetesimale genannt und sind die Vorfahren der Planeten. Die Planetesimale stießen zusammen, hafteten aufgrund ihrer Schwerkraft aneinander und wurden zu Planeten. Als die Planetesimale die Sonne umkreisten, gruppierten sie sich zu Ringen, die wahrscheinlich wie die Ringe um Saturn aussahen. Als erster kondensierte vermutlich Jupiter aus einem dicken Ring, dann entstanden die anderen Planeten, darunter auch die Erde. Mit dem Anwachsen der Planeten verlangsamte sich ihre Akkretionsgeschwindigkeit. Sie verschlangen die erreichbaren Planetesimale, bis nur noch ein paar übrig waren. Einige Planetesimale ließen sich mit dem Nachhausekommen Zeit. Gene Shoemakers Untersuchungen über die Häufigkeit der Kraterbildung auf dem Mond zeigen, daß noch etwa eine Milliarde Jahre nach der Entstehung von Erde und Mond Planetesimale auf dem Mond einschlugen und die Mondmeere schufen – Lavaseen, die aus der Oberfläche des Mondes hervorquollen wie Blut aus Wunden. Die Erde muß zu einem späten Zeitpunkt dem gleichen Beschuß ausgesetzt gewesen sein, und sie muß einst riesige, durch die späten Planetesimale verursachte Einschlagskrater besessen haben, die schon vor langer Zeit durch witterungsbedingte Erosionen verschwunden sind. Der Beschuß mit schweren Geschossen spielt heute fast keine Rolle mehr. Fast. In Gene Shoemakers Worten: »Die letzte Phase der Akkretion ist noch im Gange.« Die Planeten haben niemals ganz aufgehört zu wachsen. Die Erde nimmt heute durch einen ständigen Staubregen aus dem All an einem Tag ungefähr zwanzig Tonnen Materie auf. Und manchmal sind es sogar zwei Milliarden Tonnen in einer Sekunde.

Früher gingen die Astronomen davon aus, daß der Asteroidengürtel aus den Trümmern eines explodierten Planeten besteht.

Heute glauben sie, daß er aus Materiebrocken besteht, die sich nie zu einem Planeten geformt haben. Jupiter, der schwerste Planet im Sonnensystem, wirbelte in der Region, die heute von den Asteroiden bevölkert wird, einen Ring von Planetesimalen durcheinander und verhinderte, daß sich dieser Ring zu einem Planeten verdichten konnte. Jupiters Schwerkraft mischte diese Planetesimale auf und schleuderte sie durch den Weltraum. Sie konnten nicht aneinander haften. Immer wenn zwei Planetesimale kollidierten, brachen sie in Trümmer, und Jupiter sorgte dafür, daß sich die Bruchstücke überall verstreuten, wodurch noch mehr Kollisionen und noch mehr Trümmer entstanden. Asteroiden sind verstreute Bruchstücke von Planetesimalen, die nie zu einer Welt verschmolzen sind; sie sind gewissermaßen die Skelettreste einer Akkretionsscheibe. Jupiter wirbelt den Hauptgürtel noch immer durcheinander; es kommt noch immer zu Unfällen. Die meisten Asteroiden scheinen Bruchstücke von Objekten zu sein. Wiederholten Einschlägen ausgesetzt, sind die Asteroiden mit einer Staub- und Geröllschicht bedeckt; manche sind vermutlich sogar nur Haufen aus Trümmern, die durch ihre gegenseitige Anziehungskraft gerade noch zusammenhalten. Jupiter hat bereits den größten Teil der Masse des Asteroidengürtels in die Tiefen des Universums geschleudert. »Würde man alle Asteroiden des Gürtels aufeinanderstapeln«, sagte Gene, »bekäme man ungefähr ein Zehntel der Masse des Mondes. Kaum der Rede wert.« Jupiter sendet noch immer sein Störfeuer in den Asteroidengürtel und schleudert dessen Bruchstücke durchs All.

Während sich die meisten Asteroiden des Hauptgürtels auf stabilen Umlaufbahnen bewegen, die der Erde nicht nahe kommen, gehen die Wissenschaftler, die sich mit dem Gewirr der Umlaufbahnen befassen, davon aus, daß der Gürtel Asteroiden in erdnahe Umlaufbahnen schleudert. Der Gürtel selbst besteht aus Ringen, die durch die sogenannten Kirkwood-Lücken voneinander getrennt sind. Jedes Bruchstück, das zufällig in eine Kirkwood-Lücke fällt, wird von Jupiter in einem Tanz herumgewirbelt, bei dem der Asteroid weggeschleudert werden kann. Nichts kann sich lange in einer Kirkwood-Lücke halten. Die Experten glauben, daß viele erdnahe Asteroiden aus den Kirkwood-Lücken und aus anderen instabilen Regionen im und um den Asteroidengürtel herum kommen. Es können beispielsweise zwei Asteroiden im Gürtel kollidieren. Ein Bruchstück kann in eine Kirkwood-Lücke treiben. Jupiter kann das Bruchstück aus der Kirkwood-Lücke ziehen und es in eine Umlaufbahn in der Nähe des Mars schleudern. Wenn der Asteroid in den folgenden Jahrmillionen zufällig in die Nähe des Mars gelangt, kann Mars ihn in Richtung Erde schleudern. Die Folge ist, daß der Vorrat an erdnahen Objekten ständig aufgefüllt wird. Jupiter zieht Asteroiden aus den Kirkwood-Lücken und reicht sie an Mars weiter, Mars reicht sie an die Erde weiter. Saturn kann ebenfalls einen Asteroiden aus einer Kirkwood-Lücke ziehen und ihn direkt in Richtung Erde schleudern.

»Viele Astronomen nennen die Asteroiden das Ungeziefer des Himmels«, sagte Carolyn.

Gene lachte, während sich seine Bewegungen schemenhaft im Licht einer roten Lampe am Steuerpult abzeichneten.

»Für Gene und mich«, fuhr Carolyn fort, »sind *Galaxien* das Ungeziefer des Himmels.«

»Es gibt einfach zu viele Galaxien«, sagte Gene. »Carolyn hätte dem Minor Planet Center aus Versehen fast Galaxien gemeldet.«

»Sie sind verwirrend«, sagte sie. »Die leuchtschwachen sehen wie Kometen aus. Erst bin ich ganz begeistert und dann stelle ich fest, daß es nur eine Galaxie ist.«

Genes Vater, George Shoemaker, kaufte in den dreißiger Jahren in Wyoming eine Farm und pflanzte weiße Bohnen an. Bohnen waren während der großen Weltwirtschaftskrise ein lukratives Geschäft, und Georges einziges Problem war, daß seine Frau Muriel der Landwirtschaft nichts abgewinnen konnte. »Meine Mutter suchte sofort das Weite«, sagte Gene. »Wenn sie dageblieben wäre, wäre ich heute wohl Farmer.« Als sein Vater der Bohnen überdrüssig war, ging er nach Hollywood, wo er wieder mit Muriel zusammenlebte und in einem Filmstudio Arbeit als Kulissenschieber fand.

Gene ging in Los Angeles zur High School, und hier fing er an, sich für radioaktive Mineralien zu interessieren. Nach dem Zweiten Weltkrieg studierte er am Caltech Geologie. »Das Caltech«, sagte er, »war immer ein Eldorado für Weltraumfreaks.« Genes Liebe zum Weltraum begann mit dem Hale-Teleskop. Er stand gerne auf der Zuschauergalerie der optischen Werkstatt des Caltech und sah zu, wie Marcus Browns Männer in weißen Tennisschuhen eine Poliermaschine bedienten, die Lissajous-Figuren auf das größte Stück Glas zeichneten, das die Welt je gesehen hatte. Ein paar Kilometer weiter, in Arroyo Seco, stiegen gelegentlich Rauchfahnen auf, und ein gewaltiges Dröhnen erschütterte die umliegenden Städte: Professor Theodor von Kármán und seine Studenten am Jet Propulsion Laboratory testeten Raketenmotoren. Nach seinem Studienabschluß fand Gene eine Anstellung am United States Geological Survey und erstellte Karten von den uranhaltigen Formationen im Paradox Valley im westlichsten Teil Colorados. Eines Tages überfiel ihn ein merkwürdiger Gedanke. Gene erzählt: »Ich dachte mit einem Mal an von Kármán und diese Raketenmotoren. Ich wußte auch, was auf dem White-Sands-Testgelände vor sich ging.

Wernher von Braun arbeitete dort und feuerte erbeutete deutsche V-2-Raketen ab. Plötzlich hatte ich diese seltsame Vorahnung. Ich sagte mir, mein Gott, sie werden eine Rakete bauen – *sie werden eine Rakete bauen und damit Menschen auf den Mond schicken!* Was für eine unglaubliche Sache! Der erste Mensch auf dem Mond zu sein! Und wer wäre besser geeignet, den Mond zu erkunden als ein Geologe? In diesem Moment beschloß ich, daß ich, wenn es soweit kommen sollte, zum engsten Kreis der Bewerber gehören wollte.« Er erkannte allerdings, daß sein Plan einen Haken hatte: »Wenn man 1948 irgend jemandem gesagt hätte, man wolle als Geologe auf dem Mond herumspazieren, wäre man schnurstracks in die Irrenanstalt gewandert.« Er schwor sich, alles in seiner Macht Stehende zu tun, um auf den Mond zu kommen, diesen ehrgeizigen Plan aber für sich zu behalten. Mit dem zwanzigjährigen Gene Shoemaker geschah im Paradox Valley etwas Eigenartiges: Er wurde ein Geologe, dessen ganzes Interesse dem Himmel galt.

Ein Mondgeologe mußte wissen, wie die Löcher in den Mond gekommen waren. In den späten vierziger Jahren war die Auffassung vorherrschend, daß diese Löcher durch Vulkane verursacht worden waren. Gene befaßte sich mit dem Vulkanismus. Die Oberfläche der Erde wies viele riesige, ringförmige Vertiefungen auf, sogenannte kryptovulkanische Strukturen, die man für die Überreste gewaltiger Vulkanausbrüche hielt. Er studierte Kryptovulkane. Er sah sich auch den Meteor Crater an, der ungefähr eineinhalb Kilometer von Flagstaff entfernt liegt. Trotz seines Namens »zweifelten die meisten Geologen damals daran«, so Gene, »daß er wirklich durch einen Einschlag entstanden war.« Manche glaubten, daß der Meteorkrater ein eingestürzter Salzdom oder ein durch eine vulkanische Dampfexplosion entstandenes Loch war. Nicht viele Geologen akzeptierten die von Daniel Moreau Barringer im Jahre 1906 aufgestellte Theorie, daß es hier einen Meteoriteneinschlag gegeben hatte. Für seine Dissertation fertigte Gene eine geologische Karte des Meteor Crater an. Barringer hatte einige Löcher

in den Boden des Kraters gebohrt und gehofft, unter dem Krater einen Asteroiden aus Nickel und Eisen zu finden, aber er fand nie einen. Gene untersuchte Barringers alte Proben und entdeckte, daß sie viele Gesteinssplitter enthielten, die voller mikroskopisch kleiner Tröpfchen aus Quarzglas steckten, welche mit Eisenpartikeln von einem Meteoriten angereichert waren. An den Rändern des Kraters fand Gene Schichten von Sedimentgestein und entdeckte, daß dieses herausgeschleuderte Gestein in umgekehrter Reihenfolge geschichtet war. Bei einem Vulkanausbruch wäre das herausgeschleuderte Geröll nicht in einer so ordentlichen Reihenfolge abgelagert worden. Zum Vergleich untersuchte er Krater, die in der Wüste von Nevada durch Atombombenversuche entstanden waren. Dort fand er daumengroße Bläschen von unter großem Druck geschmolzenem Glas, die in Gesteinssplitter gepreßt worden waren, sowie Sedimentgestein, das wie Blütenblätter vom Rand des Kraters zurückgeklappt und in umgekehrter Reihenfolge geschichtet war. Die Ähnlichkeit zwischen Nuklear- und Meteoritenkratern war ihm geradezu unheimlich. Es schien erwiesen zu sein: Der Meteor Crater war durch Asteroideneinschlag entstanden.
Nach Erlangung der Doktorwürde blieb Gene beim Geological Survey. 1960 konnten er und seine Kollegen Edward Chao und Beth Madsen das von L. Coes 1953 zunächst synthetisch hergestellte Mineral Coesit auch im Gestein des Meteor Crater nachweisen. Coesit ist ein polymorphes Silikat, das nur unter hohem Druck entstehen kann – eine extrem starke Druckwelle muß durch das Gestein schießen und das Molekülgitter so zerquetschen, daß es zu Coesit wird. Kein bekanntes Ereignis, das auf der Oberfläche der Erde stattfindet, erzeugt diesen Druck – nur der Einschlag eines riesigen Meteoriten. Gene sagte später: »Wir hatten einen Fingerabdruck entdeckt, der für einen Einschlag sprach.« So kam er nach Deutschland.
Das Nördlinger Ries ist eine runde Vertiefung mit einem Durchmesser von etwa 25 Kilometern und liegt nördlich von Augsburg, zwischen Schwäbischer und Fränkischer Alb. Die

meisten Geologen waren davon ausgegangen, daß es sich um einen alten Vulkan handelte. »Mein Deutsch war nicht gut«, sagte Gene, »aber je mehr ich über das Ries las, desto mehr gelangte ich zu der Überzeugung, daß es ein Einschlagkrater war.« Er glaubte, dies mit dem Coesit-Fingerabdruck beweisen zu können. Im Juli 1960 fuhren er und Carolyn zum Ries. Gegen Abend fanden sie einen Steinbruch – er gehörte zu einer Zementfabrik, und die Arbeiter hatten Feierabend – und kletterten hinein. Gene haute mit seinem Hammer ein paar Gesteinsstücke heraus und betrachtete sie im schwächer werdenden Licht. In diesem Augenblick entstand ein neues wissenschaftliches Gebiet, nämlich die Impaktgeologie.

»Das Gestein war durch Druck geschmolzen, zertrümmert und zerquetscht worden«, sagte er, »und steckte voll dunkler Glasbläschen. Ich wußte sofort, daß da Coesit drin war.« In den nächsten Tagen erforschten Gene und Carolyn das Ries. Er fand überall Gestein, das unter großem Druck geborsten war und sich, zu Blöcken geschnitten, sogar in Mauern und Häusern befand. Das Ries war ein gewaltiger, mit Bauernhöfen und Städten besiedelter Einschlagkrater. In der Nähe des Zentrums, in Nördlingen, stießen sie auf die Kirche St. Georg, die aus Ries-Gestein erbaut ist – mit schwarzen schwammigen Glasbläschen durchsetzter Sintergranit. Die mittelalterlichen Steinmetzen hatten unwissentlich dem Gott der Apokalypse eine Kirche errichtet. Vor fünfzehn Millionen Jahren, während des Miozän, war etwas aus dem Weltraum gekommen und beim Einschlagen explodiert. Die Gesteinskruste hat diesem Objekt kaum Widerstand entgegensetzen können. Das vom Rand des Rieses weggeschleuderte Gestein flog kilometerweit durch Bayern. Das Ries ist so groß wie der Mondkrater Kepler oder Tycho. Das war der erste Beweis dafür, daß es auf der Erde einen riesigen Einschlagkrater gibt. Genes Entdeckung warf die Frage auf, wie viele Einschlagkrater die Erde aufweist, und sie warf auch die Frage auf, ob viele der sogenannten kryptovulkanischen Strukturen in Wirklichkeit die erodierten Überreste von Einschlagkratern sind. Alles in allem haben Geologen über hundert wahrscheinliche Impaktstrukturen ausgemacht, unter anderen den heiligen Bosumtwi-See in Ghana, den Manicouagan-See in Quebec, Dutzende von erodierten Kratern in den Vereinigten Staaten (darunter Crooked Creek, Decaturville, Flynn Creek, Upheaval Dome und Manson-Structure), außerdem Serra de Cangalha in Brasilien, Rouchechouart in Frankreich und Gosses Bluff in Australien. Gene glaubte, daß vielleicht noch tausend weitere Einschlagkrater auftauchen, »vorausgesetzt, wir bedecken die Erde nicht vorher mit Atombombenkratern«. 1960, als er durch das Ries ging, wurde noch darüber diskutiert, ob die Mondkrater durch Vulkane entstanden waren; fände man aber einen großen Einschlagkrater auf der Erde, dann wären auch die Löcher und Ringe auf dem Mond Einschlagkrater. Als erster hatte Galilei sie durch ein Fernrohr gesehen, aber es dauerte weitere drei Jahrhunderte und bedurfte eines Gene Shoemaker, bis gezeigt werden konnte, daß sie durch Asteroiden und Kometen entstanden waren und daß ähnliche Ringe die Erde wie Pockennarben bedeckten.

Gene gründete in den Vereinigten Staaten im Rahmen des Geological Survey den Zweig der Astrogeologie, der jetzt seinen Sitz in Flagstaff hat und sich der geologischen Erforschung anderer Welten widmet. Gene spielte eine herausragende Rolle im amerikanischen Weltraumprogramm: Er wertete als erster die Mondgesteinsproben der Rangermission aus, arbeitete dann als Leiter des Teams, das die Bilder und Meßwerte analysierte, die die Kameras der Mondsonde Surveyor zur Erde schickten, und leitete schließlich die geologische Feldarbeit im Rahmen der bemannten Apollo-Mondlandung. Aber er verließ die Erde nie. Infolge eines Nierenleidens waren seine Chancen, in den Weltraum zu fliegen, ein für allemal dahin. »Die Ironie des Schicksals«, sagte er, »lag darin, daß ich der Vorsitzende des Ausschusses war, der der NASA die ersten Kandidaten empfahl.« Nie würde er den nächtlichen Start von Apollo 17 vergessen – die letzte bemannte Mondmission. Er und Carolyn beob-

achteten in Cape Canaveral gebannt, wie ihr Freund und Kollege vom Geological Survey, der Geologe Harrison H. Schmitt, in einer Saturn-V-Rakete die Erde verließ. Sie schoß mal hell aufleuchtend, mal durch die Wolken verdunkelt ins All, eine Maschine, so groß wie ein dreißigstöckiges Bürogebäude, die schon in einem niedrigen Bereich der Flugbahn Überschallgeschwindigkeit erreichte, während Gene mit der inneren Distanz eines Wissenschaftlers den Schmerz jener unerfüllten Hoffnung analysierte, die im Sommer 1948 in Paradox Valley begonnen und ihn auf ein offenes Gelände in Florida verschlagen hatte, wo er den Start des ersten und letzten Geologen erlebte, der auf dem Mond umherging.
Gene beendete schließlich seine Mitarbeit am Apollo-Raumfahrtprogramm und wandte sich anderen Aufgaben zu, aber er konnte seine Augen nicht vom Himmel losreißen. Seit dem Meteor Crater und dem Ries interessierten ihn Gesteinsbrocken, die vom Himmel fallen. Wie viele gab es da draußen? Was würde man sehen, wenn man sie durch ein Teleskop betrachtete? Konnte man die Zahl der Einschläge auf der Erde besser schätzen, wenn man die Gesteinsbrocken bereits im All aufspürt? 1972 begann er ernsthaft über ein Programm zur Suche nach Asteroiden nachzudenken, die die Umlaufbahn der Erde kreuzen; bisher waren nur die Umlaufbahnen von drei Asteroiden genau bekannt: Ikarus, Geographos und Toro. Apollo war verlorengegangen. Hermes, der Asteroid, der 1937 aus dem Nichts aufgetaucht war, war ebenfalls verlorengegangen (und ist noch immer nicht auffindbar). Die Astronomen hatten sich mehr für explodierende Galaxien als für vagabundierende Kanonenkugeln in Erdnähe interessiert. Aber der Beschuß der Erde mit solchen Kanonenkugeln war ein natürlicher Vorgang, der offensichtlich noch nicht abgeschlossen war.
Er fing an, mit der Geophysikerin Eleanor Helin von Caltechs Jet Propulsion Laboratory zusammenzuarbeiten. Wie Gene, vermutete auch Eleanor, daß die Zahl der erdnahen Asteroiden enorm groß sein könnte. Sie durchforstete die Archive des Cal-

tech, um herauszufinden, welche inzwischen verlorengegangenen Kleinplaneten gesichtet worden waren. Sie reiste nach Deutschland, um die Aufzeichnungen der verstorbenen Astronomen Max Wolf und Karl Reinmuth zu entschlüsseln und die Umlaufbahnen verschwundener Asteroiden wiederzufinden. 1973 gründeten Shoemaker und Helin den Palomar Planet-Crossing Asteroid Survey. In den ersten Jahren führte Eleanor den größten Teil der Arbeit am Teleskop durch, indem sie lange Nächte am 18-Zoll- und am 48-Zoll-Schmidt-Teleskop auf dem Palomar verbrachte. Shoemaker und Helin hatten Glück. Gleich zu Anfang flog ein riesiges Apollo-Objekt vorbei, das die Bezeichnung 1973 NA erhielt und mittlerweile wieder verschwunden ist. Nach einer längeren Durststrecke jagte dann wieder eine Entdeckung die andere. Dann kam wieder eine Flaute. »Es gab Zeiten, in denen ich nahe daran war aufzugeben, aber Eleanor Helin ließ nicht locker.«
Sie entdeckte Aten und Aristäus und war die Mitentdeckerin von Ra-Shalom, alles erdnahe Asteroiden. Sie entdeckte auch eine große Zahl von Asteroiden, die zur Amor-Gruppe gehören und sich auf instabilen Umlaufbahnen in der Nähe des Mars bewegen – Objekte, die entweder auf dem Mars einschlagen oder in Zukunft in erdnahe Umlaufbahnen geschleudert werden können. Shoemaker und Helin definierten drei Typen von relativ erdnahen Kleinplaneten. Die Objekte der Aten-Gruppe verbringen den größten Teil ihrer Zeit innerhalb der Umlaufbahn der Erde. Die Objekte der Amor-Gruppe verbringen den größten Teil ihrer Zeit in der Nähe des Mars, streifen allerdings hin und wieder die Umlaufbahn der Erde. Die Objekte der Apollo-Gruppe schwingen in einer großen Pendelbewegung hin und her. Gene hat geschätzt, daß es da draußen insgesamt etwa zweitausend große Asteroiden gibt, die jetzt oder irgendwann in der Zukunft mit der Erde kollidieren können – zweitausend betrunkene Berge, die auf den Schnellstraßen dahinfliegen und von denen wir die meisten noch nie gesehen haben. Kleinere Objekte – von der Größe der Großen Pyramide

von Giseh zum Beispiel – sind ungleich zahlreicher, aber ungleich schwerer aufzufinden. Es ist sehr unwahrscheinlich, daß ein großes Objekt während eines Menschenlebens auf der Erde aufprallt. Aus menschlicher Perspektive sind große Einschläge selten. »Die menschliche Zivilisation«, sagte Gene, »stellt nur einen kurzen Augenblick dar.« Aus astronomischer Perspektive schlagen extrem schnelle Kleinplaneten jedoch recht häufig auf der Erde ein. Wir leben inmitten eines Asteroidenschwarms.

Shoemaker und Helin beschlossen schließlich, ihr Forschungsprojekt aufzuteilen. Helin gründete den International Near-Earth Asteroid Survey – eine Einrichtung, die die weltweiten Sichtungen von erdnahen Asteroiden koordinieren sollte. Shoemaker entschied sich für eine kurze, aber intensive Arbeit am Kleinen Auge. Da er weder die Zeit noch die Geduld hatte, Filme nach Asteroiden abzusuchen, brauchte er einen Assistenten. Seine Wahl fiel auf Carolyn.

Gene hatte nicht lange gebraucht, um Carolyn einen Heiratsantrag zu machen, aber nachdem sie verheiratet waren, hatte er erst nach zwei Jahren den Mut gehabt, ihr zu sagen, daß er zum Mond fliegen wollte. Sie erschrak. Sie fragte sich, ob ihr Mann wohl ein unstetes Wesen habe. Beim zweiten Nachdenken schien das allerdings gar keine schlechte Idee zu sein, hatte sie selbst doch seit jenen Sommernächten in ihrer Kindheit in Chico den Wunsch gehabt, zum Mond zu fliegen. Diesen Wunschtraum hatten sie also gemeinsam. Sie erzählte, daß sie in den sechziger Jahren geglaubt hatte, »es würde so selbstverständlich sein, zum Mond zu fliegen, daß selbst jemand wie ich dies tun könnte«. Keiner von beiden hatte die Reise in den Weltraum geschafft, aber ihnen war zumindest geblieben, daß sie zwischen September und Mai in den mondlosen Nächten auf einen Berg stiegen, eine Kuppel voller unerreichbarer Edelsteine fotografierten und ein Teleskop verwünschten.

Das 18-Zoll-Schmidt-Teleskop auf dem Mount Palomar war ein Teleskop mit großem Gesichtsfeld; es ermöglichte eine Panoramaansicht. Mit einem Schnappschuß konnte das Kleine Auge einen Himmelsausschnitt fotografieren, der größer war als der Innenraum des Großen Wagens. Das Kleine Auge hatte zwei Gläser – einen 26-Zoll-Spiegel und eine 18-Zoll-Korrektionsplatte (die Größe der Schmidt-Teleskope bemißt sich nach dem Durchmesser der Korrektionsplatte und nicht des Spiegels). Das Kleine Auge war eines der kleinsten professionell genutzten Teleskope der Welt, aber es arbeitete sich wie ein Bulldozer durch den Himmel. Das Hale-Teleskop bohrte dagegen dünne Löcher in die großen Tiefen des Alls. Selbst mit elektronischen Kameras würde das Hale-Teleskop länger als ein Menschenleben brauchen, um ein Bildermosaik des nördlichen Himmels zu erstellen. Das Kleine Auge suchte mehr als einmal pro Jahr den gesamten nördlichen Himmel ab. Das Große Auge hatte noch nie einen unbekannten erdnahen Asteroiden aufgespürt. »Der 18-Zöller«, sagte Gene, »ist die schnellste Westernkanone.« Er mußte allerdings feststellen, daß kleine Teleskope weder staatliche Gelder fließen lassen noch die Aufmerksamkeit von privaten Spendern auf sich ziehen. Die Suche der Shoemakers nach Asteroiden, die die Erde treffen könnten, kostete 6000 Dollar pro Jahr. Dieser Betrag mußte zusätzlich zu Genes Gehalt aufgebracht werden, das der Geological Survey zahlte, wenn er auf dem Berg war. Ein großer Teil der sechs Riesen ging für Filme drauf. »Die Plätzchen«, sagte Gene, »kosten pro Stück zwei Dollar.« Die Shoemakers hatten vergeblich versucht, Geld für Carolyns Arbeit zu bekommen. Der Geological Survey hätte liebend gerne die Bezahlung ihres Gehalts übernommen, aber die Bundesbestimmungen gegen Nepotismus ließen das nicht zu. Carolyn hatte keine andere Wahl, als unentgeltlich zu arbeiten. Sie fand erdnahe Objekte, ohne einen Pfennig dafür zu bekommen. Gene sagte: »Im Vergleich zu den paar Kröten kann ein Einschlag uns teuer zu stehen kommen!«

Bernhard Schmidt, der Erfinder des Schmidt-Teleskops, wurde 1879 auf einer der estnischen Küste vorgelagerten Insel mit dem Namen Naissaar, Fraueninsel, geboren – ein mit Feldern und Wäldern bedeckter, acht Kilometer langer Walrücken in der Ostsee, mit einem Leuchtturm an einem Ende. Die Inselbewohner trugen alte Trachten und nahmen ihre lutherische Religion ernst. Bernhard war ein schwieriger, wissenschaftlich begabter Junge, der Sprengkörper ernst nahm und anfing, aus Spaß Bomben zu bauen. Als er elf Jahre alt war, schwänzte er eines Sonntagmorgens die Kirche und ging auf die Felder, um eine selbstgebastelte Rohrbombe zu zünden. Sie explodierte vorzeitig, und die Detonation muß alle Kirchenfenster auf Neissaar zum Klirren gebracht haben. Sie riß auch den Ärmel seines Sonntagsanzugs weg, in dem unglücklicherweise sein rechter Arm steckte, so daß dieser ebenfalls weg war. Er lief nach Hause, voller Angst, daß er bestraft werden würde, weil er seinen Anzug mit Blut beschmiert hatte.
Nachdem Bernhard Schmidt seinen Arm verloren hatte, wandte er sich der Wissenschaft vom Licht zu. Sein Hobby wurde das Schleifen von Linsen, und als er erwachsen war, verließ er die Fraueninsel. Um die Jahrhundertwende landete Schmidt in Mittweida bei Chemnitz. Dort machte er in einer stillgelegten Kegelbahn eine Werkstatt auf, in der er Spiegel für Amateurastronomen schliff und von dem wenigen Geld lebte, das ihm seine geschliffenen Spiegel einbrachten.
Die Schwierigkeit bei der Herstellung von astronomischen Spiegeln liegt darin, eine konkave Fläche zu schleifen, die Sternenlicht sammelt und zu einem scharfen Brennpunkt leitet. Ein astronomischer Spiegel ist das Segment einer Hohlkugel, gewissermaßen eine leicht gekrümmte Schale, die die Aufgabe hat,

eine große Lichtmenge in einen winzig kleinen Bereich zu lenken. Je größer und tiefer die Krümmung ist, desto mehr Licht kann sie schnell zum Film befördern. In der Sprache der Optiker ist ein Spiegel, der schwaches Licht rasch einfangen kann, ein »schneller« Spiegel. Der Einsatz eines schnellen Spiegels ermöglicht eine kurze Belichtungszeit, was für den Astronomen bedeutet, daß er schneller arbeiten kann. Ein schneller Spiegel ist stark gekrümmt. Die gekrümmte Fläche, die Paraboloid genannt wird, eignet sich besonders gut zum Einfangen schwachen Lichtes. Parabolspiegel haben allerdings einen unvermeidbaren optischen Nachteil: Nur ein winziger Bereich im Mittelpunkt eines Fotos, das mit einem Parabolspiegel aufgenommen wurde, enthält gut fokussierte Sterne. An den Rändern des Bildes verschwimmen die Sterne zu Kommas. Die Astronomen umgehen dieses Problem, indem sie den Film so zurechtschneiden, daß er in einen kleinen Bereich im Mittelpunkt des Gesichtsfeldes paßt. Im Hale-Teleskop beträgt der Bereich der guten Fokussierung in der Brennebene beispielsweise ungefähr einen Quadratzentimeter – was der Größe des kleinen Fingernagels entspricht.
Bernhard Schmidt verstand es meisterhaft, mit der linken Hand schnelle Parabolspiegel zu schleifen. Er lebte von Weinbrand, Zigarren, Kaffee und Kuchen. Mit einer großen Zigarre zwischen den Lippen verbrachte Schmidt jede Nacht bei seinen Spiegeln in der Kegelbahn und bearbeitete sie mit einem Poliergerät; seinen rechten Ärmel hatte er hochgesteckt, damit er nicht über das Glas schleifte. Um in die Kegelbahn zu gelangen, mußte er durch das Lokal »Lindengarten« gehen. Er sagte zur Besitzerin Frau Bretschneider: »Stellen Sie für mich eine gute Flasche Weinbrand hin, und wenn ich mir einen einschenke, mache ich einen Strich auf den Bierdeckel.« Schmidts Teleskope befanden sich auf einem unbebauten Grundstück gegenüber dem Lindengarten. Wenn er in kalten Winternächten abwechselnd die Sterne beobachtete und Glas polierte, eilte er zwischen seiner Werkstatt und dem Teleskop hin und her, wo-

bei er jedesmal durch den Lindengarten kam und ein Gläschen Weinbrand trank. Der Weinbrand hielt Schmidt auf Trab, und am Ende der Nacht war der Bierdeckel voll mit Strichen. »Wir kamen sehr gut mit ihm aus«, erinnerte sich Frau Bretschneider.
Schmidts Teleskope sahen aus, als wären sie aus Altmaterial und Gemüsekisten zusammengesetzt. Eines von ihnen war ein Solarteleskop, bei dem die Nachführung mit Hilfe einer Wasseruhr bewerkstelligt wurde. Schmidt war scheu und unnahbar. Es gibt keinen Anhaltspunkt dafür, daß er Frauen mochte, aber es gibt auch keinen Anhaltspunkt dafür, daß er überhaupt irgend jemanden besonders mochte. Er war überzeugter Pazifist. »Nur ein Mensch allein ist etwas wert«, sagte Schmidt einmal. »Wenn zwei zusammen sind, streiten sie, wenn hundert zusammen sind, bilden sie einen Pöbelhaufen, und wenn tausend zusammen sind, fangen sie einen Krieg an.« Das taten sie 1914, und Schmidt geriet ins Visier der deutschen Polizei. Sie hatte keine Ahnung, was es mit den Spiegeln und der Wasseruhr auf sich hatte, aber sie wußte, daß er Pazifist war, und da er außerdem aus Estland stammte, kam sie zu dem Schluß, daß er ein estnischer Verräter sein mußte, der russischen Flugzeugen Signale gab. Man steckte ihn in ein Gefangenenlager, in dem er schrecklich litt. Als der Krieg zu Ende war, kehrte er zu seiner Kegelbahn zurück und fing wieder an, Linsen zu schleifen.
In den Jahren nach dem Ersten Weltkrieg wurden deutsche Berufsastronomen auf ihn aufmerksam. Professor Richard Schorr, der Direktor des Hamburger Observatoriums, nahm die Gefahr auf sich, selbst Schwierigkeiten mit der Polizei zu bekommen, holte Schmidt aus seiner Kegelbahn und brachte ihn in einem Männerwohnheim der Hamburger Sternwarte in Hamburg-Bergedorf unter. Dort lebte Schmidt für den Rest seines Lebens. Er war eine Art freier Mitarbeiter, ein chronischer Alkoholiker, der immer dann Spiegel für das Observatorium anfertigte, wenn er Lust dazu hatte. Man nannte ihn den »Optiker« B. Schmidt.

Professor Schorr stellte ihm einen Kellerraum als Werkstatt zur Verfügung, aber der »Optiker« schien einen Großteil seiner Zeit damit zu verbringen, in offensichtlich angetrunkenem Zustand in der Stadt herumzulaufen, Selbstgespräche zu führen und eine Zigarre zu paffen, wobei er seinen Filzhut so tief ins Gesicht gezogen hatte, daß die Leute Angst hatten, die Hutkrempe würde Feuer fangen. Der »Optiker« war ein schrecklicher Eigenbrötler. Er erlaubte fast niemandem, sein Kellergewölbe zu betreten. Optiker haben nicht gerne Menschen um sich. Mel Johnson, der Optiker, der an der Endpolitur des Hale-Spiegels beteiligt war, erklärte mir das so: »Menschen bedeuten nichts als Kratzer und Dreck, es bringt einen schier um.« Optiker haben Angst, daß Leute das Glas anfassen, und wer weiß, was sie vorher mit ihren Händen gemacht haben. Die Leute kratzen sich am Kopf, wirbeln Staub auf, der zwischen Poliergerät und Glas geraten kann. Einmal nahm ein Besucher, von Schmidt unbemerkt, ein Poliergerät in die Hand, fuhr damit einige Male über einen von Schmidts Spiegeln und entfernte so ein zehnmillionstel Zoll Glas. Als Schmidt das Glas testete, sah er Schleifspuren, wo der Besucher das Glas mit dem Gerät berührt hatte. »Irgend jemand hat hier rumgespielt«, schrie er. Professor Schorr war immer der Meinung, daß Schmidts außerordentliche Begabung als Optiker mindestens ebensosehr von seinen Augen als von seiner Hand herrührte, denn wenn Schmidt Glas durch seine Testinstrumente betrachtete, konnte er sofort sagen, wo es von einer perfekten optischen Fläche abwich.

Schmidt hatte eine solche Achtung vor Glas, daß er seine Werkstatt stets nur im Hochzeitsfrack betrat. Er hängte einen steifen Strohhut an einen Nagel, so daß seine kurzgeschorenen grauen Haare sichtbar wurden. Er beugte sich über eine Glasscheibe, ging langsam um sie herum, betrachtete das Glas mit ernstem Gesichtsausdruck und fuhr ab und zu mit einem kleinen, pechbeschichteten Gerät über das Glas. Seine linke Hand sah aus wie die Hand von Michelangelos Moses – schwielig, wie aus

Stein gehauen, mit hervortretenden Adern. Er wußte, daß seine Hand jedem Schleifgerät überlegen war. »Meine Hand ist empfindlicher als das feinste Instrument«, sagte er. Seine Spiegel ruhten auf bizarren Konstruktionen aus Kisten, Brettern, Seilen und Rollen. Er sagte niemandem, wie er sein Glas formte. »Wenn ich es aufschreiben würde«, sagte er, »wären die Astronomen und Optiker so schockiert, daß ich wahrscheinlich nie wieder einen Auftrag bekommen würde.«

Im Sommer 1929 gab es im Pazifischen Ozean eine Sonnenfinsternis, und das Observatorium schickte Bernhard Schmidt und einen jungen Astronomen namens Walter Baade auf die Philippinen, um sie zu fotografieren. Sie verließen Hamburg im Februar mit einem Dampfschiff und kamen erst im September zurück. Da die sich verfinsternde Sonne zeitweise von Wolken verdeckt wurde, mißrieten einige Aufnahmen, was für Schmidt und Baade nach einer so langen Reise ausgesprochenes Pech war. Während der Reise machte Baade einen Schnappschuß von Schmidt. Auf dem Bild hat Schmidt gar keine Arme: Schmidt hatte seinen einen Arm hinter dem Rücken versteckt, weil er eine Flasche hielt und nicht wollte, daß sie auf dem Foto zu sehen war.

Walter Baade schrieb nie viel, aber er hinterließ seinen Freunden ein paar Anekdoten. Darunter auch folgende Geschichte: Es war Abend, wie Baade sich später erinnerte. Die beiden Astronomen standen an der Reling ihres Schiffes und blickten in das dahinströmende dunkle tropische Gewässer. Die Luft war so klar, daß die Sterne den Horizont berührten. Unter dem Zauber der Magellanschen Wolken bekannte der »Optiker«, der sich mit seiner Hand an der Reling festhielt und sich gerade eine Zigarre angezündet hatte, daß er den Plan für ein neuartiges Teleskop im Kopf hatte.

Walter Baade hörte ihm zu.

Dieses Teleskop, erklärte ihm Schmidt, würde imstande sein, bei einer einzigen Belichtung einen riesigen Himmelsausschnitt zu fotografieren, und die Sternbilder wären auf dem

ganzen Film gestochen scharf. Es würde ein sehr schnelles Teleskop sein.
Baade spürte, daß Schmidt schon eine ganze Weile darüber nachgedacht hatte.
Zuerst, sagte Schmidt, wollte er einen Spiegel so schleifen, daß eine tiefe, hohle, sphärische Wölbung entstand. Das war leicht – jeder Optiker, der sein Handwerk verstand, konnte ein Sphäroid herstellen. Niemand rüstete allerdings Teleskope mit sphärischen Reflektoren aus, weil diese auf dem gesamten Foto enorme Verzerrungen erzeugten und daher für die Astronomie unbrauchbar waren. Was aber, wenn man im Vorderteil des Teleskops eine Korrektionsplatte anbringen würde, um das auf den Spiegel fallende Licht umzulenken? Die Oberfläche der Korrektionsplatte, so Schmidt, würde eine ganz leichte Wellenform haben. Für ein ungeschultes Auge würde es so plan wie ein Fensterglas aussehen. Aber es wäre nicht plan. Es würde das Licht geringfügig verzerren. Wenn das Licht dann vom sphärischen Spiegel auf ein Stück Film im Zentrum des Teleskops geworfen wird, würde es ein durchgängig scharfes Bild erzeugen.
Baade war überwältigt. Die Möglichkeiten eines solchen Teleskops müssen ihm sofort klargeworden sein: es konnte benutzt werden, um den Himmel nach sich bewegenden Objekten abzusuchen. Baade sagte zu Schmidt, er müsse so schnell wie möglich eine von diesen Korrektionsplatten schleifen.
»Noch nicht!« sagte Schmidt. Zuerst müsse er sich eine Methode zum Schleifen der Korrektionsplatte überlegen. Nie, nie würde er mit einem Stück Glas schlampig umgehen. Nie! Die praktische Ausführung, die Technik, so meinte er, müsse *sehr elegant* sein.
Als die Expedition nach Deutschland zurückgekehrt war, drängten Baade und Professor Schorr Schmidt, seine Korrektionsplatte anzufertigen. Schmidts Antwort bestand darin, daß er im betrunkenen Zustand ziellos in Bergedorf herumspazierte, immer in der Gefahr, seinen Hut mit seiner glimmenden Zi-

garre in Brand zu stecken. »Seine Unabhängigkeit ging ihm über alles«, erinnerte sich Baade. Plötzlich fuhr Schmidt zur Fraueninsel. Er dachte sich eine neue bizarre Maschine zum Schleifen von Glas aus. Er kehrte nach Bergedorf zurück und sagte zu Baade, daß er sich über die Biegeeigenschaften einer dünnen Glasplatte sachkundig machen müsse. Baade gab ihm ein physikalisches Lehrbuch. Schmidt studierte das Buch, zog seinen Frack an und schloß sich in seinem Allerheiligsten ein. Niemand sollte sehen, was er tat.
Als Schmidt nach sechsunddreißig Stunden immer noch nicht aus seinem Gewölbe auftauchte, fing Baade an, sich Sorgen zu machen. Schließlich ging er in den Keller und fand Schmidt bewußtlos neben einer hauchdünnen 14-Zoll-Glasscheibe. »Als er wieder zu sich kam«, sagte Baade, »ließ sich der ›Optiker‹ zwar Zigarren, aber keinen Kaffee und keine Butterbrote geben«, weil Schmidt, wie er sagte, noch zwölf Stunden würde schleifen müssen. Schmidt rauchte ein paar Zigarren und bugsierte Baade hinaus. Dann begann ein fieberhaftes Schleifen.
Die fertige Korrektionsplatte war so dünn, daß ein fester Griff sie hätte zerbrechen können. Und so hatte seine *sehr elegante* Methode ausgesehen: Schmidt hatte das Glas auf ein Gefäß gelegt, wie man einen Deckel auf einen Kochtopf legt, so daß das Gefäß fest verschlossen war. Dann hatte er die Luft aus dem Gefäß abgesaugt, so daß sich das Glas nach unten durchbog, weil es in das Gefäß hineingesogen wurde. Er hatte das Glas plangeschliffen und die Luft wieder eingelassen; das Glas war zurückgefedert und hatte dann eine leicht gewellte Form. *Sehr elegant!*
Im Sommer 1930 hatte Schmidt ein Teleskop gebaut, in das sein Glas eingesetzt wurde. An einem Sonntagnachmittag ging er mit Baade zu einem Fenster im Dachgeschoß des Bergedorfer Observatoriums, um das Gerät zu testen. Normalerweise ist es nicht möglich, mit dem Auge durch ein Schmidt-Teleskop zu schauen (das Licht fällt auf einen Brennpunkt in der Mitte des Tubus), aber für diese Gelegenheit hatte Schmidt offensichtlich eine Art Prisma installiert, um das Licht zu einem Okular

zu leiten. Schmidt richtete das Teleskop auf eine große Wiese in Richtung des Neuen Friedhofes.
Baade spähte durch das Okular. Er erblickte ganz klare Farben. Er stellte fest, daß die Blattränder an den Bäumen auf dem Friedhof gestochen scharf waren.
»Können Sie die Namen auf den Grabsteinen lesen?« fragte Schmidt.
»Ja«, sagte Baade ehrfurchtsvoll. »Aber ich kann vor allem sehen, daß die Optik absolut wunderbar ist.« Dann fragte Baade Schmidt, wie groß eine Korrektionsplatte sein konnte.
48 Zoll, sagte Schmidt. Nicht größer.
Dann legten sie einen Film ein und fotografierten einen Grabstein. Die Buchstaben des Namens waren klar erkennbar.
In jenem Sommer und Herbst fotografierte Schmidt den Himmel. Das Licht fiel durch das Glas auf den Spiegel, sprang zurück und landete in der Mitte des Tubus auf dem Film – ein einfaches und doch sehr effizientes optisches System. Die Filme waren rund, und die gesamte Fläche eines Fotos war von den Sternwolken der Milchstraße übersät. In einer Winternacht richteten er und Baade das Teleskop horizontal auf eine drei Kilometer entfernte Windmühle. Die Flügel zeichneten sich ganz deutlich ab. Als sie das Foto mit einer Lupe betrachteten, konnten sie einzelne Zweige an entfernten Bäumen erkennen. Es war eine mondlose Nacht, die Zweige waren nur durch Sternenlicht beleuchtet.
Das Bergedorfer Observatorium war mächtig stolz auf sein neues Teleskop. Als der Optiker aber anbot, Schmidt-Teleskope für andere Observatorien zu bauen, winkten alle ab. Er setzte den Preis auf eine lächerlich kleine Summe herunter, aber kein anderes Observatorium in Europa wollte etwas von seiner Kamera, dem schnellsten Teleskop der Welt wissen. In den Kneipen von Bergedorf ließ er seinen Groll heraus. Wenn er viel Weinbrand getrunken und »voll wie eine Haubitze war«, bestellte er eine Lokalrunde und rief laut: »Eines Tages wird die ganze Welt Schmidt kennen!«

Die dreißiger Jahre in Deutschland waren keine gute Zeit und kein guter Ort für einen einarmigen Esten, dessen Pazifismus bereits aktenkundig war. Schmidt witterte einen neuen Krieg, was ihn sehr zornig machte, so daß er sich eine Methode ausdachte, dem Krieg zu entkommen: Er spülte sein Blut gründlich mit teurem Cognac durch – eine elegante Methode, die funktionierte. Im Winter 1935 »nahm der Tod ihm das Schleifgerät aus den Händen«, wie einer von Schmidts Kollegen schrieb (wobei er von Schmidts »Händen« sprach, weil er anscheinend vergessen hatte, daß Schmidt nur eine Hand hatte). Er wurde auf dem Friedhof beerdigt, den er und Walter Baade beim ersten Test mit dem Schmidt-Teleskop fotografiert hatten.

* * *

Als Walter Baade 1931 seine neue Stellung am Mount-Wilson-Observatorium in Pasadena antrat, brachte er das Foto von dem Grabstein mit, das er und Schmidt gemacht hatten, sowie einige Aufnahmen des Nachthimmels. George Ellery Hale und jeder, der sie sah, darunter auch ein Caltech-Physiker namens Fritz Zwicky, waren von diesen Bildern tief beeindruckt. Bald darauf machten Zwicky und Walter Baade eine große Entdeckung: Sie fanden heraus, daß Sterne mit extremer Wucht explodieren können. Sie verwendeten das Wort *Supernova,* um diese Explosion zu beschreiben. Fritz Zwicky wollte unbedingt eine Supernova beobachten. Eine Supernova ist ein seltenes Ereignis, und Zwicky stellte fest, daß er so bald wohl keine Supernova innerhalb der Milchstraße sehen würde; aber er stellte sich vor, daß er mit einem Teleskop mit einem großen Gesichtsfeld eine große Zahl von Galaxien würde aufnehmen können und daß er so größere Chancen hätte, das Aufleuchten einer Supernova zu sehen. Ein Schmidt-Teleskop ist ideal für die Suche nach einer Supernova. Kaum hatte der Bau des 5-Meter-Teleskops auf dem Mount Palomar begonnen, als Zwicky die Optiker und Ingenieure des Mount Wilson-Observatoriums und des Caltech

drängte, ihm ein Teleskop zu bauen. Das Ergebnis war das 18-Zoll-Schmidt-Teleskop oder das Kleine Auge, das jetzt von den Shoemakers für die Suche nach Kometen und Asteroiden benutzt wird.
Das »erste Licht« traf 1936 auf den Spiegel, als Fritz Zwicky Galaxienschwärme im Sternbild Jungfrau fotografierte und hoffte, dabei einen explodierenden Stern einzufangen. Er hatte Glück. Er fand Supernovae, die in über den ganzen Himmel verstreuten Galaxien explodierten. Zwickys 18-Zoll-Schmidt-Teleskop war das erste Teleskop auf dem Mount Palomar und blieb es zwölf Jahre lang, bis das Hale-Teleskop in Betrieb genommen wurde.
1947 fand auf dem Mount Palomar die erste Testbeobachtung mit dem 48-Zoll-Schmidt-Teleskop statt. Dieses Teleskop war Walter Baades Schmuckstück. Er hatte seinen Bau überwacht. Es hatte die größtmögliche Korrektionsplatte, von der Bernhard Schmidt an einem Sommernachmittag in Bergedorf gesagt hatte, daß sie funktionieren würde. Als Baades Teleskop die Arbeit aufnahm, geriet Zwickys kleines Schmidt-Teleskop in einem Dickicht von Carrasco-Eichen in Vergessenheit, und Zwicky fühlte sich von seinen Kollegen und besonders von der Presse vernachlässigt. Er hatte das Gefühl, daß die anderen Astronomen, allen voran Baade, nicht wollten, daß er das Hale-Teleskop benutzte. Seinem Wunsch, Beobachtungszeit am Hale-Teleskop zur Verfügung gestellt zu bekommen, war es wahrscheinlich nicht förderlich, daß er eines Nachts am 48-Zöller arbeitete und einem Nachtassistenten die Weisung gab, eine Reihe von Sprengkörpern aus der Kuppel zu werfen, weil er hoffte, daß die Explosionen das Seeing verbessern würden. Das Seeing wurde dadurch nicht besser, aber der Lärm und das aufschießende Licht, die wirkten, als hätte Zwicky neben seinem Teleskop einen Krieg entfesselt, ließen es den anderen Astronomen nicht unbedingt ratsam erscheinen, ihm das Große Auge zu überlassen.
Zwicky fing an, herumzuerzählen, er selbst hätte das erste

Schmidt-Teleskop gebaut. Baade erinnerte Zwicky daran, daß es Bernhard Schmidt gewesen war. Zwicky ärgerte sich über seinen früheren Mitarbeiter Walter Baade und begann ihn als »Nazi« zu bezeichnen. Das war ein grausamer Scherz. Baade war ein leicht erregbarer, empfindlicher Mann mit spitz zulaufenden Ohren, der immer eine Fliege trug. Er hinkte stark – ein Bein war wesentlich kürzer als das andere – und stotterte. Er war weiß Gott kein Nazi. Seine Hände zitterten vor Nervosität und vermittelten manchen Kollegen den Eindruck, daß er nahe daran war, die Kontrolle über sich zu verlieren. Aber sobald Baade das Handsteuergerät eines Teleskops in die Hand nahm, hörte das Zittern auf – ganz so, als wäre Baade durch den Anblick seines Leitsterns so gebannt wie ein Hirsch durch den Strahl einer Taschenlampe; und dann machte Baade meisterhafte Aufnahmen von Sternfeldern, die so fein waren wie Puder.

Zwicky hatte seine eigenen Vorstellungen vom Fotografieren einer Galaxie. Er meinte, man sollte den fotografischen Emulsionen explosive Chemikalien beimischen. Man würde das Teleskop auf eine Galaxie richten und den Verschluß öffnen, und wenn das Licht auf den Film treffen und ihn explodieren lassen würde, würde man ein kleines zischendes Geräusch und einen Knall im Teleskop hören – das wäre ein wahrhaft schneller Film. Zwicky brachte eine Sprengladung am Vorderteil einer deutschen V-2-Rakete an, und als die Rakete den höchsten Punkt ihrer Umlaufbahn erreicht hatte, zündete Zwicky die Ladung, die kleine Metallteile in die Tiefe des Alls schleuderte. Zwicky war stolz darauf, daß er, Fritz Zwicky, das erste menschliche Artefakt von der Erde aus in eine Umlaufbahn geschickt hatte. Zwicky hatte etwa fünfzig Patente, darunter eines für einen Unterwasser-Ramjet, den er Wasserbombe nannte. Er hielt die meisten anderen Astronomen auf dem Mount Palomar für Idioten und Walter Baade für einen Kretin. Zwicky, der in Bulgarien geboren, aber in der Schweiz aufgewachsen war, glaubte, er sei den anderen nicht nur geistig, sondern auch körperlich überlegen. Dies versuchte er zu demonstrieren, indem er auf dem Fußboden des Caltech-Athenäum, eines piekfeinen Speisesaals auf dem Campus, Liegestützübungen mit einem Arm zum besten gab. Wenn dort die Mitglieder der Fakultät Filet Mignon aßen und über wissenschaftliche Themen diskutierten, konnte es vorkommen, daß alle, als sie gerade die Gabel zum Mund führen wollten, in ihrer Bewegung erstarrten, und auf Fritz Zwicky blickten, der sich wie ein Seehundbulle auf den Boden plumpsen ließ und die Runde mit seinem rauhen schweizerisch-bulgarischen Akzent lauthals aufforderte, sich mit ihm im einarmigen Liegestütz zu messen. Die Palomar-Astronomen konnten Zwicky nicht loswerden – er war beim Caltech fest angestellt –, aber sie erkundigten sich bei Psychiatern, ob er sich am Rande einer Psychose befände. Die Auskunft muß nicht sehr günstig gewesen sein, denn Walter Baade hatte Angst, daß Zwicky ihm etwas antun würde.

Es war nicht schwer, vor Fritz Zwicky Angst zu haben. Er hatte ein gerötetes flaches Gesicht, blaßblaue Augen und einen derben Humor. Er bedachte die Nachtassistenten mit den wildesten Flüchen, wobei sich wissenschaftliche Ausdrücke mit Schimpfworten mischten. Er bezeichnete Baade und die anderen als sphärische Vollidioten. »Sphärisch«, sagte er, »weil sie rundum Vollidioten sind.«

Dabei war Zwicky ein echtes Genie und einer der besten Köpfe des Caltech, aber aufgrund seiner Persönlichkeitsstruktur kamen seine Kollegen mit ihm nicht zurecht. Er machte viele Entdeckungen. Eine maßgebliche stammt aus dem Jahre 1933. Als er die Bewegungen von Galaxien im Coma-Haufen untersuchte, einem Haufen in relativer Nähe zur Milchstraße, erkannte Zwicky, daß sich diese Galaxien unnatürlich schnell um das Zentrum ihres Haufens bewegten. Sie bewegten sich so schnell, daß der ganze Haufen auseinanderzufliegen drohte. Aber er flog nicht auseinander. Zwicky schlußfolgerte, daß irgendeine mächtige, unbekannte Kraft den Haufen zusammenhielt. Er wußte nicht, was es war, also nannte er diese Kraft die »fehlende Masse«. Viele Jahre lang versuchten die Astronomen, nicht an Zwickys Problem der fehlenden Masse zu denken, bis sie schließlich nicht leugnen konnten, daß das Universum tatsächlich große Mengen einer unbekannten Masse enthielt. Heute nennen sie sie »dunkle Materie«. Und sie stellt ein sehr großes Problem dar. Die Astronomen wissen nicht, woraus sie besteht, obwohl sie wissen, daß sie bis zu 99 Prozent des Universums ausmacht. Mit anderen Worten, die Astronomen wissen nicht, woraus der größte Teil des Universums besteht; und Fritz Zwicky hat sie darauf gebracht. Seine »fehlende Masse« gilt als eines der größten Probleme in der modernen Astronomie. Schließlich wäre es doch schön zu wissen, woraus das Universum eigentlich besteht.

Zwicky pflegte zu sagen: »Nur Galilei und ich haben gewußt, wie man ein kleines Teleskop benutzt.« Ein Astronom, der Zwicky kannte, sagte einmal, daß Zwicky immer einen größeren Raum auszufüllen schien, als er wirklich einnahm – so als enthielte er selbst unsichtbare Masse. Zwicky füllte die kleine Kuppel voll aus, er schleuderte das 18-Zoll-Teleskop wild hin und her, und seine Suche nach explodierenden Sternen hinterließ angeblich etliche Beulen auf dem Tubus. Walter Baade fragte sich, wann Zwicky ganz verrückt werden würde. Was, wenn er eines Nachts aus der kleinen Kuppel stürmen und Walter Baade ins Visier nehmen würde – aber nicht durch ein Teleskop! Mit zitternden Händen flüsterte Baade seinen Kollegen zu, daß er glaubte, Zwicky wolle ihn umbringen.

Das Gerücht machte die Runde, daß Fritz Zwicky Walter Baade ermorden wollte. Bei den Mahlzeiten im Monasterium saßen sich Baade und Zwicky an den entgegengesetzten Endes des Tisches gegenüber. Sie sprachen nicht miteinander und kaum mit jemand anderem, während aus Zwickys hellen Augen immer wieder ein Blick in Baades Richtung schoß, was bei einigen Anwesenden das Bedürfnis weckte, ein Antazidum zu nehmen. Ein Astronom namens Milton Humason nahm häufig an diesen Mahlzeiten teil. Humason hatte seine Laufbahn als Hausmeister und Maultiertreiber auf dem Mount Wilson begonnen und war dann ein promovierter Astronom geworden. Humason hatte mit Edwin Hubble zusammengearbeitet, als dieser die Rotverschiebung der Galaxien und damit die Expansion des Universums entdeckte, eine der wichtigsten wissenschaftlichen Entdeckungen des Jahrhunderts. Humason war ein kleiner, bescheidener Mann, der einen Filzhut im Chicago-Stil und einen schweren Mantel trug, in dem im allgemeinen irgendwo ein Fläschchen Jack Daniel's steckte, als zusätzlicher Schutz gegen die substellare Kälte. Milton Humason galt als der freundlichste der Astronomen auf dem Mount Palomar, aber er war lange genug mit Maultieren zusammengewesen, um zu wissen, wann er eine Grenze zu ziehen hatte.

Eines Abends lieferte Zwicky den endgültigen Beweis dafür, daß er verrückt geworden war.

Zwicky sagte mit lauter Stimme, daß man eine Rakete auf den Mond schießen sollte, um Mondgestein für Untersuchungszwecke zu bekommen.

»Du liebe Güte, Fritz«, polterte Humason los, »überlassen Sie den verdammten Mond doch den Liebespaaren!«

Walter Baade ging nach Deutschland zurück, wo er eines natürlichen Todes starb. Fritz Zwicky arbeitete bis zu den siebziger Jahren am Caltech. Er landete schließlich in einem Kellerbüro im Robinson-Haus auf dem Campus zwischen Astronomiedoktoranden. Wenn sie an seinem Büro vorbeigingen, schrie Zwicky hin und wieder: »Wer zum Teufel sind Sie?« Er starb 1974. Die Asteroiden Zwicky und Baade treiben heute im Hauptgürtel dahin und werden wahrscheinlich nicht so bald zusammenstoßen.

* * *

Die Shoemakers beschlossen, eine Kaffeepause einzulegen. Sie gingen hinüber zur Kuppelöffnung und schauten in den inzwischen glasklaren Herbsthimmel, an dem die Sterne gestochen scharf aussahen und ganz nah wirkten.

»Da oben ist der Andromedanebel«, sagte Gene. »Genau über uns.«
»Ich kann ihn nie finden, Gene«.
Sie beugten sich hinaus, und ihre Silhouetten hoben sich von der Milchstraße ab. »Schau auf das Füllhorn«, sagte er.
»Ich hab's.«
»Siehst du die Öffnung des Füllhorns?«
»Ja.«
»Zwei Sterne am Ende. Jetzt gehst du von diesen beiden Sternen …«
»In welche Richtung?« fragte sie.
»Dahin. Siehst du einen diffusen Fleck? Der Andromedanebel ist größer als der Vollmond.«
»Oh! Er sieht hier ganz anders aus, Gene.«
»Wie bitte? Wir haben ihn doch im Leitrohr gesehen.«
»Ja, aber von hier sieht er anders aus.«
Gene drehte sich um und stützte seine Ellbogen auf den Rand der Kuppel. »Was für eine schöne Nacht«, sagte er.
»Gene, wir brauchen einen Draht zu Gott«, sagte sie, »damit er uns sagt, wo die Asteroiden sind.«

* * *

Maarten Schmidt, der gerne auf dem Rundgang des Hale-Teleskops philosophierte, sagte einmal: »Ich kann einfach nicht glauben, daß Menschen Astronomen werden, um Geld zu verdienen oder sich Anerkennung zu verschaffen. In vielen Observatorien arbeiten sie ganz allein. In der eisigen Kälte. Überall trifft man Leute, die nur einen Stern untersuchen. Nur einen Stern! Ich weiß nicht, was das zu bedeuten hat.« Er machte eine Pause. »Es bedeutet, daß alle etwas verrückt sind.« Dann schwieg er. Plötzlich schoß ein Meteor über den Himmel.
»Schön!« Maarten wirbelte herum.
Der Meteor flog schnell, bis er mit einem Aufblitzen zerbarst. Maarten legte eine Hand ans Ohr und lauschte. »Vielleicht hören wir einen Überschallknall«, sagte er. Eine Minute verging.

»Nun denn«, sagte er, »die Zeit schreitet voran.« Er ging hinunter in den Arbeitsraum, wo Jim Gunn und Don Schneider auf den Bildschirmen Galaxien beobachteten. »Wir haben einen sehr hellen, wunderbaren Meteor gesehen«, sagte Maarten.
»Phantastisch«, sagte Jim. »Habt ihr auch etwas gehört?«
»Nein, obwohl wir aufgepaßt haben.«
Sie reichten ein Glas mit Keksen herum und sprachen über den Meteor. Maarten sagte: »Das Geräusch hätte fünf Minuten gebraucht, um uns zu erreichen. Er explodierte. Ein kleines Stück schoß davon.« Er spreizte seine Finger. »So – paff!«
Wir hatten die Explosion eines erdnahen Kleinplaneten von der Größe eines Golfballs gesehen. Als er in die Atmosphäre eintrat, war der aufschießende Lichtstrahl über 480 Kilometer weit zu sehen. »Die Shoemakers«, bemerkte Jim Gunn, »arbeiten auf den wenigen Gebieten der Astronomie, die vielleicht wirklich von praktischer Bedeutung sind.«

* * *

Irgendwann vor dem Jahre 1664 ging ein Meteoritenregen auf Mailand nieder und tötete ein paar Schafe und einen Mönch. Ein neugieriger Arzt, der den toten Mönch öffnete, stellte fest, daß ein kleiner Stein den Oberschenkelknochen des Mönchs durchschlagen, den Knochen zertrümmert und seinen Tod verursacht hatte. 1856 flammte ein helles Licht über dem Schiff *Joshua Bates* auf und bedeckte es mit Staub aus schwarzem Glas. Am Morgen des 30. Juni 1908 flog ein Feuerball über Sibirien hinweg und verdunkelte einem Augenzeugen zufolge »sogar das Sonnenlicht«. In den folgenden Minuten geschah in einem verlassenen Sumpfgebiet an der Steinigen Tunguska etwas Schreckliches. Eine glühende pilzförmige Wolke schoß in die Stratosphäre. Fünf Meilen vom Bodennullpunkt entfernt hob eine Druckwelle ein Zelt mit zehn Nomaden hoch und wirbelte es wie eine Brieftasche durch die Luft. Ein Mann, der auf einer Veranda der Handelsstation Wanowara, 112 Kilometer vom Bodennullpunkt entfernt saß, war mit einem Mal von einem Hitze-

mantel umgeben, dann schleuderte ihn eine Druckwelle drei Meter durch die Luft, und er blieb bewußtlos auf der Erde liegen. Die Explosion verbrannte und knickte Bäume in einem Umkreis von mehreren hundert Quadratkilometern, und durch den Knall zerbrachen Fenster und Geschirr im Umkreis von tausend Kilometern. Eine Druckwelle lief zweimal um die Erde. In der nächsten Nacht war der Himmel über Europa so hell, daß ein Mensch in London um Mitternacht im Freien Zeitung lesen konnte. Die Ursache für das alles war der Einschlag eines Kometen oder eines Apollo-Asteroiden mit einem Durchmesser von ungefähr 60 Metern.
An einem Nachmittag im Jahre 1912 saßen in Holbrook in Arizona ein Direktor der Santa-Fe-Eisenbahn und seine Familie zu Tisch. Sie hörten ein »schreckliches Krachen«. Einer der Jungen rannte hinaus. Er rief: »Es regnet Steine!« Vierzehntausend Meteoriten waren auf die Erde gefallen.
Am 6. Juli 1924 fand in Johnstown in Colorado auf dem Friedhof hinter der kleinen Kirche in Elwell eine Beerdigung statt, als man plötzlich ein Geräusch wie Maschinengewehrfeuer und dann einen dumpfen Aufschlag hörte: Ein Meteorit schlug auf der Straße ein, die der Leichenzug gerade passiert hatte. Mr. Clingenpeel, der Bestattungsunternehmer, grub ihn aus.
Am 28. April 1927 spielte in Aba in Japan Frau Kuriyamas fünfjährige Tochter im Garten, die plötzlich aufschrie. Ein Meteorit von der Größe einer Mungobohne hatte sie am Kopf getroffen und war dann in ihrem Halsband steckengeblieben, wo die Mutter ihn fand. Dieser Stein liegt heute in einem japanischen Museum. Er heißt der Aba.
An einem schönen Tag im Jahre 1931 stützte sich Mr. Foster aus Eaton im Staat Colorado im Garten auf seine Hacke. Etwas sauste an seinem Ohr vorbei und schlug in die Erde ein. Er zog einen kupferroten Klumpen heraus, der die Form seines kleinen Fingers hatte. Das war der Eaton. Er verkaufte ihn für fünf Dollar an einen Sammler.
In Benld in Illinois arbeitete Mrs. Carl Crum am Morgen des 29.

September 1938 in ihrem Garten, als sie ein Geräusch hörte, das wie der Sturzflug eines Flugzeugs klang; dann hörte sie das Krachen von zerberstenden Brettern aus der Garage ihres Nachbarn, Mr. Ed McCain. »Na, so was«, dachte sie.
An jenem Nachmittag wollte Mr. Ed McCain mit seinem Pontiac-Coupé in die Stadt fahren. Er ging in seine Garage. Er öffnete die Wagentür. Im Sitz war ein Loch. Er rief zu seinem Nachbarn, Mr. Carl Crum, hinüber: »Komm mal her, Carl, und sieh dir an, was die Ratten mit meinem Sitzpolster gemacht haben.«
Mr. Crum kam her und sah sich den Schaden an.
Mr. McCain fuhr fort: »Ich wußte ja, daß die Ratten hier dick und fett werden, aber ich hätte nie gedacht, daß sie so viel Schaden anrichten können.«
»Ed, das waren keine Ratten.«
Dann sahen sie im Wagendach ein Loch. Sie fuhren das Auto aus der Garage, nahmen das Sitzpolster heraus und dort, in den Federn unter dem Sitz, fanden sie den Benld.
Ein Pilot der Air Force, der am 30. November 1954 in großer Höhe über Alabama hinwegflog, sah ein helles Licht, das sich wie ein herabstürzender Stern auf die Stadt Sylacauga zubewegte. Derweil war Mrs. E. Hulitt Hodges, die gegenüber dem Comet Drive-In-Theater wohnte, auf ihrer Couch eingeschlafen. Ein lauter Knall weckte sie. Sie sprang auf. Zuerst dachte sie, der Gasherd wäre explodiert. Dann spürte sie einen Schmerz in der Seite. Der herabstürzende Stern hatte ihr Dach zerstört, war vom Radio abgeprallt und hatte Mrs. E. Hulitt Hodges böse an der Hüfte verletzt. Was jetzt frech auf ihrem Teppich lag, war der Sylacauga – achteinhalb Pfund Eisen-Magnesium-Silikat, die geradewegs aus der näheren Umgebung des Mars herbeigeflogen waren.
Nach Unterzeichnung des Atomteststopp-Abkommens im Jahre 1963 installierte die Air Force der USA ein geheimes globales Netzwerk von Luftdrucksensoren, um jede heimliche oberirdische Atomexplosion aufzuspüren. Im Laufe von ein oder zwei Jahren hatten die Sensoren eine Reihe von gewaltigen Erschüt-

terungen ausgemacht, darunter eine über dem südlichen Atlantik von der Stärke einer halben Megatonne herkömmlichen Sprengstoffs. Entweder hielt sich irgend jemand nicht an den Vertrag oder – so erkannten die Wissenschaftler der Air Force – Meteoriten, die in der oberen Atmosphäre explodierten, setzten die Energie einer Atombombe frei.

8. April 1971, Wethersfield in Connecticut, Morgendämmerung. Ein Zeuge sah, wie eine helle Bombe über der Stadt explodierte. Eine Stunde später ging Mr. Paul Cassarino in sein Wohnzimmer und sah, daß Putz auf dem Boden lag. Er schaute nach oben und entdeckte den Wethersfield One in der Decke.

Am 10. August 1972 kam über Utah ein Gegenstand aus dem All geflogen. Zwei Minuten lang bewegte er sich mit mindestens 20 Mach in Richtung Idaho und Montana. Er war vielleicht über Kanada wieder aus der Atmosphäre ausgetreten oder er war, wie Gene Shoemaker vermutet, sanft in den kanadischen Wäldern gelandet. Mr. James Baker, der am Jackson-See in Wyoming Ferien machte, gelang eine ungewöhnliche Aufnahme von diesem Ereignis. Das Bild zeigt seine Frau, die an einem Anlegeplatz steht. Sie ist offensichtlich wie vom Donner gerührt. Sie blickt zu den Grand Tetons hoch, wo hoch über den Gipfeln ein Feuerball eine schnurgerade Rauchspur durch die obere Atmosphäre zieht. Es handelte sich mit großer Wahrscheinlichkeit um ein Apollo-Objekt, das etwas größer war als eine Lokomotive und die Erde von hinten überholte. Wäre es in einem steileren Winkel geflogen, hätte Mr. Baker eine riesige, glühende, pilzförmige Wolke fotografieren können, die hinter den Tetons aufstieg

Nochmals Wethersfield in Connecticut. Eines Abends im Jahre 1982 sahen sich Mr. und Mrs. Robert Donoghue in ihrem überdachten Laufgang im Fernsehen die Serie MASH an, als sie ein Geräusch hörten, »das so klang, als käme ein Lastwagen durch die Haustür«. Der Wethersfield Two flog in ihr Wohnzimmer, schlug gegen die Wände und warf Möbel um. Die Donoghues

rannten sofort aus dem Haus. Feuerwehrleute fanden den Stein unter dem Wohnzimmertisch.
Perth, Australien, 30. September 1984. Am Binningup Beach hörten zwei Personen, die in der Sonne lagen, ein Pfeifen und einen dumpfen Schlag. Ein Meteorit hatte sich dreieinhalb Meter von ihnen entfernt in den Sand gebohrt. Drei Monate später verließ Mr. Don Richardson in Claxton, Georgia, gerade seinen Wohnwagen, als ihn ein Heulen, das ihn an das Feuer von Granatwerfern in Vietnam erinnerte, zurückschrecken ließ; dann sah er, wie ein feindliches Objekt in Form eines Steinmeteroriten Mrs. Carutha Barnards Briefkasten zerstörte.
Gene und Carolyn Shoemaker liefern gewissermaßen eine kosmische Wettervorhersage. Sie sind der Meinung, daß mit hundertprozentiger Sicherheit Steine vom Himmel fallen werden. Gene schätzt, daß etwa einmal im Jahr irgendwo auf der Erde ein Meteorit in der oberen Atmosphäre verdampft – ein »Ereignis«, wie er solche Vorkommnisse gerne nennt, von der Wucht der Hiroshima-Bombe. Da zwei Drittel der Erde von Wasser bedeckt sind, ereignen sich viele Explosionen unbeobachtet über dem Meer. Etwa alle fünfundzwanzig Jahre findet ein Ereignis von der Stärke einer Megatonne – der Sprengkraft einer Wasserstoffbombe – statt. Ein Ereignis wie die Explosion an der sibirischen Tunguska wird ungefähr alle dreihundert Jahre eintreten. Gene nimmt an, daß ein doppelt so starker Einschlag wie der an der Tunguska mit einer Wahrscheinlichkeit von 5 bis 20 Prozent in den nächsten fünfundsiebzig Jahren stattfinden wird. Daß es in den nächsten fünfundsiebzig Jahren eine 600-Megatonnen-Explosion geben wird, hat für ihn nur eine Wahrscheinlichkeit von eineinhalb Prozent. Das könnte Belgien auslöschen. »Das bereitet mir keine schlaflosen Nächte«, sagte Gene. »Es ist viel wahrscheinlicher, daß wir selbst vorher alles zerstören.«
Was wäre, wenn Carolyn tatsächlich ein Objekt entdeckte, das auf die Erde zufliegt? »Ich würde es auf den Filmen wahrscheinlich nicht bemerken«, sagte Carolyn vom Steuerpult her.

»Wenn es direkt auf uns zukommt, würde es als bewegungslos erscheinen. Es würde wie ein Stern aussehen. Erst wenn es genau über uns wäre, würde man eine sehr schnelle Bewegung erkennen.« Aber dann, fügte sie hinzu, wäre es vielleicht zu spät, um irgend jemanden zu benachrichtigen.
Gene schob den niedrigsten Hocker unter das Teleskop und verrenkte sich, um auf ihm Platz zu finden. »Geht nicht«, sagte er. Er schob den Hocker weg und setzte sich auf den Boden. »Ein schrecklicher Winkel«, sagte er, während er durch das Leitrohr blickte. »Nehmen wir einmal an«, fuhr er fort, »ein Zwölf-Megatonnen-Feuerball würde über einer politisch instabilen Region explodieren. Nehmen wir weiter an, daß es über Pakistan passieren würde und daß Pakistan die Bombe hätte. Die Hitze, das Licht, die enorme Druckwelle – viele Menschen würden schwören, daß es sich um einen atomaren Angriff handelt. Die politische Führung könnte sagen: ›Diese Verbrecher! Sie haben uns mit Kernwaffen angegriffen!‹ Und die Antwort wäre ein richtiger atomarer Angriff.«
Im Laufe der geologischen Zeit würde früher oder später das eintreten, was Gene gerne ein »großes Ereignis« nannte, um es von einem »Ereignis« zu unterscheiden. »Große Ereignisse« geschahen ungefähr alle hunderttausend Jahre, und viele fanden natürlich über dem Meer statt. Wenn die schreckliche Verwüstung in der Tunguska von einem Objekt angerichtet wurde, das die Größe eines Hauses hatte, dann mußte sich ein verantwortungsbewußter Wissenschaftler Gedanken darüber machen, was passieren würde, wenn ein Geschoß von der Größe des Matterhorn-Gipfels auf der Erde aufprallt. Gene wußte, was passieren würde. Ein senkrecht hereinfliegendes Matterhorn würde in einer Sekunde die Atmosphäre durchqueren. Er sagte: »Eine Bugwelle vor ihm reißt ein Loch in die Atmosphäre, die Atmosphäre brennt, und es entstehen Stickoxyde.« Er machte das Licht an und sah auf eine Skala an der Wand. Er sagte: »Das Uhrwerk funktioniert schon wieder nicht richtig.« Er leuchtete mit einer Taschenlampe in den unteren Teil des Teleskops und

hantierte mit einigen Metallteilen. Als er den Mechanismus wieder in Ordnung gebracht hatte, erklärte er, daß ein riesiger Asteroid, der sich mit fast 15 Kilometern pro Sekunde bewegt und auf der Erde aufprallt, explodiert.
»Ich bin fertig«, sagte er.
Nach Carolyns Countdown belichtete er einen Film in dem nach Westen gerichteten Teleskop. Die Trojaner gingen jetzt unter und die Morgendämmerung nahte. Er sagte, wenn der Asteroid landet, läuft eine Druckwelle mit Überschallgeschwindigkeit durch den Asteroiden und verwandelt ihn in eine flüssige Masse, die versucht, nach allen Richtungen wegzuspritzen, aber zu einem Feuerball wird. Das Gestein am Bodennullpunkt wird zu einem Drittel seiner normalen Größe zusammengepreßt, und ein riesiger Lichtstrahl schießt aus dem Bodennullpunkt. »Die Strahlungshitze«, sagte Gene, »würde Gebäude bis zu einer Entfernung von 100 Kilometern in Brand stecken.«
Wenn ein Asteroid im Meer einschlägt, entstehen auf dem ganzen Planeten Tsunamis, extrem hohe Flutwellen. Würde ein »großes Ereignis« vor Long Island stattfinden, dann wäre es um New Jersey, Boston, Washington, Miami, Lissabon und Dakar geschehen – von Manhattan ganz zu schweigen –, da die Flutwellen viele Küstenstädte am Atlantik auslöschen würden.
Der Einschlag wird einen Ring von Materiebrocken – eine kegelförmige Masse von zerborstenem, geschmolzenem und verdampftem Gestein, den sogenannten Auswurfkegel – herausschleudern. Die Spitze des Auswurfkegels schießt wie eine blühende Blume mit Überschallgeschwindigkeit in die Atmosphäre. Die Atmosphäre wird so heiß, daß sie sich in eine mit geschmolzenem und verdampftem Glas durchsetzte Gasblase verwandelt. Die Blase bricht durch die oberste Atmosphäre in den Weltraum ein, und das übrige Glas fliegt davon. Daumendicke Glasstücke fliegen auf ballistischen suborbitalen Umlaufbahnen um die halbe Erde und treten in einer Konzentrationszone genau gegenüber der Einschlagstelle wieder in die Atmosphäre ein; dann gehen Feuerstürme von geschmolzenem Glas

auf einem Gebiet von der Größe Australiens nieder. Die Explosion kann soviel Staub in die Atmosphäre schleudern, daß die Sonne über dem gesamten Planeten verdunkelt wird, was einen zeitweiligen globalen Winter verursacht. Stickoxyde (die verbrannte Atmosphäre) regnen als Salpetersäure herab. Gene vermutete, daß es in der letzten Million Jahre einige starke Einschläge gegeben haben muß – vielleicht dreißig »große Ereignisse«, darunter bis zu zwölf Einschläge auf dem Festland. Daraus kann man schließen, daß sich die Spezies Mensch während eines milden Kometenregens entwickelt hat. Es schien, als hätte der Homo sapiens schon ein Dutzend durch die Natur verursachte Atomkriege überlebt – mit dem wichtigen Unterschied, daß Einschlagkatastrophen keinen radioaktiven Niederschlag zurücklassen.

Es gibt Asteroiden, die auf erdnahen Umlaufbahnen reisen und viel größer sind als das Matterhorn. Sisyphus und Hephaistos, zwei erdnahe Objekte, haben einen Durchmesser von fast 10 Kilometern. Jeder könnte die Erde treffen. Wenn es dazu käme, wäre das Ergebnis etwas, was Gene im Unterschied zum »großen Ereignis« eine »globale Katastrophe« nannte. Der erste überzeugende Beweis dafür, daß die Erde schon eine globale Katastrophe erlebt hat, wurde 1980 erbracht. Luis und Walter Alvarez und ihre Mitarbeiter analyierten damals eine ungewöhnliche Schicht von gräulichem und rötlichem Tongestein, das in der Nähe der mittelalterlichen Stadt Gubbio gefunden worden war. Dieses Tongestein ist etwa fünfundsechzig Millionen Jahre alt. Es ist zwar dünn – rund zwei Zentimeter –, bildet aber eine scharfe Grenze zwischen Gesteinsschichten, die unter ihm liegen und Fossilien aus der Kreidezeit, also aus der Ära der Dinosaurier, enthalten, und Gesteinsschichten, die über ihm liegen und jüngere Fossilien aus dem Tertiär, also aus der Ära der Säugetiere, enthalten. Heute als K-T-Schicht bezeichnet, enthält diese Schicht unnatürlich große Mengen von seltenen Metallen wie Iridium, das in Meteoriten und Kometen in viel größeren Mengen vorkommt als im Gestein der Erdkruste.

Proben der K-T-Schicht wurden an mehr als siebzig Orten, auch auf dem Meeresboden, gesammelt. Sie ist vergleichbar mit einer Farbschicht, die einst den gesamten Planeten überzog. Sie enthält auch winzige Mineralkügelchen, die vielleicht irgendwann geschmolzenes Glas, zusammengepreßte Mineralkörner und Rußpartikel waren. Vor fünfundsechzig Millionen Jahren regnete es Glas vom Himmel, auf mehreren Kontinenten brannten die Wälder, und auf dem Planeten bildete sich eine Tonschicht.

Das Alvarez-Team war der Ansicht, daß der Einschlag eines großen Apollo-Asteroiden so viel Staub emporgeschleudert hatte, daß ein globaler Winter eingetreten war. Die Temperaturen sanken für Monate oder Jahre drastisch, so daß die Photosynthese der Pflanzen zum Erliegen kam. Ungefähr zur selben Zeit verschwand mindestens die Hälfte der auf der Erde vorhandenen Pflanzen- und Tierarten. »Wenn man diese dünne Tonschicht als Staub in die Atmosphäre bringen würde«, bemerkte Gene, »würde sie nicht mehr Licht durchlassen als eine zentimeterdicke nasse Lehmscheibe. Das einzige Licht auf der Erdoberfläche käme von leuchtenden Organismen oder von Feuern.« Die Dunkelheit hatte vielen einzelligen Lebewesen im Meer den Tod gebracht; sie hatte den unteren Teil der Lebenspyramide zerstört und infolgedessen im oberen Teil für ein Massensterben gesorgt.

Gene hatte zusammen mit Cesare Emiliani und Eric Kraus eine Hypothese durchgespielt: Ein einziges Geschoß mit einem Durchmesser von ungefähr 10 Kilometern war ihrer Ansicht nach in den Pazifischen Ozean eingeschlagen. Mit der Wucht von tausend Atomkriegen schleuderte eine Druckwelle einige tausend Kubikkilometer Ozean, Atmosphäre und Erdgestein in den Weltraum. Dadurch entstand ein Loch, das sich mit aus dem Erdmantel hervorbrechender Lava füllte. Binnen einer Stunde bedeckte ein Staubteppich, der im freien Fall durch das All schoß, die Erde. Das Wasser flutete als eine mehrere Kilometer hohe Flutwelle in den Krater zurück und wurde beim Zusammentreffen mit der Lava kochendheiß. Der Krater könnte noch in großer Tiefe auf dem Meeresboden vorhanden sein – man könnte dort noch Ringe finden. »Aber wir haben die Meere noch nicht so gründlich untersucht«, sagte Gene. Das ins All geschleuderte Gestein und Wasser fiel auf dem gesamten Planeten als ein mit Salpetersäure durchsetzter Schlammregen oder Schlammschnee herunter, aber eine beträchtliche Menge Wasserdampf blieb oben. Der Wasserdampf fing Sonnenwärme ein. Nachdem die globalen Temperaturen in der Zeit der Dunkelheit gefallen waren, schnellten sie hoch, als der Himmel wieder klar wurde. Ein Treibhaus-Effekt hatte die Dinosaurier »gebraten« und flache Meere in heiße Badewannen verwandelt. Kleine Säugetiere, denen die Hitze aufgrund ihrer kleinen Körperoberfläche nicht so viel anhaben konnte, konnten sich weiterhin fortpflanzen. »Das ist eine wahrscheinliche Hypothese«, sagte Gene.

Als Wissenschaftler mußte Gene Möglichkeiten in Betracht ziehen. Ergab sich eine vielversprechende Hypothese, fühlte er sich verpflichtet, sie durchzuspielen. Die Möglichkeit eines starken Kometenregens schloß er keineswegs aus. Vielleicht war ein Stern durch die Oortsche Kometenwolke geflogen. Die Oortsche Wolke spielte verrückt und schleuderte Kometen in alle Richtungen; einige schossen durch das Sonnensystem, trafen ab und zu die Erde und verursachten ein schnelles oder langsames Massensterben.

Im Laufe der geologischen Zeit scheint es einige globale Katastrophen gegeben zu haben. Die Paläontologen haben Beweise dafür gefunden, daß im Präkambrium viele Weichtiere ausstarben. Sie haben Beweise für zwei Massensterben *während* der Dinosaurier-Zeit gefunden – das erste ereignete sich am Ende der Trias (es könnte durch den Kometen oder Asteroiden verursacht worden sein, der in Quebec einen ringförmigen Einschlag hinterließ, in dem sich heute der Lake Manicouagan befindet), das zweite am Ende des Juras. Das endgültige Aussterben der Dinosaurier vollzog sich möglicherweise in mehreren

Wellen, so als sei ein Kometenregen niedergegangen. Oder ein riesiger Asteroid zerplatzte im Hauptgürtel und schleuderte zahllose Bruchstücke in erdnahe Umlaufbahnen. In der Zeit der Säugetiere haben zwei weitere katastrophale Ereignisse stattgefunden; eines davon führte am Ende des Eozäns zum Aussterben vieler Arten.
Die biologische Evolution bestand anscheinend aus stabilen Phasen, denen abrupte Entwicklungen folgten. Nach einem Massensterben verzweigten sich die überlebenden Arten und entwickelten sich explosionsartig zu neuen Lebensformen. Die Entwicklung der Säugetiere geht vielleicht auf eine solche Artenexplosion zurück. Die Vernichtung der Dinosaurier wurde möglicherweise durch einen Stern angekündigt, der am Tage schien – ein Stern, der durch die Oortsche Wolke zog –, sowie durch eine ungewöhnlich große Zahl von Kometen, die Jahr für Jahr in der Morgendämmerung und Abenddämmerung hingen, weil die Oortsche Wolke aufgrund der Störungen durch den Stern ständig Einzelgänger-Kometen ausstieß. Aber wenn ein Asteroid die Erde getroffen hätte, hätte es überhaupt keine Warnung gegeben, sondern nur den wunderschönen Planeten Jupiter, der wie immer für Unruhe im Asteroidengürtel sorgte und Asteroiden in Richtung Erde schleuderte. Wenn es Jupiter nicht gegeben hätte, hätten die Dinosaurier vielleicht genügend Zeit gehabt, um sich zu kleinen schlanken Wesen zu entwickeln, die mit Spiegelteleskopen nach Quasaren suchten, während wir heute hirnlose Federknäuel mit großen runden Augen wären, die Insekten kauen und die Nacht anheulen.

* * *

»Heute nacht können Sie uns bei der Arbeit helfen«, sagte Carolyn zu mir.
»Was kann er?« fragte Gene vom Teleskop her.
»Ich werde ihm beibringen, wie man einen Film wechselt.«
»Gut.«

Sie sagte zu mir: »Kontrollieren Sie Genes Zeit und zählen Sie bis null, wenn seine Zeit um ist. Diese Belichtung dauert vier Minuten.«
Die roten Zahlen auf der Digitaluhr eilten vorbei und teilten die Zeit in Zehntelsekunden ein.
»Verdammt!« sagte Gene zum Teleskop und nicht zu mir, und das Teleskop antwortete mit sprühenden Funken. Ich hörte *ssss, ssss,* während er das Fadenkreuz wieder auf seinen Stern richtete. Er machte den Verschluß zu und drehte das Teleskop. Nach einem klirrenden Geräusch gab Gene mir den Filmhalter, der ein belichtetes Plätzchen enthielt. Ich gab ihm den neuen Filmhalter. Dann mußte ich möglichst schnell zum Steuerpult laufen.
»Während Gene das Teleskop schwenkt«, sagte Carolyn, »lesen Sie die Koordinaten seiner nächsten Belichtung ab. Drücken Sie auf diese Knöpfe, damit sich die Kuppel dreht. Geben Sie ihm sein Handsteuergerät. Schreiben Sie die Zeit, die Temperatur, den Namen des Beobachters und die relative Luftfeuchtigkeit auf. Gehen Sie dann hinunter in die Dunkelkammer und drücken Sie den Filmhalter mit dem belichteten Filmstück eng an Ihre Brust.« Sie ging mit mir in die Dunkelkammer. »Der Wechsel ist ziemlich leicht«, sagte sie und machte das Licht aus. »Drehen Sie den Filmhalter um und schütteln Sie ihn. Das Filmstück fällt in Ihre linke Hand. Fühlen Sie es? Halten Sie es am Rand fest. Ein Fingerabdruck könnte einen Kometen verdecken.« Sie zeigte mir, wie ich mit der Hand den Arbeitstisch entlangfahren sollte, bis ich eine Schublade fand. Die Schublade enthielt einen lichtundurchlässigen Kasten und einen Stapel Filmstücke – die Arbeit einer ganzen Nacht. Ich mußte das Filmstück in den Kasten legen, den Kasten und die Schublade wieder schließen, ein neues Stück Film in den Halter einlegen und mit einem Bleistift die Nummer der Aufnahme auf den Film schreiben. Alles in völliger Dunkelheit. »Jetzt gehen Sie schnell wieder nach oben«, sagte sie, »ich sage schnell, weil der Beobachter mittlerweile ...«

»Was macht Ihr da unten?« tönte es schwach von oben, als hätte Gene nur auf sein Stichwort gewartet.
»Sagen Sie dem Beobachter, daß alles in Ordnung ist: *Gene, es ist alles in Ordnung.*«
Bei meinem ersten Solo verschwand ich mit einem Filmhalter, den ich dicht an meine Brust hielt, in der Dunkelkammer. Ich blieb lange weg, und Gene saß untätig am Teleskop.
»Beeilen Sie sich«, riefen die Shoemakers.
Sie hörten in der Dunkelkammer ein lautes Poltern. Ihr Nachtassistent war gegen eine Wand gelaufen.
»Alles in Ordnung!« rief ich. Ich hatte aus Versehen ein blaues Licht angemacht und hatte Angst, es könnte den Film belichten. Dann merkte ich, daß das blaue Licht nur in meinem Kopf leuchtete. Ich stolperte mit einem neuen Filmhalter nach oben.
»Drücken Sie den Film gegen Ihre Brust!« erinnerte mich Carolyn.
»Okay«, sagte ich.
»Haben Sie das Licht ausgeschaltet gelassen?«
»Ja.«
»Haben Sie die Nummer auf das Filmstück geschrieben?«
»Welche Nummer?«
»Die Nummer der Aufnahme.«
»Welche Aufnahme?«
»Die Sie gerade in der Hand haben.«
»Oh.« Ich lief wieder hinunter, um die Nummer auf den Film zu schreiben.
Der Lärm in der Dunkelkammer sagte den Shoemakers, daß ich wieder Navigationsprobleme hatte.
Als der Nachtassistent die Kuppel drehte, achtete er nicht auf den Unterschied zwischen links und rechts. Er konnte den Knopf für das Anhalten der Kuppel nicht finden, so daß sich die Kuppel wie wild drehte. Der Nachtassistent las eine falsche Koordinate vor, so daß der Beobachter San Diego nach Kleinplaneten absuchte. Der Nachtassistent stieß mit dem Kopf heftig gegen einen Tisch, der dem California Institute of Tech-

nology gehörte. Mit ungerechtfertigtem Optimismus sagte Gene vom Teleskop her: »Aller Anfang ist schwer, aber dann spielt es sich ein.«
Am Ende der Beobachtungsreihe hatten die Shoemakers insgesamt hundertvierundvierzig Doppelaufnahmen gemacht. Gene entwickelte sie und hängte sie zum Trocknen an Leinen auf. »Ich weiß nur, daß es in diesen Ausschnitten Trojaner gibt«, sagte er, »aber Carolyn muß sie finden.« Er und Carolyn legten die Filme in Pergamintüten. Die Tüten wanderten in einen Kasten, und der Kasten wanderte in den Kofferraum des Fury. An diesem Abend tranken die Shoemakers und ihr Nachtassistent ein kleines Glas Weißwein auf eine erfolgreiche Planetenjagd. Dann lenkten die Shoemakers den Fury im Schein eines zunehmendes Mondes, der das Ende der mondlosen Oktoberzeit ankündigte, in Richtung Flagstaff.

Teil 3
Die Tüftler

Auf dem Mount Palomar war es August geworden, und ein warmer Wind wehte durch den Farn, die Carrasco-Eichen und um den Rundgang an der Kuppel des Hale-Teleskops, wo eine schlanke Gestalt den Sonnenuntergang betrachtete. Maarten Schmidt und sein Quasar-Team waren für einen Beobachtungslauf zurückgekehrt, der vier Nächte dauern sollte – es war ihre zweite Suche nach Quasaren.

Seit dem letzten Lauf hatte Don Schneider an einem Computerprogramm gearbeitet, das die Computerbänder nach Quasaren absuchen sollte, hatte bisher aber noch keines der Bänder untersucht.

Im zentralen Arbeitsraum standen James Gunn, Barbara Zimmerman und Don Schneider um einen Computerbildschirm herum und versuchten, die Kamera des Hale-Teleskops zu einem Dialog zu bewegen. Der Bildschirm erwachte zum Leben. Er sagte: UTILITIES ... AUTOMATIK ... WILLKOMMEN BEIM 4-SHOOTER.

Zimmerman sagte zu Gunn: »Zurückspulen und löschen, Jim.«

Gunn gab 4-Shooter den Befehl ZURÜCKSPULEN.

Der 4-Shooter sagte: OK.

Aber der 4-Shooter war nicht okay. »Das Band hat sich abgemeldet!« sagte Gunn. Er seufzte und setzte seine Brille ab. »Was ist passiert?«

»Woher soll ich das denn wissen?« fragte Barbara Zimmerman. »Versuchen Sie es noch einmal mit ZURÜCKSPULEN. Gehen Sie auf Nummer Sicher und überprüfen Sie die Einheit.«

Gunn gab erneut den Befehl ein.

OK, antwortete 4-Shooter.

EINHEIT? fragte Gunn.

10 OK, sagte der 4-Shooter.

Die Tür des Arbeitsraums ging auf, und Juan Carrasco kam mit seinem Jalapeños-Karton herein.
»Hi, Juanito«, sagte Jim Gunn.
»Hallo, hallo«, sagte Juan. »Wo ist Maarten Schmidt?«
»Wer?« fragte Don zurück.
Juan lächelte. »*Doktor* Maarten Schmidt.«
»Nie von ihm gehört«, sagte Don.
»Der große Gentleman.«
»Ach so, der große Gentleman. Er ist draußen und prüft das Wetter.«
Juan stellte seinen Karton auf ein Regal, nahm seinen Schutzhelm ab und setzte sich an sein Steuerpult. Er betätigte verschiedene Schalter und setzte die Ölpumpen in Gang. Dann schaltete er die Steuerung für das Phantom und den Windschutz ein. Er legte einen Kippschalter um. Im Raum flackerte das Licht unruhig und leuchtete erst gleichmäßig, als der Generator anlief. Er bediente eine Tastatur. Sieben Stockwerke Stahl und vierzehn Tonnen Pyrexglas – das Hale-Teleskop – setzten sich langsam in Bewegung, was man aus einem Fenster des Arbeitsraums sehen konnte. »Ich überprüfe gerade die Gewichte, Jim.«
Maarten Schmidt kam herein. »Hallo, Juan. Wie geht es Ihnen?«
»Gut, Maarten, und Ihnen?«
»Gut«, sagte Schmidt. »Und das Wetter sieht auch ganz annehmbar aus.«
Schmidt zog einen runden Rechenschieber aus seiner Brieftasche. Der Rechenschieber war ungefähr so alt wie Don Schneider. Schmidt nannte ihn – in Anspielung auf die Taschenrechner von Hewlett-Packard – »meinen H-P Null.«
Er setzte seine Brille ab und fing an, mit dem Rechenschieber einige Koordinaten für den Himmelsausschnitt zu berechnen, den das Team in dieser Nacht nach Quasaren absuchen würde.
Das Gespräch kam auf Musik.

»Irgend jemand hat hier vor einiger Zeit die ›Dead Kennedys‹ gespielt.«
»Wenn Gunn hier ist, bekommt man so was nicht zu hören.«
»Ich wette, daß Gunn im Primärfokus den ganzen Ring gehört hat.«
»Wahrscheinlich nicht den ganzen«, sagte Gunn. »Ich höre viel lieber italienische Opern. Das *Requiem* von Verdi ist die unglaublichste Musik, die jemals ...«
»Jims Vorliebe für die Oper ist sein einziger Charakterfehler.«
OK, sagte der 4-Shooter.
Don Schneider wandte sich an Juan Carrasco. »Wir wollen die Kuppel öffnen. Geht das klar?«
»Ja«, antwortete Juan.
Don ging hinaus in die Kuppel. Im Arbeitsraum rumpelte es. Maarten Schmidt sah durch das Fenster, wie sich der Kuppelspalt öffnete und ein amethystfarbenes Zwielicht in das Hale-Teleskop flutete. Das Telefon klingelte, und Maarten Schmidt nahm den Hörer ab. »5-Meter-Teleskop«, meldete er sich, und fing eine leise Unterhaltung mit einem Kollegen an.
Don kam zurück und sagte zum Nachtassistenten: »Juan, haben Sie die Anzeigen der Meßgeräte überprüft?«
»Sieht so aus, als sollte ich sie korrigieren«, erwiderte Juan.
Die Astronomen justierten das Teleskop und die Sensoren.
Jim Gunn sagte: »Gehen wir zu einem anderen Stern.«
»Wird gemacht«, sagte Juan, betätigte einige Schalter, und ein hohes Quietschen ging durch den Arbeitsraum. Die Zeiger der Meßgeräte bewegten sich. Er sagte: »So, da wären wir.« Auf dem Bildschirm erschien ein heller Stern.
Gunns kleiner blauer Kasten, der Kludge, hing immer noch mit einem Stück Klebeband am 4-Shooter. Richard Lucinio, das Digital-Genie, das sich längst wieder erholt hatte, hatte zwar den Computer umgebaut, der den 4-Shooter steuerte, aber der kleine Kludge würde für eine weitere Beobachtungsreihe am 4-Shooter bleiben.
»Wie weit sind wir?« fragte Maarten und sah sich um.

»Sehr weit«, erwiderte Don.
»Gut«, sagte Maarten. »Juan!«
Juan legte mit drei Fingern seiner linken Hand drei Kippschalter um, während er mit seiner rechten Hand gleichzeitig Befehle in einen Computer eingab. Das Große Auge gab ein *Uuuiii* von sich, als es sich zu dem Teil des Himmels drehte, wo die Suche nach Quasaren beginnen sollte. »Geschafft«, sagte Juan.
Darauf Maarten: »Wir müssen die Pumpen abstellen, Gentlemen.« Und zu Juan: »Gentleman, stellen Sie bitte die Pumpen ab.«
»Pumpen abgestellt«, sagte Juan. Er betätigte eine Reihe von untereinandersitzenden Schaltern. Das Ächzen der Vickers-Pumpen erstarb, und das Teleskop saß fest in seinem Lager. »Phantom und Windschutz abgeschaltet«, sagte er.
Gunn drückte auf eine Taste, um mit dem Transit zu beginnen, und über den Bildschirm schossen Streifen. »Oje«, sagte Gunn.
Maarten schaute sich die Streifen auf dem Bildschirm genau an. »Verflixt, James! Das ist aber sehr merkwürdig.«
»Der 4-Shooter ist nicht gut drauf«, sagte Barbara Zimmerman. »Man hat ihm zu sehr zugesetzt.«
Dann füllte sich der Bildschirm mit Galaxien.
Die Astronomen entspannten sich.
Die Galaxien schoben sich auf dem Bildschirm nach oben. Wenn der 4-Shooter ordentlich arbeitete, würden sie die ganze Nacht vorbeiziehen, während der Computer einen Himmelsstreifen erfaßte, der sich in Form eines C durch viele Sternbilder zog – ein Rundgemälde von Sternfeldern, das in einer Linie um den nördlichen Polarstern herumlief. Der 4-Shooter sollte den Streifen automatisch, also ohne ein weiteres Eingreifen der Astronomen, absuchen. Der Streifen war schmal – wie schmal, kann man sich vorstellen, wenn man einen Mohnsamen eine Armlänge von sich entfernt hält und ihn über den Himmel führt.
»Das wär's also«, sagte Gunn. »Wir haben nichts weiter zu tun.«

Don Schneider sah Gunn mit einer hochgezogenen Augenbraue an, und Gunn sah Schneider mit einem verschmitzten Lächeln an. Dann wandte sich Don an den Nachtassistenten. Er sprach leise: »Und wie geht es Ihnen denn so?«
»Sehr gut, Don, und Ihnen?« antwortete Juan.
»Gut. Wie geht es Lily und den Mädchen?«
»Danke, gut, Don.«
»Werden Sie diesen Sommer in Urlaub fahren?«
»Wir werden Lilys Mutter besuchen.«
Maarten nahm seine Brille ab und ging so nahe an den Bildschirm heran, daß sein Gesicht bläulich schimmerte. »Das ist phantastisch!« staunte er. »Was da alles vorbeizieht.«
»Ganz schön«, sagte Don.
»Ganz hervorragend!« Der Projektleiter war heute in guter Stimmung. Wenn der 4-Shooter nicht wieder den Dienst versagte, würde Schmidt möglicherweise einige Quasare bekommen.
Don stellte fest: »Wir haben noch nie einen Quasar gesehen.«
Quasare waren selten und sahen auf dem Bildschirm Sternen zu ähnlich; nur ein Computer konnte sie finden.
»Es wäre schön, einen Quasar zu sehen«, sagte Maarten. Er war so groß, daß er es sich nicht in einem Sessel bequem machen konnte. Er stand auf und ging im Raum auf und ab. Er drehte sich auf dem Absatz um und sagte: »Dies ist eine verrückte Art, den Himmel zu beobachten.«
»Nicht sehr astronomenintensiv, nicht wahr?« bemerkte Jim Gunn.
»Normalerweise ist hier ein Gerenne und Geschrei«, sagte Maarten. »Heute nacht könnte man eine Nadel fallen hören. Wenn ich eine Nadel hätte, würde ich sie fallen lassen.« Er zeigte mit dem Finger auf eine vorbeiziehende Galaxienwolke. »Diese Dinger sausen blitzig ... ölig.« Er wandte sich an Don Schneider: »Wie heißt das bei euch?«
»Wie ein geölter Blitz«, sagte Don.
Bald darauf fing der Bildschirm an wie eine Leuchtreklame zu flimmern, und die Astronomen machten ihrem Frust laut Luft.

»Nicht zu fassen!« rief Maarten.
»Was ist das denn?«
»Sieht aus wie Las Vegas.«
Gunn hielt seine Hände über die Tastatur und kämpfte gegen den Drang an, dem 4-Shooter zu sagen, daß er seine Zicken einstellen solle. Denn er wußte, daß der 4-Shooter jedesmal streikte, wenn jemand seine Suche mit einem Befehl unterbrach.
Don sagte: »Wir müssen Jim eine Tastaturattrappe schenken, damit er etwas zum Spielen hat.«
»Das wird wohl nicht funktionieren«, sagte Barbara Zimmerman. »Er findet immer eine Möglichkeit, das System kleinzukriegen.« Doch dann schoß ein großer Galaxienhaufen vom unteren Rand des Bildschirms empor – elliptische Galaxien, die den von einem Sporttaucher ausgestoßenen Blasen ähnelten.
»Menschenskind«, sagte Maarten verträumt. »Phänomenal, was da draußen alles herumschwirrt.«
Eine Balkenspirale strömte dahin. Dann zog eine weiße Nadel vorbei – eine Spiralgalaxie, die gewissermaßen hochkant gesehen wurde. Ein naher Stern malte ein weißes Kreuz auf den Bildschirm – der Stern hatte den CCD-Chip überlastet und ließ weiße Strahlen über den Bildschirm spritzen. Ein Licht blitzte auf. Don Schneider zeigte auf das Licht und sagte, ein kosmischer Strahl habe den Chip getroffen. »Es war vielleicht ein Myon«, sagte er. Schwach leuchtende Feldgalaxien kamen vorbei, kosmisches Konfetti, herangewehter Schnee.
Galaxien können die Grundstruktur des Universums sein oder auch nicht – niemand weiß es genau. Heute nehmen die meisten Astronomen an, daß die Galaxien *nicht* den größten Teil der Masse des Universums ausmachen. Die von Zwicky entdeckte dunkle Materie oder fehlende Masse könnte fast alles ausmachen. Denn nach allem, was man weiß, kann die dunkle Materie Schwärme von Planeten enthalten, die so groß sind wie Jupiter. Die Milchstraße könnte voll von Planeten sein. Die dunkle Materie könnte aus Kometen bestehen oder aus Eisenscherben. Sie könnte aus linearen Störungen im Raum-Zeit-Kontinuum

bestehen, die als kosmische Strings bekannt sind. Jim Gunn nannte die dunkle Materie oft »das Zeug«. Dieser Ausdruck machte deutlich, wie wenig Jim Gunn über die dunkle Materie wußte. Heute wird vorzugsweise die Auffassung vertreten, daß die dunkle Materie aus »Wimps« besteht. »Wimps« sind hypothetische Gebilde – Weakly Interacting Massive Particles (Schwach Interagierende Massereiche Teilchen). Wimps könnten imstande sein, durch Materie zu strömen, ohne sie zu berühren. Wimps könnten sich zu unsichtbaren Wolken formen, die Galaxien umgeben. »Das Zeug«, ob es aus Wimps besteht oder nicht, könnte ebensogut gar nichts mit Galaxien zu tun haben. Wenn die riesigen Leerräume zwischen den Superhaufen dunkle Materie enthalten, dann kann niemand sagen, was die dunkle Materie ist.

Galaxien bevölkern den Himmel mehr als die Vordergrundsterne der Milchstraße. Nur wenige Galaxien sind mit bloßem Auge sichtbar (der Andromedanebel, die Magellanschen Wolken), die anderen können nur durch ein Teleskop gesehen werden. Der Himmel ist ein pointillistisches Gemälde von Galaxien. Die Vollmondscheibe verdeckt mindestens zwölftausend Galaxien. In jedem beliebigen Feld von zwölftausend Galaxien kann es – höchstens – ungefähr fünfundzwanzig Quasare geben, von denen viele zu leuchtschwach sind, um während eines Transits entdeckt zu werden. Maarten schätzte, daß sein Team in mehreren Nächten – wenn überhaupt – vielleicht zwei stark rotverschobene Quasare sichten könnte. Die Suche nach Quasaren war wie ein Würfelspiel: Hier kamen die Gesetzmäßigkeiten des Zufalls ins Spiel, man wußte nie, was sich zeigen würde.

»Ich bin fertig«, sagte Barbara Zimmerman. Wieder einmal hatte sie Gunn geholfen, Kontakt mit den Robotern in seiner Kamera aufzunehmen. Jetzt konnte Gunn selbst mit den Robotern sprechen.

Die Astronomen blickten schweigend auf den Bildschirm. Juan Carrasco holte eines von mehreren Notizbüchern aus seinem Jalapeños-Karton und schrieb etwas hinein. Er hatte das Gefühl, daß man nur dann erraten konnte, was in dem Großen Auge vor sich ging, wenn man seine verschiedenen Lebenszeichen genau verfolgte. Er hatte das Gefühl, daß das Große Auge gute und schlechte Nächte hatte. An seinem ersten Arbeitstag auf dem Mount Palomar hatte er auf den Deckel eines leeren grünen Notizbuches geschrieben: »Liebe und Ehrgeiz sind die Schwingen des Erfolges. 1969.«

Er hatte Angst gehabt, zu versagen – das Teleskop zu zerstören. Seine alte Angst überkam ihn auch jetzt noch ab und zu. Er versuchte, nicht allzu sehr über den Glaskoloß nachzudenken, der sich dort in der Dunkelheit bewegte. Dem grünen Notizbuch war anzusehen, daß es viel benutzt worden war. Er hatte es mit Klebeband reparieren müssen, Palomar-Kleber.

Dem grünen Notizbuch waren andere Notizbücher gefolgt. Hatte er sich zuerst auf wichtige Informationen konzentriert (»der Lieblingsradiosender der Astronomen: KFAC 92.3), so hatte er sich später auch gefragt: »Was geschah im Augenblick der Schöpfung? Wie entstanden die Sterne und Galaxien? Wie wird das Ende des Universums aussehen?« Diese Fragen hatte er für Jim Gunn notiert, in der Hoffnung, die richtigen Antworten zu bekommen. Aber Gunn hatte sein Leben lang fieberhaft an der Beantwortung ebendieser Fragen gearbeitet, ohne jemals zu befriedigenden Antworten zu kommen, weil (wie Juan notierte) »wir es hier mit einem fundamentalen Problem zu tun haben«.

Wenn die Astronomen auf den Bildschirmen etwas Spektakuläres sahen, notierte er für die Nachwelt: »Supernova!!!«

Er führte auch eine Art offizielle Chronik in einem riesigen, mittelalterlich anmutenden rot-schwarzen Buch, das das »Logbuch« des Observatoriums genannt wurde: »Verstreute Zirruswolken, mäßiger NW-Wind. Dr. Richard Preston (Journalist), 30 Jahre.«

Der Jalapeños-Karton enthielt eine Notausrüstung: sieben Duracell-Batterien und zwei Taschenlampenbirnen. Zwei Rollen Klebeband und Bindfaden, die er den Astronomen lieh. Ein

Fieberthermometer (die Astronomen achteten nicht auf ihre Gesundheit, und manchmal mußte man ihre Temperatur messen). Eine Flasche Kampfer (»sehr gut für Fieberbläschen«).

Der Jalapeños-Karton enthielt auch zahlreiche Polaroid-Schnappschüsse von besonders schönen Objekten: ein Ringnebel im Schwan; ein Paar namenlose interagierende Galaxien; ein Komet namens 1983d, den menschliche Augen erst wieder im Frühsommer des Jahres 3027 sehen werden.

Gegen Mitternacht ging Juan hinunter in die Küche, um einen kleinen Imbiß zu holen. Auf dem Tablett, mit dem er zurückkam, standen dampfende Kaffeebecher, Limonadendosen und Teller mit Brötchen, die dick mit einem klebrigen gelben Etwas belegt waren, das die Astronomen Plastikkäse nannten.

»*Doktor* Schmidt«, sagte Juan.

»Danke, Juan.« Maarten nahm ein Brötchen und einen Becher Kaffee und stand auf. Er sagte: »Mein Plattenspieler daheim ist kaputt. Ich freue mich darauf, heute nacht laute Musik in einwandfreier Qualität zu hören«, und ging zum Stereogerät. Fetzen von Rockmusik tönten durch den Raum, bis er den richtigen Sender gefunden hatte, dann ertönten weich die Goldberg-Variationen.

»Doktor Schneider«, sagte Juan.

Don nahm eine Dose Limonade und ein Brötchen mit Käse. Er rührte weder Kaffee noch Alkohol an, aber seinen Konsum von Plastikkäse fanden die Köche im Monasterium besorgniserregend.

»Professor James E. Gunn«, sagte Juan.

»Danke, Juanito.« Gunn nahm eine Dose Limonade und riß den Verschluß auf, ohne seine Augen von der endlosen Sarabande der Galaxien zu wenden. Er nahm einen großen Schluck und durchwühlte einen Stapel Papier, bis er seinen persönlichen Jumbo-Pack M&Ms gefunden hatte, von denen er eine Handvoll zur Limonade knabberte.

Juan setzte sich mit einer Tasse Kaffee an seinen eigenen Moni-

tor. Er trank langsam und schaute dabei nachdenklich ins Universum.
Don lehnte sich mit einem breiten Lächeln in seinen Sessel zurück. »Was meinen Sie, Juan? Kann man so Astronomie betreiben?«
Juan dachte einen Augenblick lang über die Frage nach, während er seinen Kaffee trank. »Ja«, sagte er.
»Alles steht herum und guckt und guckt«, sagte Maarten. Er stellte das Radio lauter, und die Goldberg-Variationen erfüllten den Raum, während Maarten Schmidt mit einem Kaffeebecher dirigierte. »Phantastisch«, sagte Maarten. »Phantastisch! Das ist weiß Gott ein Großes Auge! Was brauchen wir unsere eigenen Augen, wenn wir ein Großes Auge haben!«

* * *

Das Universum ähnelt einem aufgehenden Hefeteig, in dem galaktische Superhaufen die Wände um Leer- oder Hohlräume herum bilden, oder einem Schwamm, dessen Gerüst die Superhaufen sind. Das Universum ähnelt auch auffallend einer aufgeblasenen, pockennarbigen und zerfaserten Wolke, die nach einer Explosion auseinanderdriftet – wie etwas, das mit einem Knall anfing. Im Gegensatz zu einer klassischen Explosion hatte der Urknall keinen Mittelpunkt oder Ausgangspunkt. Die Explosion begann nicht an einer bestimmten Stelle. Sie ereignete sich überall. Die vorherrschende Urknall-Theorie wird auch die Expansionstheorie genannt. Dieser Theorie zufolge nahm das sichtbare Universum – die Materie, aus der die Galaxien bestehen – im Augenblick des Urknalls einen Raum ein, der kleiner war als ein Quark, das kleinste bekannte subatomare Teilchen. Die in der Milchstraße vorhandene Materie sowie die Materie, aus der die fernsten sichtbaren Superhaufen und Quasare bestehen, nahmen diesen Raum ein. Während des Urknalls blähte sich dieser mikroskopisch kleine, fest zusammengepreßte Raum plötzlich zu einem unvorstellbar heißen Objekt von der Größe eines Apfels auf, der sich dann mit einer langsameren Geschwindigkeit auf die Größe unseres heutigen Universums ausdehnte – ein kaltes, mit leuchtenden Materieflocken übersätes Vakuum. Vielleicht dehnt sich das Universum weiter aus, vielleicht auch nicht. Vielleicht trennen sich die Galaxien, vielleicht auch nicht.

Die Explosion, die das Universum schuf, ereignete sich ungefähr vor zehn bis zwanzig Milliarden Jahren. Ein Radioteleskop kann einen schwachen Nachhall der Schöpfung hören. Radioteleskope können ein Signal von einem Ereignis einfangen, das etwa 250 000 Jahre nach dem Urknall stattfand, als das Universum noch aus dichtem, heißem Gas bestand. In dem Maße, wie sich das Gas ausdehnte und abkühlte, setzte das gesamte Universum ein Meer von orangefarbenem Licht frei. Dieses Licht ist nicht verschwunden; es kommt noch immer auf der Erde an, aus allen Richtungen entströmt es der Anfangszeit des Universums. Dieses orangefarbene Licht ist mittlerweile so stark rotverschoben – weil es aus so weiter Entfernung kommt –, daß es als die Mikrowellenhintergrundstrahlung erscheint, eine am ganzen Himmel sichtbare Fläche, die Mikrowellen aussendet. Es handelt sich wirklich um eine Fläche: die Astronomen nennen sie die Fläche der letzten Streustrahlung. Da draußen ist die Schöpfung sichtbar. Die Entfernung von der Milchstraße bis zum absoluten Horizont unseres erkennbaren Universums beträgt zwischen zehn und zwanzig Milliarden Lichtjahre, niemand kennt die Entfernung genau. Aber irgendwo da draußen liegt ein Bild vom Beginn der Zeit, jenseits dessen im Prinzip nichts zu sehen ist. Ein Teleskop kann nicht hinter den Anfang schauen.

Eines Nachts durfte ich Jim Gunn in den obersten Teil der n-Hale-Kuppel begleiten, um das Universum zu inspizieren. Wir stiegen eine Leiter am inneren Rand des Kuppelspalts hinauf. Gunn stieß eine Luke auf und zwängte sich hindurch. Ich folgte ihm, und dann standen wir auf einer kleinen Plattform am höchsten Punkt der Kuppel. Die Plattform war vereist, und es blies ein kalter Wind. »Fallen Sie nicht«, sagte Gunn, »die Reise nach unten dauert lange.« Der Anblick – pinienbestandene Bergkämme, ein gelbes Leuchten, das Los Angeles über den Horizont schickte, der Große Wagen im Norden – stimmte nachdenklich. Die Erde schien ein fester Ort und keine in Ozeanen von Galaxien verlorene Keimzelle zu sein. Ich fragte Gunn: »Wenn die Milchstraße so groß wäre wie ein Zehncentstück, wie groß wäre dann das Universum?«

»Sie meinen, bis zum Horizont?« fragte er. Er schwieg eine Weile, während er offensichtlich einige Zahlen im Kopf ausrechnete. Er sagte: »Unglaublich. In diesem Maßstab wäre der Horizont des Universums nur etwa sechseinhalb Kilometer entfernt. Das ist nicht sehr weit.« Der Wind wurde stärker. Seine Haare flatterten. Er sagte: »Das zeigt, daß das sichtbare Universum überraschend klein ist. Dieses Universum – beziehungsweise das Universum, das wir sehen können – ist ein kleines Objekt, so etwas wie ein Wolke von Zehncentstücken mit einem Radius von sechseinhalb Kilometern.« Während er sich am Geländer festhielt, sagte er etwas lauter in die Nacht hinein: »Eigentlich leben wir in einem kleinen Tümpel.«

* * *

Die Suche nach Quasaren sollte Aufschluß über den Rand des Tümpels geben, und dies sollte mit Gunns Lieblingsspielzeug bewerkstelligt werden. Unglücklicherweise fiel die Kamera Nummer zwei des 4-Shooter eines Nachts aus. Gunn war zu dem Zeitpunkt in New Jersey, und so fuhr er frühmorgens mit einem Taxi zum Flughafen Newark. Don Schneider und ich fuhren mit Gunn in dem Taxi, und ich kann mich nur noch daran erinnern, daß die beiden Astronomen über kosmische Strings und Gravitationslinsen sprachen, während über den Öltanks von Elizabeth neben der Autobahn eine braune Sonne aufging. Ich nahm nicht dasselbe Flugzeug wie Gunn und Schneider. Am frühen Nachmittag kam ich mit einem Mietwagen auf dem Mount Palomar an, wo ich Gunn schon bei der Arbeit in einer »Garage« vorfand, die neben dem Teleskop in die

Wand der Kuppel eingebaut war und wo der 4-Shooter darauf wartete, auseinandergenommen zu werden. Er stand auf einer hydraulischen Hebebühne: ein weißer Zylinder mit einem schwarzen Deckel. Er war von einem Gerüst umgeben. Gunn ging unter dem Gerüst hin und her und sammelte Werkzeug ein. Aus seiner Hemdtasche holte er ein Kugelschreiberetui. Er sagte: »Es ist äußerst gefährlich, sich mit einem dieser Kugelschreiber in der Tasche über den 4-Shooter zu beugen. Er könnte hineinfallen.« Wie ein Chirurg inspizierte er das für die Operation notwendige Werkzeug. Ein verstellbarer Gabelschlüssel. Ein vielseitig verwendbares Multimeter. Ein Schweizer Messer. Eine Brille – stark vergrößernd, von Woolworth. Eine Tasche mit Imbusschlüsseln. Er klemmte sich eine Rolle mit Schaltplänen unter den Arm, stieg auf eine Leiter und schleppte ein tragbares Oszilloskop mit hinauf auf das Gerüst. Er warf die Pläne auf den Boden des Gerüstes und schenkte ihnen keinen weiteren Blick.

Gunn entfernte mit einem Imbusschlüssel eine Reihe von Schrauben vom schwarzen Deckel der Kamera. Er sagte: »Ich brauche Ihre Hilfe. Wir wollen diesen Deckel abheben. Fassen Sie hier an. Ziehen Sie.« Wir hoben eine Schutzhaube ab. »Vorsichtig«, sagte er, »daß bloß den Kameras nichts passiert.« Wir stellten die Haube auf den Gerüstboden. Im Inneren des 4-Shooter kringelte und kräuselte sich Ensolite-Schaum. Ein Gewirr von schaumbedeckten Röhren schlängelte sich durch den Apparat. Gunn fragte mich: »Kennen Sie Ensolite? Das ist das Zeug, das Rucksackwanderer als Schlafunterlage benutzen. Es bricht zwar bei minus 193 Grad Celsius, aber es hat den Riesenvorteil, daß es *billig* ist.« Einige der mit Ensolite bedeckten Röhren versorgten die Kameras mit flüssigem Stickstoff, während andere Luft aus den Schaltungen absaugten – die Lichtsensorenchips des 4-Shooter konnten nur in der Kälte und im Vakuum des tiefen Raumes arbeiten.

Gunn löste einige Schrauben und entfernte von der Rückseite der ausgefallenen Kamera einen Stickstoffbehälter. Jetzt blickten wir in die Kamera. Eine Schmidt-Kamera von der Größe einer Kaffeedose, vollgepackt mit Schaltungen, von denen ein erklecklicher Teil Gunns Handschrift trug. Er deutete auf ein kleines vergoldetes Gehäuse in der Mitte der Kamera und sagte: »Darin sitzt der Chip.«

Das goldene Gehäuse enthielt einen Siliziumchip, der als »charge-coupled device«, also als CCD bezeichnet wurde. Ein astronomischer CCD ist hundertmal lichtempfindlicher als der empfindlichste Fotofilm. Viele CCDs werden vom amerikanischen Verteidigungsministerium als Geheimsache eingestuft, da sie in Spionagesatelliten eingesetzt werden. Der Keyhole-11-Spionagesatellit arbeitet mit einem CCD; er kann fünf mal zehn Zentimeter große Objekte in über 150 Kilometern Entfernung auf-lösen. CCDs werden wahrscheinlich in einem System von Weltraumwaffen als Primärsensoren Verwendung finden. Im National Laboratory von Los Alamos haben Wissenschaftler vor kurzem CCD-Kameras gebaut, die eine Lebens- und Arbeitszeit von einer Millisekunde hatten – die Kamera verdampfte, während sie das noch kleine Gesicht eines atomaren Feuerballs aufnahm. Die CCDs im 4-Shooter können Licht im optischen Bereich sehen; sie registrieren die gleichen Wellenlängen wie das menschliche Auge, ein CCD sieht jedoch mehr schwarzweiß als farbig. Das menschliche Auge kann sechzehn verschiedene Grautöne unterscheiden. Ein CCD kann sechstausend verschiedene Grautöne unterscheiden. Die CCDs des 4-Shooter wurden von der Firma Texas Instruments hergestellt; obwohl sie zu den empfindlichsten CCDs der Welt gehören, werden sie nicht als Geheimsache eingestuft. Texas Instruments baute sie für das Jet Propulsion Laboratory in Pasadena für die Hauptkamera des Hubble-Weltraumteleskops. Diese Kamera heißt Großfeld-/Planetarische Kamera. Da Jim Gunn einer der Hauptkonstrukteure dieser Kamera war, bekam er vier hochempfindliche CCD-Chips. Die quadratischen Chips besitzen eine Kantenlänge von 1,2 Zentimetern. Der Chip ist ein extrem dünner, reiner, makelloser, durchsichtiger Siliziumkristall. Zusammengepreßt wären fünfzehn dieser Chips so dick wie ein Blatt Papier. Würde man gegen einen Chip blasen, würde er zerspringen. Der Chip ist mit einem Netz von Sensoren bedeckt, die Bildelemente oder Pixel genannt werden. Das Netz auf der Oberfläche eines CCD von Texas Instruments enthält 640 000 Pixel und nicht weniger als zwölf Meter mikroskopisch kleine Leiterbahnen.

Ein CCD ist schwer herzustellen. Die Siliziumkristallschicht muß mit Säuremitteln so geätzt werden, daß sie weitaus dünner ist als Butterbrotpapier. Außerdem muß der Kristall perfekt sein, weil ein einziger Defekt im Kristall den Chip unbrauchbar macht. Die Arbeitsgruppe bei Texas Instruments stellte etwa 25 000 dieser Chips her. Ungefähr 125 davon funktionierten zufriedenstellend, und acht wurden für das Hubble-Weltraumteleskop ausgesucht. Gunns Texas-Instruments-Chips hätten pro Stück 50 000 Dollar gekostet, wenn Gunn sie bezahlt hätte. Aber er hatte für seine vier Chips gar nichts bezahlen müssen, weil sie leichte Mängel hatten und als Ausschußware galten. Sie waren, mit einem Wort, Ausschuß. Die CCDs des 4-Shooter würden niemals in einem Weltraumteleskop funktionieren, aber mit flüssigem Stickstoff gekühlt und durch Unmengen von Schaltungen unterstützt, tun sie auf der Erde gute Dienste. An das Hale-Teleskop angeschlossen, kann der 4-Shooter eine angezündete Zigarette aus einer Entfernung von mehr als 1100 Kilometern sehen.

Gunn setzte seine Woolworth-Brille auf. Er fand einen Drehbleistift. Er deutete mit dem Bleistift auf einen Draht, der aus dem Goldgehäuse austrat, in dem der CCD saß. »Sehen Sie diesen Draht?« fragte er. Der Draht war so dünn wie ein Menschenhaar. »Das ist der Videodraht. Er leitet das Signal vom Chip in die Schaltung. Der Chip spricht durch diesen Draht mit der Außenwelt.« Er fügte hinzu, daß der Draht zerbrechlich sei. »Wenn man ihn berührt, zerbricht er.«

Der CCD saß hermetisch abgeschlossen in dem goldenen Gehäuse. Das Gehäuse hatte ein Fenster, durch das der Chip in das Universum schaute. Der Tank mit dem flüssigen Stickstoff hatte einen kalten Stift, der bis an das Gehäuse heranreichte und den Chip annähernd auf die Temperatur des flüssigen Stickstoffs herunterkühlte, wodurch der Chip wunderbar lichtempfindlich wurde. Ein CCD-Chip sammelt Licht auf die gleiche Weise wie ein Fotofilm. Wenn die Verschlüsse der vier Kameras des 4-Shooter geöffnet sind, fällt Sternenlicht auf die vier Chips. Die Chips können mehrere Stunden lang dem Licht des Himmels ausgesetzt werden. Bei langen Belichtungen kann das Licht einer Galaxie photonenweise, das heißt ein Photon alle paar Sekunden, auf der Oberfläche eines Chips auftreffen. Wenn Photonen auf dem Siliziumkristall eines CCD auftreffen, schlagen sie Elektronen aus den Siliziumatomen. Die Elektronen sammeln sich in dem Netz von Bildelementen, das sich auf der Oberfläche des Chips befindet. Nach einer Belichtung werden die Verschlüsse der Kamera geschlossen. Das Computer-system des 4-Shooter saugt dann die Elektronen von den Bild-elementen ab. Dadurch fließen die Elektronen über den hauchdünnen Videodraht aus dem Chip in die Verstärker im 4-Shooter, wo sie gezählt und in digitale Zahlen umgesetzt werden. Von dort fließen die Zahlen durch Kabel in die Monitoren im zentralen Arbeitsraum, die sich mit gespenstischen, namenlosen Galaxien füllen, und zum Schluß gelangen sie auf die Computerbänder. Seitdem Gunn den kleinen blauen Kludge eingebaut hatte, war der 4-Shooter in der Lage, ununterbrochen Ströme von Elektronen abzusaugen, während der Himmel an der Öffnung des Hale-Teleskops vorbeizog und mikroskopisch kleine Bilder von Galaxien über die Oberfläche der Chips wanderten.

Gunn krempelte seinen Ärmel hoch und band ein Metallband um seinen Arm, um jegliche statische Elektrizität von seinem Körper abzuleiten. Würde sein Körper noch statische Elektrizität enthalten, während er die Schaltungen berührte, könnten freie Elektronen durch den hauchdünnen Videodraht in den CCD-Chip zurückfließen und ihn verschmoren. Wenn man sich kämmen und dann mit dem Kamm einen CCD berühren würde, würden alle Drähte verdampfen, und damit wäre der CCD zerstört. Mit den CCDs war schon viel passiert. Als die Tüftler noch nicht wußten, was für empfindliche Geschöpfe CDDs sind, hatten sie über ihnen geniest und die Chips dadurch entweder zum Zerspringen gebracht oder mit Speichel besprüht – in jedem Fall kostete ein Niesen 50 000 Dollar.

Gunn sah sich lange die Platinen der Kamera Nummer zwei an. Er sagte: »Was auch immer das Problem ist, es liegt hier«, und fing an, mit dem Radiergummi seines Bleistiftes einige Teile leicht hin und her zu bewegen. Er klemmte einen Meßfühler in eine Platine und schaute auf eine gezackte Linie, die auf dem Oszillographen erschien. Er rüttelte mit seinem Radiergummi an einem Kontaktstück. Er schlug kräftig gegen einen Transistor. Er beobachtete die Linie auf dem Oszillographen. Er murmelte etwas. Er verrenkte den Hals und starrte in die Kamera. Plötzlich: »Mein Gott! Eine lose Unterlegscheibe.«

Eine Unterlegscheibe war auf eine Platine gefallen und hatte einen Kurzschluß verursacht. Mit einer Flachzange hob er die Scheibe vorsichtig heraus. »Schauen Sie sich das an«, sagte er. Dann blickte er mit der Scheibe in der Zange zum Hale-Teleskop hinüber und versuchte sich vorzustellen, woher die Scheibe gekommen war. Er sagte: »Die Scheibe saß *genau* dort, wo sie *genau* das anrichten mußte, was sie tatsächlich angerichtet hat.« Nämlich, so fügte er hinzu, die Bildschirme leerfegen. Wo eine lose Unterlegscheibe ist, muß auch eine lose Mutter sein. Etwas entmutigt sagte er: »Hier drin müssen noch drei Scheiben lose sein.« Er schaute in die Kamera. »Gut. Ich sehe die Mutter. Ich sehe *zwei* Scheiben. Wo ist die dritte?« Er stocherte vorsichtig mit der Zange herum. »Wie soll ich die bloß hier rauskriegen? Irgendwo muß eine lange, dünne Pinzette sein.« Er kletterte die Leiter hinunter und kam mit einer langen, dünnen Pinzette und einer Taschenlampe zurück.

Während ich die Taschenlampe hielt, langte er mit der Pinzette in die Kamera. »Hier ist die Mutter«, sagte er, und hielt sie hoch. Er klaubte die beiden Unterlegscheiben aus der Kamera.

Dann entdeckte er die dritte und letzte, die sich tief in den Schaltungen versteckt hatte. »Was wir brauchen«, sagte er, »ist eine Art klebrige Sonde.« Er stieg die Leiter hinunter und kam mit einer Rolle Klebeband und einem steifen Draht zurück. Er wickelte ein dickes Knäuel Klebeband um das Drahtende. Das war die klebrige Sonde. Dann schob er den Draht in die Kamera und versuchte, die Scheibe mit der klebrigen Kugel einzufangen. »Verdammt«, sagte er. Die Kugel war vom Draht gefallen. Jetzt hatte er eine CCD-Kamera, in der eine Unterlegscheibe *und* eine Kugel Klebeband verlorengegangen waren. »Die klebrige Sonde hätte sowieso nicht funktioniert«, sagte er. »Leider muß ich diese Platine herausnehmen. Wenn Sie die Taschenlampe so halten könnten ...« Geschickt mit der Flachzange hantierend, entfernte er eine Platine und fand sowohl die letzte Scheibe als auch die Klebebandkugel. Dann: »Verflixt noch mal. Ich habe den Videodraht zerbrochen. War wohl nicht zu vermeiden.«

Jetzt mußte er einen neuen Videodraht löten. Er ging hinunter in die Elektronikwerkstatt, schaltete einen mit Propangas betriebenen Heizkörper ein und setzte eine andere Woolworth-Lesebrille auf, um den Draht besser zu sehen. Er hielt sich den Draht nahe vors Gesicht und bearbeitete ihn mit einem Lötkolben. »Manchmal braucht man ein Instrument so dringend«, bemerkte er, »daß man es schließlich selbst bauen muß.« Er tauchte den Draht in einen Tropfen geschmolzenes Lötmetall.

Auf Gunns Händen zeigten sich keilförmige Spuren, die das geschmolzene Lötmetall hinterließ. »Gott sei Dank bleiben diese Verbrennungen nicht«, sagte er. Sein linker Zeigefinger war etwas gekrümmt und steif, eine leichte Form von Arthritis. Seine Knöchel waren groß und knorrig, aber die Sehnen, die alles steuerten, waren so gespannt und straff wie Klavierdrähte. Sein linker Daumen hatte eine Narbe – »die Folge eines Unfalls mit der Drahtbürste einer elektrischen Schleifmaschine, an den ich *nicht* gerne denke«. Die Drahtbürste hatte die Innenseite seines Daumens bis zum Knochen abgeschliffen.

»Ich kann es einfach nicht *ertragen*, wenn etwas nicht funktioniert«, sagte Gunn einmal. In wolkenreichen Nächten hatte er auf dem Palomar Autos und Lastwagen auseinandergenommen und repariert. Er hatte ein Getriebegehäuse, das die Kuppel des Oscar-Mayer-Teleskops steuerte, auseinander- und wieder zusammengebaut. Er hatte den alten Otis-Aufzug in der Hale-Kuppel repariert. Das Institut für Astronomie der Universität Princeton besaß einen wunderbaren Computer, der eines Tages zusammenbrach; nicht einmal das Wartungspersonal fand heraus, was mit ihm los war. Gunn nahm sich das Gerät vor. Er holte eine mit Chips bepackte Platine heraus und lötete dort, wo sie gesessen hatte, einen einzigen Widerstand fest, der ungefähr fünfzig Cents gekostet hatte. Der Computer erwachte wieder zum Leben und hatte durch seine »Chipektomie« offenbar keinen Schaden erlitten.

Gunn hatte sich eine Stereoanlage gebaut – einen ehrfurchtgebietenden Koloß. Er hatte 1964 mit einem Hi-Fi-Gerät begonnen, und nach Jahrzehnten der Mutation hatte sich das Material von Gunns Gerät komplett erneuert, so wie sich, wie man sagt, der menschliche Körper alle sieben Jahre erneuert; aber so wie der menschliche Körper Zähne enthält, enthielt Gunns Stereoanlage auch ein paar Verstärkerröhren aus dem Jahre 1965. Die Anlage hatte sich zu mehreren Kubikmetern von Teilen ausgewachsen und paßte nicht mehr so richtig in sein Wohnzimmer. Gunn hatte sie in einem Hohlraum unter dem Wohnzimmerfußboden verschwinden lassen. Wenn er auf Reisen war und seine Frau, Jill Knapp, Musik hören wollte, mußte sie zehn Minuten lang Schalter betätigen und Koaxialkabel umstecken, um Jims Stereoanlage irgendwelche Laute zu entlokken, denn deren Schaltplan schien sich immer, wenn er Musik hörte, auf geheimnisvolle Weise zu verändern.

Die Tatsache, daß er seine wissenschaftlichen Instrumente selbst bauen mußte, frustrierte Jim Gunn, denn er war nicht nur ein Tüftler, sondern auch ein theoretischer Kosmologe. Er hatte sich nie für einen einzigen Berufsweg entscheiden können. Er wußte nicht, ob er lieber das Wesen der dunklen Materie (Quark-Nuggets? Sich schnell bewegende kosmische Strings? Verrottete »Wimps«?) erforschte oder mit klebrigen Sonden herumhantierte. Also tat er beides. Er hatte, zumeist mit anderen Autoren, zweihundert Beiträge über Themen verfaßt, die von der Entwicklung der Galaxien bis zu Entwürfen für neue Maschinen reichten. »Der größte Teil der Wissenschaft, die ich betreibe, verlangt viel Zusammenarbeit«, sagte er. »Ich spiele zwangsläufig die Rolle eines Ingenieurs, weil wir zwangsläufig mein Gerät benutzen und weil dieses Gerät zwangsläufig instandgehalten werden muß.«

Die Welt der Astronomie kannte drei Arten von Menschen: Beobachter, die mit Teleskopen glücklich waren; Theoretiker, die mit Bleistift und Papier glücklich waren; Gerätebauer, die mit Drähten glücklich waren. Mutter Natur liebte ihre Geheimnisse zu sehr, um einen Astronomen in allen drei Revieren wildern zu lassen. Aber Mutter Natur hatte Jim Gunn übersehen.

Vor einigen Jahren war an einem Schwarzen Brett des Caltech folgendes zu lesen:

WETTBEWERB: EINEN TAG JIM GUNN SEIN!
Beschreiben Sie in einem Aufsatz von 500 oder weniger Worten, warum SIE einen Tag *Jim Gunn* sein möchten.

GROSSER PREIS
Sie können einen Tag Jim Gunn sein!!!
Sie werden auf wundersame Weise in der Lage sein:

1. Einen Beitrag zu schreiben, der einen großen theoretischen Durchbruch darstellt.
2. Ein Gerät zu entwerfen.
3. Den ganzen Tag erfolgreich Ihren Doktoranden aus dem Weg zu gehen.

Ein ganzes Leben lang Jim Gunn zu sein, brachte viel Aufregung und sehr wenig Ruhe mit sich. »Ich habe kaum Zeit zum Nachdenken, was das alles bedeutet«, sagte er.
Der Verantwortliche für das Projekt Großfeld-/Planetarische Kamera, Jim Westphal, der zehn Jahre lang mit Gunn zusammengearbeitet hat, sagte einmal über Gunn: »Dieser Mann leistet nicht nur selbst großartige wissenschaftliche Arbeit, sondern er hilft auch anderen, gute wissenschaftliche Arbeit zu leisten. Er ist ein Mensch, der jedem bei seinen Problemen hilft. Solange er auch mir hilft, finde ich das wunderbar.« Gunn kennt sich mit den seltsamsten Bauteilen aus. Als seine Frau, Jill Knapp, einmal einen ganzen Tag lang am Entwurf für ein Teil eines Radioteleskops gearbeitet hatte und Jim ihren Entwurf zeigte, sagte er zu ihr: »Das kannst du für neunundsechzig Cents kaufen«, und gab ihr eine Adresse.
Hin und wieder verschwand er einfach von der Bildfläche, vielleicht von dem Geruch brennenden Lötmetalls angezogen, der aus irgendeinem Kellerlabor aufstieg. Wenn er verschwunden war, konnte Jill ihn nicht immer ausfindig machen. »Einmal habe ich Jim vierundzwanzig Stunden lang verloren«, sagte sie. Er verbrachte einen so großen Teil seines Lebens in Flugzeugen, daß einer seiner Studenten über ihn sagte: »Jim Gunn könnte als die Wahrscheinlichkeitsfunktion beschrieben werden, die über der Mitte der USA ihren Gipfelpunkt erreicht.« Es wurde allgemein bezweifelt, daß Gunn jemals schlief. »Ja, er schläft«, sagte Jim Westphal, »aber er schläft nicht sehr oft.« Gunn selbst sagt über sein Leben: »Ich habe das unglaubliche Privileg, das tun zu dürfen, was mir großen Spaß macht.« Einer von Gunns Astronomenkollegen an der Universität Princeton, Edwin L. Turner, meinte, »man könnte sich vorstellen, daß es der Astronomie besser ginge, wenn Jim Gunn auf drei Personen verteilt wäre«. Jim Gunn ginge es vielleicht auch besser, aber da die Gesetze der Physik ihn auf einen Punkt in Raum und Zeit begrenzten, mußte er ständig durch Nordamerika reisen und etwas entsetzt feststellen, daß sich die durchschnittliche Spiral-

galaxie seit dem Urknall mindestens vierzigmal um ihre eigenen Achse gedreht hat – mindestens vierzig galaktische Jahre existiert – und sich während ihrer endlosen Drehbewegung zu einem hypnotisierenden, Herzklopfen verursachenden Wunder entwickelt hatte, wohingegen er selbst, als eine vorübergehende Ansammlung von Proteinen, nur für eine Zeitspanne intakt blieb, die zehn Sekunden eines galaktischen Jahres entsprach – wahrlich nicht genug Zeit, um herauszufinden, was das alles zu bedeuten hatte.

James Edward Gunn jun. wurde 1938 als einziges Kind von James Edward Gunn sen. und seiner Frau Rhea in Livingstone, Texas, geboren. Von seinem Vater hatte er unter anderem braune, lebendige Augen geerbt. Als der Junge älter wurde, konnten diese Augen abwechselnd durchdringend und schüchtern wirken. Jim sen. war stark kurzsichtig und trug eine randlose Brille. Er liebte die Wissenschaft, und wenn die Weltwirtschaftskrise nicht gewesen wäre, wäre er vielleicht Professor an einem College geworden; statt dessen wurde er Ölsucher. Fast jedes Jahr zog Jim sen. mit seiner Mannschaft zu einer neuen Arbeitsstelle und nahm Rhea und Jimmy mit.

Jim Gunn erzählte mir einmal seine Kindheit mit folgenden Worten: »Die erste Hälfte der ersten Klasse in Chipley in Florida. Die zweite Hälfte in Meridian in Mississippi. Die ganze zweite Klasse in Bossier City in Louisiana. Die dritte und die halbe vierte Klasse in Plainview in Texas. Hm. Oje, ich dachte, ich könnte diese Städte nur so herbeten. Die zweite Hälfte der vierten Klasse scheint verschwunden zu sein – ich weiß nicht, wo wir damals gewohnt haben. Als ich in der fünften Klasse war, zogen wir jedenfalls nach Camden in Arkansas. Das Leben war schon merkwürdig. Ein Nachteil war, daß wir nirgends so lange blieben, daß ich enge Freunde fand. In gewisser Weise bin ich dankbar dafür – die meisten Kinder stehen unter dem Einfluß einer Clique, das war bei mir nicht so.«

Wenn sie umzogen, packte Jim sen. sein Werkzeug in einen Anhänger, den er mit dem Familien-Ford zog. »Im Zweiten Weltkrieg und kurz danach war es schwer, eine Explorationsmannschaft zu leiten«, erinnerte sich Gunn. »Man hatte zwar Lastwagen und Maschinen, aber keine Ersatzteile. So stellte mein Vater die Teile selbst her.« Jim sen. hatte auch den Anhänger gebaut. Er stellte aus Flugzeugaluminium ein Ellipsoid mit flachen Seiten her. Der Anhänger öffnete sich auf scheinbar magische Weise – der vordere und der hintere Teil sprangen auseinander und glitten wie Flügel nach oben, Regale klappten heraus, Geheimtüren öffneten sich, und zum Vorschein kam Werkzeug aller Art – eine Bohrmaschine, eine Werkbank, eine elektrische Metallsäge, eine Bandsäge, ein Schleifstein, ein Hobel, ein Schraubstock, eine Drehbank, ein elektrisches Schweißgerät, ein Acetylen-Schweißbrenner und Gestelle mit Handwerkzeug – das Fabergé-Ei eines texanischen Ölarbeiters.

»In meiner Kindheit habe ich das meiste von meinem Vater gelernt«, erklärte mir Gunn, »und das war nicht gerade das, was in der Schule gelehrt wurde. Ich habe mir die Hände an Drehbänken schmutzig gemacht.« Jim sen. krempelte seine Ärmel hoch, wenn er im Aluminiumei neben seinem Sohn arbeitete, und vermittelte seinem Sohn die Liebe zu selbstgebauten Dingen. »Mein Vater«, sagte Gunn, »war wirklich mein Kumpel.«

Als Jim sieben Jahre alt war, gab ihm sein Vater ein Buch über Astronomie mit dem Titel *The Stars for Sam*. Er las es so schnell, daß Jim sen. ihm noch ein Buch über Astronomie gab, und auch dieses verschlang der Junge im Alter von sieben Jahren von der ersten bis zur letzten Seite. Es war ein College-Lehrbuch. Danach half Jim sen. seinem Sohn mit Hilfe des Aluminiumeis, ein kleines Refraktor-Teleskop zu bauen. Sie stellten aus einer Papprolle einen Tubus her. Sie nahmen aus einer Brille ein Glas heraus und schliffen es so, daß es in die Rolle paßte. Die Linse hatte einen Durchmesser von eineinhalb Zoll, war also genauso groß wie die Linse in Galileis Fernrohr. Die Sicht von ihrem Wohnort aus war nicht schlecht. Auf dem Mond sahen sie Krater und Meere. Wenn sie die Papprolle auf Jupiter richteten, sahen sie am Himmel ein von winzigen Monden umgebenes Lachsei. Sie richteten es auf die Nebelschleier der Milchstraße und sahen, daß sich die Milchstraße in einzelne Sterne auflöste. Jim sen. las seine Sternenkarte im Licht einer Taschenlampe: »Gut, du siehst diesen hellen Stern. Geh jetzt ein wenig nach links unten.« Sie sahen das Schwert des Orion, wo Sterne anfangen zu brennen. Sie suchten den Ringnebel. Der Junge glaubte, ihn fast sehen zu können – eine Gasblase. Hier hatte sich, wie er später erfahren sollte, die äußere Schicht eines Sterns abgelöst und war in den Weltraum geflogen, was vielleicht dazu geführt hatte, daß sein Planetensystem verbrannt wurde.

Miniaturwelten und -modelle faszinierten Jimmy Gunn. Er fing auch an, mit Modellflugzeugen zu experimentieren. Zuerst arbeitete er mit Bastelbausätzen. Mit wunderbarer Geduld baute er ein Flugwerk aus Balsaholz, leimte es zusammen, spannte Papier darüber und präparierte das Papier mit Chemikalien, damit es über das Gestell paßte. Dann schraubte er einen alkoholbetriebenen Motor an die Nase des Flugzeugs. Um das Flugzeug fliegen zu lassen, gingen Jimmy und Jim sen. mit ihm ins offene Feld und schlossen es an eine Autobatterie an. Jim sen. drehte den Propeller, bis dieser mit einem Geräusch ansprang, das an die Kettensäge eines Elfs erinnerte, dann hob es ab. Der Junge hielt eine Steuerungsleine, die sich mitdrehte, während das Flugzeug seine Kreise zog, und Jim sen. jubelte. Mit Hilfe der Leine konnte er es steigen oder sinken lassen. Manchmal stürzte das Flugzeug auf den Boden und zerschellte – von wochenlanger Arbeit blieben nur umherfliegende Splitter übrig.

Jim sen. teilte nicht sein ganzes Leben mit Rhea oder seinem Sohn. Manchmal setzte er seinen Hut auf und fuhr ein paar Tage weg, ohne ihnen zu sagen, wohin er fuhr oder warum er wegfuhr. Rhea erhielt den Hinweis, daß er nach Osttexas, vielleicht nach Houston fuhr. Jim sen. sprach niemals darüber. Im Sommer 1949 zog Jim sen. mit seiner Familie nach Camden in Arkansas, wo er mit seinen Gravimetern nach Öl und Gas suchte. Jim begann in Camden mit der fünften Klasse. In jenem Jahr überhäufte Jim sen. seinen Jungen an Weihnachten mit Geschenken. Er schenkte Jim einen Olson 23, einen der besten Flugzeugmotoren, die für Geld zu haben waren. Er schenkte Jim auch einen Bastelsatz für ein Zehn-Zentimeter-Spiegelteleskop, ein wahres Schmuckstück. Sie nahmen sich vor, das Teleskop gemeinsam zu bauen. Als Jim eines Tages im Februar aus der Schule kam, stand ein Krankenwagen in der Einfahrt neben dem Aluminiumei. Das Haus war voller Menschen. »Eine Tante war da, sie nahm mich beiseite und brachte es mir so schonend wie möglich bei.« Sein Vater war an einem plötzlichen Herzinfarkt gestorben. Jim sen. hatte vielleicht gewußt oder geahnt, daß er sterben würde, was erklären könnte, warum er seinen Sohn an jenem Weihnachten so reich beschenkt hatte. Und die Reisen nach Osttexas, die er nie erklärt hatte, hatten ihn zu einem Herzspezialisten geführt. Sein Herz machte nicht mehr mit, aber er hatte es seiner Frau und seinem Sohn nicht sagen wollen. Der Krankenwagen fuhr mit dem Leichnam von Jim sen. davon.

Gunn erinnert sich: »Ich brauchte zwei Jahre, um darüber hinwegzukommen. Mein Vater war ein wichtiger Teil meiner Welt, und nach seinem Tod war die Welt eine Zeitlang leer. Er war nicht mehr da, und ich vermißte ihn schrecklich. Ich vermisse ihn immer noch. Ehrlich gesagt, denke ich über all das nicht gerne nach, weil es mir immer noch weh tut.«

Rhea zog mit Jim nach Beeville in Texas, eine kleine Gemeinde auf dem flachen Land an der Südküste hinter Corpus Christi, wo Rheas Schwester lebte. Abgesehen von etwas Baumwolle gedieh auf dem harten Boden wenig. Da ging es der Viehzucht und dem Militär schon besser. Beeville hatte einen Stützpunkt für Marineflugzeuge. Die Stadt hatte zwei Hauptstraßen und vier oder fünf Blöcke Schindelhäuser. Jim und seine Mutter zogen in ein kleines weißes Doppelhaus, und sie fand eine Stelle als Verkäuferin in einem Drugstore. Sie lebten zwei Jahre lang in Beeville, so lange war Jim noch nie an ein und demselben Ort geblieben. Sie waren nicht ganz mittellos, da Jim sen. einige Versicherungen abgeschlossen hatte. Rhea sagte zu Jim, man könne an der Rückseite des Hauses ein Zimmer für ihn anbauen. Jim wünschte sich für dieses Zimmer viele Bücherregale, Werkzeug und eine Werkbank. Dazu mußten sie das Aluminium-

ei verkaufen. Wenn Jim Gunn das Ei noch hätte, würde er es neben dem Hale-Teleskop aufstellen. Er sagte: »Ich könnte es jetzt gut gebrauchen.«
Rhea heiratete einen Soldaten namens Bill Taylor, und Bill zog mit Rhea und Jim nach New Boston in Texas, in die Nähe des Red River Arsenals in Arkansas, wo Bill stationiert war.
Im Red River Arsenal unterhielt die Armee in einer Nissenhütte eine Schreiner- und Bastelwerkstatt, »um die Soldaten vom Trinken abzuhalten«, wie Gunn heute meint. Er fragte seinen Stiefvater, ob sie an den Wochenenden vielleicht in die Nissenhütte gehen und ein Teleskop bauen könnten. Bill Taylor war einverstanden, weil er diesem Jungen ein guter Vater sein wollte. Jim bestellte bei einem Versandhaus eine billige Linse von der Größe eines Salattellers. Er und Bill Taylor bauten in der Hütte einen Zwölf-Zentimeter-Tubus für die Linse, und die Soldaten wunderten sich über die beiden, die etwas bauten, was anscheinend das größte Teleskop von Arkansas war. Bei der ersten Testbeobachtung stellten Jim und Bill fest, daß es zugleich das schlechteste Teleskop von Arkansas war – die Linse taugte nichts. Dann fiel Jim der Zehn-Zentimeter-Spiegel ein, den sein Vater ihm an jenem letzten Weihnachten geschenkt hatte, aber der Bastelsatz enthielt keinen Tubus. Jim trieb ein Abflußrohr auf, schnitt es auf die richtige Größe zurecht und baute sein zweites Teleskop. Er ging nachts mit ihm hinaus und konnte die bunten Streifen auf Jupiter sehen. Dann baute er ein drittes Teleskop, ein Refraktor-Teleskop mit einer Sieben-Zentimeter-Linse, und mit ihm konnte er den Ringnebel in der Leier sehen.
Die Armee versetzte Bill Taylor nach Okinawa. Solange Bill in Übersee stationiert war, zogen Jim und Rhea wieder in das Haus in Beeville, wo Jim zur High School ging. Er fand einen Freund mit dem Namen Bill Davis, und die beiden ließen sich eine neue Art einfallen, die Sterne zu erreichen. Sie bestellten bei einem Versandhaus Zink, Schwefel und Kaliumperchlorat. Sie mischten die Chemikalien und stopften sie in Stahlrohre, als

Zünder diente Schießpulver. Das Abschußgelände war eine Kuhweide außerhalb von Beeville. Die meisten Raketen zischten und sprozzelten beim Abschuß, was die Kühe schon nervös genug machte, aber wenn eine Rakete 30 Meter hoch in die Luft stieg und dann in einem Schrapnellhagel zerplatzte, gerieten die Tiere in Panik.

Fliegende Rohrbomben faszinierten die beiden Jungen zwar, aber flüssiger Brennstoff reizte sie noch mehr. »Wir wußten, was in White Sands vor sich ging«, sagte Gunn. Auf dem Testgelände von White Sands schoß Wernher von Braun erbeutete V-2-Raketen und mit flüssigem Brennstoff betriebene »Aerobees« ab. In einer Art Hommage an von Braun bestellten Jim Gunn und sein Freund Bill Davis bei einem Versand Flaschen mit flüssigem Anilin und Salpetersäure. Als sie das Anilin in die Salpetersäure gossen, geschah etwas Erfreuliches: die Mischung ging spontan in Flammen auf. Aber sie hatten das Gefühl, daß Salpetersäure aus einem Versandhaus wohl nicht das Richtige für einen Raketenmotor war – da war nicht genug Power drin. Sie kamen zu dem Schluß, daß sie für einen wirklich fulminanten Start etwas brauchten, was rotrauchende Salpetersäure hieß. Dieses Zeug hatte es in sich, und genau aus diesem Grund war es nicht im Versand erhältlich. Sie bauten also in Gunns Zimmer ein Destilliergerät, ein Gewirr von Glasballons und Glasröhren, mit dem sie Stickstoffdioxydgas herstellten, das sie durch ein mit Salpetersäure gefülltes Glasgefäß blubbern ließen. Die Salpetersäure wurde rot und zischte hoch – sie wurde zu einer rotrauchenden Salpetersäure. »Sie bildete eine bedrohliche rote Wolke«, erinnerte sich Gunn, die hochgiftig war, wenn auch nicht ganz so giftig wie Anilin, ein Nervengas. Dann bauten sie einen Raketenmotor. Er bestand aus zwei Brennstofftanks und einer Raketendüse. Um den Motor zu testen, montierten sie ihn auf ein Gestell. Sie brachten am Motor keine Zündung an, weil sie annahmen, daß er keine Hilfe brauchte, um anzuspringen. Davis' Vater hatte ein Sportwarengeschäft. Sie gingen mit dem Motor und dem Gestell auf ein offenes Gelände hinter dem Geschäft, wo sie einen Bodentest machten, um die Schubkraft zu messen. Sie füllten einen Tank mit unter Druck stehendem Anilin und rotrauchender Salpetersäure. Sie öffneten die Ventile, die zur Düse der Rakete führten, und hörten ein Geräusch, als risse jemand ein Bettuch auseinander; die Düse spie einen Feuerball aus, der die Düse, die Tanks und das ganze Gestell verschlang. Sie rannten um ihr Leben. Das war kein Raketenmotor, das war ein Betriebsunfall. Hinter »Davis Sporting Goods« schoß eine pilzförmige Wolke gen Himmel.

Dann entdeckte er die Astronomie. »Die Astronomie betrieb ich alleine«, sagte er. »Als ich anfing, mich mit Spiegeln zu beschäftigen, hörte ich auf, mit Sprengstoff herumzuspielen.« Er wollte Galaxien sehen. Er bestellte bei einem Versandhaus eine Scheibe aus Pyrexglas mit einem Durchmesser von zwanzig Zentimetern. Mit einem pechbeschichteten Werkzeug schliff Gunn das Pyrex tief aus, indem er immer feineres Karborundum und viel Wasser verwendete. Mit Hilfe von Zeroxid schliff er das Glas zu einem glitzernden Paraboloid. Er baute einen Tubus und eine Gabel für sein Teleskop. Er baute den Spiegel in den Tubus ein. Er montierte das Teleskop auf einen Eichenstumpf im Garten. Er sah farbige Sterne – grüne, gelbe, blaue, orangefarbene. Er sah schwarze Staubfinger im Lagunennebel. Der mittlere »Stern« von Orions Schwert war eine Gashöhle, und in der Mitte der Höhle brannten vier saphirfarbene Sterne, die Trapez genannt wurden. Die Trapezsterne waren zur selben Zeit entstanden – die Brut aus einem einzigen Nest. Er konnte im Kern des Andromedanebels ein altes Glühen – ältere Sterne – sehen, und er konnte um den Andromedanebel herum zwei elliptische Zwerggalaxien ausmachen.

Gunn war von seinem Teleskop enttäuscht. Die Whirlpool-Galaxie sah zum Beispiel aus wie ein Wattebausch. Er wußte, daß das menschliche Auge schlecht konstruiert ist, glaubte aber, daß eine Kamera klarere Bilder liefern könne. Längere Belichtungen auf Kodakfilmen würden die Spiralarme einer Galaxie zeigen. Galaxien gehen aufgrund der Erddrehung im

Osten auf und im Westen unter. Er mußte also sein Teleskop mit einem Antriebsmechanismus zum Nachführen und mit einer Kamera ausstatten, die längere Belichtungen ermöglichte. Dazu brauchte er Geld. Das einzige, was er zu Geld machen konnte, waren die drei Teleskope, die er im Red River Arsenal gebaut hatte. Er setzte eine Kleinanzeige in die Zeitung von Beeville und verkaufte seine Geräte an einen Schausteller, der auf Jahrmärkten für fünfundzwanzig Cents eine Reise durch das Sonnensystem verkaufte. Gunn versuchte dem Mann zu erklären, daß man durch das Riesenteleskop – das mit der salattellergroßen Linse – nichts sehen konnte. Sicher, sagte der Mann, aber wer kennt hier in Texas schon den Unterschied? Der Mann zog ein paar Geldscheine aus einem Bündel Banknoten, und das war das letzte, was Jim Gunn von seinen drei ersten Teleskopen sah. Sie gingen mit dem Schausteller auf die Reise. Mit dem Geld wurde der Grundstock zu einem fotografischen System finanziert, an dem Gunn fünf Jahre lang baute. Mittlerweile besuchte er das College der Rice University; im letzten College-Jahr stellte er das Teleskop fertig. Das Teleskop hatte sich jetzt zu einem großen weißen Zylinder entwickelt, der Kameras enthielt. Er hatte das Teleskop zu einem mit elektronischem Gerät und mit Transistoren vollgestopften Steuerkasten ausgebaut, der auch ausrangiertes Inventar des Militärs enthielt. Das Teleskop hatte zwei Kameras: eine Großfeldkamera und eine planetarische Kamera. Die Großfeldkamera machte Weitwinkelaufnahmen von der Tiefe des Himmels, während die planetarische Kamera Nahaufnahmen von Planeten machte. Gunn fotografierte die Plejaden, den Pferdekopfnebel, die hellen Gasschleier des Sternbildes Schwan, den Rosettennebel und die Spiralarme der Whirlpool-Galaxie. Die Bilder waren von sensationeller Schärfe und erregten Aufsehen – die Zeitschrift *Sky & Telescope* brachte zwei Berichte über Gunn und seine Bilder. An der Rice University schnitt er im Hauptfach Mathematik/Physik als Bester ab. Als er noch zur High School ging, hatte er sich in Beeville regelmäßig mit einem Mädchen namens

Rosemary Wilson getroffen, und kurz nach ihrem College-Abschluß heirateten sie und zogen nach Kalifornien, wo Jim am Caltech Astronomie studierte.
Am Caltech entwickelte er ein starkes Interesse für die Kosmologie, die Wissenschaft, die sich mit der Geburt, dem Leben und dem Sterben des Universums als ganzem befaßt – vom Urknall bis zum Untergang der Materie. Gunn studierte Albert Einsteins Relativitätstheorie, die verschiedene Möglichkeiten von Gegenwart, Vergangenheit und Zukunft unseres Universums in vier Dimensionen beschreibt. Wäre Jim Gunn ein normales menschliches Wesen gewesen, hätten ihm diese vier Dimensionen wahrscheinlich genügt, aber er konnte sich einfach nicht von einer chronischen Krankheit befreien, die da hieß: Tüftelsucht. Er kam zu dem Schluß, daß das Caltech ein Gerät zum Analysieren von Sternaufnahmen brauchte, die auf eine Fotoplatte aus Glas gebannt worden waren. Der Leiter des Instituts für Astronomie, Jesse Greenstein, gab ihm eine winzige Dunkelkammer in einem Kellerraum, wo er das Gerät bauen konnte. Der Raum war so klein, daß Gunn einzelne Teile des Gerätes zu Hause herstellte und sie dann in der Dunkelkammer zusammensetzte. (Ich bemerkte einmal Jesse Greenstein gegenüber, daß eine Dunkelkammer für einen Menschen mit Gunns Ambitionen vielleicht etwas eng war. »Ach ja?« sagte er. »Funktioniert es etwa nicht? Wenn man diesen Leuten zuviel Raum zur Verfügung stellt, sind sie nicht produktiv.«) Eines Tages rollte Gunn etwas aus der Dunkelkammer. Es war ein graues Metallgebilde, das beträchtlich größer war als Jim Gunn und vierundfünfzig Meßgeräte enthielt. Dieses Ding nennen manche Leute heute »Gunns Ersten Apparat«. Es funktioniert folgendermaßen: Man legt eine Fotoplatte aus Glas in ein Eisenstativ. Ein Sensor tastet auf der Platte einen Stern ab. Der Sensor nimmt ein Bild von dem Stern auf und speist es in den Apparat ein. Der Apparat analysiert das Bild und stellt die genaue Helligkeit des Sterns fest. Jesse Greenstein benutzt noch immer »Gunns Ersten Apparat«.

Im Sommer 1965 fragte Gunn einen seiner Lehrer, einen Tüftler namens J. Beverley Oke, ob er am Hale-Teleskop Beobachtungen machen dürfe – eine Art Übergangsritus für junge Caltech-Astronomen. Bev Oke nahm Gunn mit auf den Berg. Oke arbeitete den größten Teil der Nacht im Primärfokus im oberen Teil des Teleskops, wo er mit Hilfe eines elektronischen Gerätes rotes Licht von einem Quasar sammelte, der als 3C 273 bekannt war. Ein paar Minuten vor Beginn der Morgendämmerung kam Oke herunter und sagte zu Gunn, daß er hinaufgehen könne. Gunn trat auf eine Aluminiumplattform, die wie ein Sprungbrett aussah: der Aufzug zum Primärfokus. Er drückte auf einen Knopf, und der Aufzug rumpelte an der Innenseite der Kuppel nach oben, an den dunklen Trägern des Tubus, am Bogen des riesigen Hufeisens vorbei, bis er an der Öffnung des Hale-Teleskops hielt. Hier, am oberen Ende des Teleskops, befand sich ein kleiner Raum: die Kabine des Primärfokus. Dieser Raum sah aus wie eine Blechdose ohne Deckel.
Von dem Sprungbrett aus betrat Gunn den Primärfokus. Er hockte sich auf einen Traktorsitz. Er beugte sich über Okes Gerät, das in der Mitte des Raumes stand. Es hatte ein Okular, durch das man hinunter in den Spiegel schauen konnte. Er legte sein Auge an das Okular und erblickte eine Reihe von leuchtenden Fadenkreuzen. Der Nachtassistent legte den Spiegel frei. Gunn sah, wie sich in dem Spiegel das im Dämmerlicht schon blasser werdende Universum zeigte.

* * *

»Diese großen Teleskope sind fast wie Drogen«, sagte Maarten Schmidt einmal zu mir. Er hatte wahrscheinlich mehr Zeit im Primärfokus des Hale verbracht als irgendjemand sonst auf dieser Erde. Schmidt hatte an der Universität Leiden in den Niederlanden Astronomie studiert und war 1956 zum ersten Mal nach Pasadena gekommen.
Der am Caltech tätige Astronom Rudolph Minkowski ging kurz nach Schmidts Eintritt ins Caltech in den Ruhestand. Min-

kowski war ein sehr korpulenter Astronom, dem es schwer fiel, in die Kabine des Primärfokus hinein- und wieder herauszuklettern, der aber dennoch Pionierarbeit auf dem Gebiet der Untersuchung von Radiogalaxien (Galaxien, die ein besonders starkes Rauschen im Radiobereich ausstrahlen) geleistet hat. Als Minkowski in den Ruhestand ging, hatte er sein Beobachtungsprogramm noch nicht zum Abschluß gebracht, denn der Himmel war selbst für Rudolph Minkowski zu groß. Schmidt übernahm Minkowskis Programm und fing selbst an, nach Radiogalaxien zu spähen.

Isaac Newton (einer der originellsten Tüftler überhaupt; er hat das Spiegelteleskop erfunden) entdeckte, daß man Sonnenlicht durch ein Prisma lenken und dabei ein Farbmuster erzeugen kann, das von Blau bis Grün bis Gelb bis Tiefrot reicht. Ein Prisma, so Newtons Entdeckung, zerlegt das Sonnenlicht in seine einzelnen Farbbestandteile. Newton hat die Spektroskopie, das heißt die Zerlegung des Lichts, entdeckt, welche eines der wichtigsten Verfahren in der Astronomie darstellt. Durch die Verwendung eines mit feinen Linien versehenen Prismas oder Spiegels kann das Licht eines jeden Sterns beziehungsweise einer jeden Galaxie in einen Farbstreifen zerlegt werden, der von Blau bis Rot reicht, so wie Newton es mit dem Sonnenlicht getan hatte. Dieser Farbstreifen wird Spektrum genannt. In absehbarer Zukunft wird die Zerlegung des Lichts für uns die einzige Möglichkeit bleiben, mit den Sternen in Berührung zu kommen. Ein Spektrum zu erstellen bedeutet, das Material eines Sterns – also Photonen, die von der Oberfläche des Sterns kommen – zu sammeln und zu analysieren.

Das Spektrum eines Sterns ist in einigen Wellenlängen heller, in anderen dunkler. Wenn das Licht eines Sterns in ein Spektrum aufgefächert wird, zeigt das Spektrum schwarze Streifen – schmale, dunkle Lücken, die die Wellenlängen kennzeichnen, in denen wenig oder gar kein Licht von dem Stern kommt. Diese Streifen werden Absorptionslinien genannt. Sie werden durch relativ kalte Gase und verdampfte Metalle in der Nähe der Sternoberfläche erzeugt, die Licht mit bestimmten Wellenlängen absorbieren und dadurch das Spektrum im Bereich dieser bestimmten Farben dunkel erscheinen lassen. Manche Sterne – Wolf-Rayet-Sterne, Zwergsterne – zeigen in ihren Spektren sehr helle Streifen: deutlich voneinander abgesetzte, leuchtende Farbstreifen, die durch die großen Lichtmengen bedingt sind, die in diesem Frequenzbereich von einem Stern ausgehen. Die leuchtenden Streifen in einem Spektrum werden Emissionslinien genannt. Sie werden durch heiße, leuchtende Gase im Stern und um den Stern herum erzeugt, die durch Strahlung so sehr angeregt werden, daß sie in bestimmten Farben leuchten – so wie das Gas in einer Neonlampe. Im neunzehnten und frühen zwanzigsten Jahrhundert vervollkommneten die Astronomen die Techniken zur Zerlegung des Sternenlichts in seine einzelnen Farbbestandteile. Sie erkannten, daß die dunklen Absorptionslinien und die hellen Emissionslinien verschiedenen Elementen entsprachen – Wasserstoff, Kohlenstoff, Sauerstoff, Metalle. Sie lenkten das Licht eines Sterns durch ein Prisma auf eine Schwarzweißfotoplatte und erhielten dadurch einen schwarzweißen gebänderten Streifen. Sie betrachteten die Banden unter einem Mikroskop, um die Bestandteile des Sterns zu bestimmen.

Das meiste Licht ist für das menschliche Auge unsichtbar. Das gesamte Lichtspektrum reicht von kurzwelligen Gammastrahlen über Röntgenstrahlen, ultraviolettes Licht, sichtbares Licht, infrarotes Licht zu Mikrowellen und bis hin zu langwelligen Radiowellen. Das alles sind Formen elektromagnetischer Strahlung und somit »Licht«. Die Farben, die das menschliche Auge sehen kann, machen nur einen winzigen Teil des gesamten Lichtspektrums aus. In den fünfziger Jahren hatte man erkannt, daß Himmelskörper viel Licht aussenden, das für das menschliche Auge nicht sichtbar ist. Radiodetektoren fingen an, am ganzen Himmel Radioquellen auszumachen. Damals waren die Antennen nicht leistungsstark genug, um eine Quelle zu orten; die meisten Radioquellen wurden nur als unbestimmte Geräusche identifiziert, die keinen bestimmten Sternen oder Galaxien zugeordnet werden konnten. Die Astronomen waren so frustriert wie ein Ornithologe, der in einem Wald steht und Vögel einer unbekannten Art in den Bäumen singen hört. Während er den Liedern der Vögel lauscht, sucht er die Bäume mit einem Fernglas ab und versucht, die neue Art zu identifizieren. Einige Vögel zeigen sich, aber die meisten bleiben im Laubwerk verborgen.

Um die Identifizierung der Radioquellen zu erleichtern, stellten die Astronomen der Universität Cambridge in England mehrere Listen von Radioquellen zusammen. Die dritte und vermutlich bekannteste dieser Listen wird allgemein als der dritte Cambridge-Katalog von Radioquellen bezeichnet. Damals hielten die Astronomen die meisten Radioquellen am Himmel entweder für Radiogalaxien oder für Streifen von angeregtem Gas, das von Supernovae übriggeblieben war; aber niemand konnte das mit Sicherheit sagen, da die meisten im Cambridge Katalog aufgelisteten Quellen nicht mit Objekten in Verbindung gebracht werden konnten, die durch ein Teleskop zu sehen waren.

Im Herbst 1960 gelang es dem Radioastronomen Thomas Matthews, die Position der Radioquelle 3C 48 zu orten (3C steht für »dritter Cambridge«, und 48 bezeichnet die achtundvierzigste Quelle im Katalog). 3C 48 war ein blauer Stern. Allan Sandage, ein »optischer Astronom«, wurde auf die Sache aufmerksam. Vom Primärfokus des Großen Auges aus fotografierte Sandage den 3C 48 und entdeckte seltsame Farben. Als er das Objekt vermaß, stellte er fest, daß es eine punktförmige Quelle war – ein Objekt, das von der Erde aus betrachtet einen winzigen Durchmesser besaß. Es schien sich um eine Art Radiostern oder vielleicht auch um den Überrest einer Supernova zu handeln. Tom Matthews konnte noch mehr Cambridge-Radioquellen orten. Manche erwiesen sich als Radiogalaxien, andere als blaue Sterne. Einige wenige Astronomen bezeichneten diese Objekte als Radiosterne, aber im allgemeinen waren die Astronomen der Meinung, daß es sich nicht um eine eigenständige Gruppe von Objekten handelte.

Jesse Greenstein zerlegte das Licht von mehreren Radiosternen in Spektren und versuchte herauszufinden, woraus sie bestanden. Das Licht gab jedem, der es untersuchte, ein Rätsel auf. Man entdeckte unerklärliche Streifenmuster – Emissionslinien, die in einem breiten Kontinuum leuchteten. Die Emissionslinien waren weich und breit. Sie deuteten auf ein bizarres Objekt hin: etwas extrem Heißes, das unter enormem Druck stand und Gaswolken enthielt, die sich mit gewaltigen Geschwindigkeiten bewegten und offensichtlich aus einer unbekannten Materie bestanden.

Unterdessen wuchs der junge Maarten Schmidt in Rudolph Minkowskis Arbeit hinein und fing an, lange Nächte in der Primärfokuskabine am oberen Ende des Teleskops zu verbringen; er benutzte ein Gerät, das Primärfokusspektrograph hieß, um das Licht von Radiogalaxien auf Fotoplatten in Streifen zu zerlegen. Es hatte einen Spalt, durch den das vom Hale-Spiegel reflektierte Licht einer Galaxie auf ein reflektierendes Prisma geleitet wurde. Das Prisma fächerte das Licht in einen Regenbogen auf. Der Regenbogen ging durch eine Kamera, wurde von einem Spiegel zurückgeworfen, passierte eine Linse und traf auf einer Fotoplatte von der Größe eines Fingernagels auf. Die Platte war so klein und zerbrechlich, daß man sie hochheben konnte, indem man sie mit einer Fingerspitze berührte, an der sie hängen blieb. Der Primärfokusspektrograph hatte zwei austauschbare Kameras. Die eine hatte eine Saphirlinse, die andere eine Diamantlinse. Ira Bowen, unter dessen Aufsicht der Hale-Spiegel den letzten Schliff bekommen und den letzten Test bestanden hatte, hatte diese Kameras entworfen. Einer seiner Entwürfe erforderte nicht weniger als eine Diamantlinse mit einem Durchmesser von *einem Zentimeter.* Bowen hatte keine Ahnung, wo er einen bezahlbaren Diamanten auftreiben sollte, aber seine stillen Nachforschungen führten ihn zu einem Diamantenhändler, der einen flachen Diamanten als Anhänger einer Uhrkette benutzte. Bowen überredete den Händler, sich für sehr wenig Geld von seinem Anhänger zu trennen, da der Stein zum Schleifen zu dünn war. Bowen gab den Anhänger Don Hendrix, der ihn mit einer Mischung aus Diamantstaub und Vaseline zu einer Linse schliff.

1962 fuhr Schmidt gleich nach Weihnachten zu einer Beobachtungsreihe auf den Mount Palomar, wo er Spektren von Radiogalaxien aufnehmen wollte. In der Nacht des 27. Dezember sammelte er neun Stunden lang das Licht einer Radiogalaxie. Gegen Morgen, als er noch ein paar Stunden zur Verfügung hatte, wurde seine Aufmerksamkeit auf ein Radioobjekt im Sternbild Jungfrau gelenkt, das im dritten Cambridge-Katalog von Radioquellen als Objekt Nr. 273 aufgeführt war – als 3C 273. Er hatte ein Foto von dem Objekt gesehen. Es war in keiner Hinsicht bemerkenswert – nur ein schwacher Streifen oder ein zerfasertes Wolkengebilde, das Radiogeräusche aussandte. Er vermutete dahinter einen Streifen angeregten Gases und traf die zur Aufnahme eines Spektrums notwendigen Vorbereitungen.

Zuerst mußte er einen Film in die Kamera einlegen. In absoluter Dunkelheit klappte er den Deckel der Kamera auf. Er klemmte eine winzige Glasplatte in die Kamera und klappte den Deckel wieder zu. Der Nachtassistent schwenkte das Teleskop zur Jungfrau und richtete es genau auf das Sternenfeld, das den Gasstreifen 3C 273 enthielt. Maarten legte sein Auge an ein Okular und blickte auf den Spiegel hinunter, der sich fast siebzehn Meter unter ihm befand und in dem er Nebelwolken aus Sternen sah, die aussahen wie Blütenstaub auf einem Fischteich. Er suchte die Nebelwolken ab. Er erkannte die Sternengruppe, die den Radiostreifen enthielt. Er konnte den Radiostreifen nicht mit bloßem Auge erkennen, aber ein sehr heller Stern befand sich in der Nähe der Stelle, wo der Radiostreifen zu vermuten war. Er beschloß, ein Spektrum des Sterns aufzunehmen, damit die Sache erledigt war. Mit Hilfe eines Handsteuergeräts schwenkte er das Hale-Teleskop, bis das Licht des

Sterns durch den Spalt des Spektrographen fiel. Er zog an einem dunklen Schiebeverschluß, und die Belichtung begann. Dann blickte er durch ein anderes Okular und suchte einen Leitstern – einen hellen Stern irgendwo in seinem Gesichtsfeld – und richtete das Fadenkreuz darauf. Immer wenn das Große Auge wanderte, wanderte auch sein Leitstern, so daß er das Handsteuergerät so lange betätigen mußte, bis sich der Leitstern wieder im Fadenkreuz befand. Für Notfälle hatte er seine Taschenlampe dabei. In der Primärfokuskabine stand ein gepolsterter Traktorsitz. Er saß still auf dem Sitz und schaute gelegentlich in den Himmel, um die Sternbilder zu sehen, die sich um den Nordpol drehten. »Man ist tatsächlich versucht, einfach nur den Himmel zu beobachten«, gesteht er. »So könnte man sich eine Reise in den Weltraum vorstellen.« Oben im Primärfokus schien er nichts weiter zu brauchen als ein großes Raumschiff und einen Stern, den er ansteuern konnte. Er trug einen elektrisch heizbaren Fliegeranzug aus alten Armeebeständen. Der Primärfokus hatte eine Sprechanlage, die Bach-Kantaten zu den Sternen emporschickte.
Nachdem mit dem Hale die ersten Beobachtungen gemacht worden waren, hatte ein Palomar-Tüftler namens William (»Billy«) Baum bei einem Versandhaus Elektroanzüge bestellt, die von der Armee ausrangiert worden waren. Der Preis: ein Dollar pro Stück. Bald darauf mußte fast jeder Astronom in den Vereinigten Staaten einen solchen Fliegeranzug haben. Als das Observatorium den nächsten Stapel Elektroanzüge bestellte, war der Preis um 25 Prozent gestiegen – die ganz Geschäftstüchtigen nahmen schon 1,25 Dollar pro Stück. Ein Elektroanzug half zwar gegen die Kälte, aber nicht gegen den Fluch des Primärfokus – die Qual der Blase. Schmidt machte gewöhnlich um Mitternacht eine Pause, aber manche Astronomen taten das nicht. Wenn man vielleicht ein Jahr darauf gewartet hat, ein paar Nächte im Großen Auge zu bekommen, ist jede Minute am Teleskop kostbar; viel zu kostbar, um eine Pause zum Wasserlassen einzulegen. Dies hatte zu seltsamen Praktiken geführt. In

den letzten Jahren mußten einige der elektronischen Kameras im Primärfokus mit geschabtem Trockeneis gekühlt werden. Die Astronomen pflegten ihr Trockeneis in einer Thermosflasche mitzubringen. Nachts schütteten sie mehrere Male Eisflocken in die Kamera, damit diese kalt blieb. Wenn die Thermosflasche schließlich leer war, pinkelte der Astronom in die Flasche und drehte den Verschluß zu. Es heißt, daß ein erschöpfter Astronom einmal vergessen hatte, was er in die Flasche gefüllt hatte, so daß er eine Flasche dampfenden Urin in ein teures wissenschaftliches Instrument im Primärfokus geschüttet hatte.

Die elektrische Heizung der Anzüge, die noch heute auf dem Mount Palomar in Gebrauch sind, erreicht zwei Kilowatt. Einige junge Astronomen sehen in diesen Anzügen, auf denen lose Drähte mit Kabelband verklebt sind, allerdings eher Hinrichtungsinstrumente. Was geschah, wenn man – was der Himmel verhüten mochte – vom Fluch des Primärfokus überwältigt wurde und in einem dieser Anzüge Wasser ließ? Man konnte in einer Wolke von laut zischendem, kochendem Urin durch einen Stromschlag getötet werden. »Man könnte im Primärfokus verbruzzeln«, bemerkte Don Schneider, »und niemand würde einen schreien hören.«

Rudolph Minkowski machte der Primärfokus in vielerlei Hinsicht zu schaffen. Sein Elektroanzug war zu eng, und er erstickte fast, wenn er ihn anzog; das wurde erst besser, als seine Frau schließlich einen Keil in das Vorderteil einnähte. Minkowski fiel es auch schwer, das Teleskop zu bedienen. Byron Hill, der den Bau des Teleskops überwacht hatte, erklärte Minkowski alle Knöpfe auf den Handsteuergeräten im Primärfokus und blieb dann die Nacht über am Steuerpult des Nachtassistenten (das sich damals am Fuße des Teleskops befand), um Minkowski gegebenenfalls zu helfen. Den ganzen Abend hörte Hill über die Sprechanlage ein lautes Rumsen und Ächzen. Das Teleskop schwankte hin und her.

»Brauchen Sie Hilfe?«

»Alles in Ordnung«, knurrte Minkowski.
Eines Morgens hatte Byron Hill genug. Das Teleskop fuhr wild in der Gegend herum. »Was machen Sie da eigentlich? Nehmen Sie die Ellbogen vom Steuergerät!« rief er.
»Wieso? Das mache ich doch absichtlich«, antwortete Minkowski.
Im nächsten Jahr nahmen Minkowskis Probleme im Primärfokus noch mehr zu. Die Nachtassistenten hörten, wie er mit sich selbst sprach, keuchte und grummelte. Manchmal brummte er wie ein Bär. Die Nachtassistenten fanden diese Laute so interessant, daß sie sie aufnahmen und das Band herumreichten. Byron Hill fand schließlich heraus, was da oben nicht stimmte. Der Sitz im Primärfokus war ein harter Holzteller, der nur halb so groß war wie Minkowskis Hinterteil. »Der kleine Sitz brachte Minkowski fast um«, erinnerte sich Hill. »Ich konnte den Gedanken nicht ertragen, wie er sich dort herumquälte.« Eines Tages fuhr Hill hinunter zu einem Landmaschinenhändler und kaufte einen Traktorsitz. Hill sagte: »Es war gar nicht so einfach, den Sitz so zu ändern, daß er Minkowski paßte. Ich baute eine Polsterung ein. Und dann speckte dieser Verräter vierzig Pfund ab.«
Rauchen war im Primärfokus streng verboten, aber es roch immer nach Zigaretten, wenn Minkowski oben gewesen war, obwohl sich die Astronomen nicht vorstellen konnten, was er mit den Kippen machte. Die Nachtassistenten wußten es. Sie sagten, daß Minkowski seine Kippen aus der Primärfokuskabine warf, so daß sie häufig durch das Teleskop fielen und auf dem Spiegel landeten. Der Spiegel war ein idealer Aschenbecher, denn wenn sich das Teleskop bewegte, rollten die Zigarettenkippen, die auf dem Spiegel lagen, in ein Rinne am Rande des Spiegels und waren damit außer Sichtweite. Die Nachtassistenten behaupteten, sie hätten haufenweise Kippen aus dieser Rinne geholt, und Walter Baades Hände fingen schon bei dem Gedanken daran an zu zittern. Baade belehrte Minkowski darüber, was Asche bei Pyrexglas anrichten konnte, aber das war

Ein Astronom sitzt am Primärfokus in der Beobachtungskabine am oberen Ende des Hale-Teleskops. Er schaut in den großen Spiegel, wo er Licht erblickt, das aus den Tiefen des Universums kommt. Aus der Vorstellung gezeichnet von Russell W. Porter im Jahre 1940. Der Astronom trägt einen maßgeschneiderten, gebügelten Anzug mit einem Einstecktuch in der Brusttasche und elegante Schuhe. Seine mit Pomade, vielleicht mit Wildroot Cream, in Form gebrachten Haare liegen eng am Kopf. Einen derartig perfekt gekleideten Astronomen gibt es nur in der Phantasie des Zeichners. So jemand hat nie am Primärfokus des Hale gearbeitet, denn in den kalten und langen Nächten ist zweckmäßige Kleidung gefragt. *(Foto mit freundlicher Genehmigung des Palomar-Observatoriums/Caltech)*

vergebliche Liebesmüh. Der Spektrograph des Primärfokus war ein zerbrechliches wissenschaftliches Instrument, dessen zahlreiche Knöpfe Minkowski schier zur Verzweiflung brachten. Wenn er einen Knopf nicht dazu bringen konnte, sich so zu drehen, wie er seiner Meinung nach sollte, verpaßte er ihm die sogenannte Minkowski-Behandlung. Zuerst umschloß er den Knopf fest mit einer Hand und drehte gewaltsam an ihm. Wenn sich der Knopf dann immer noch nicht bewegte, machte er ein oder zwei obszöne Bemerkungen auf deutsch, warf seine Zigarette hinaus und holte eine kleine Zange aus seiner Tasche, mit der er den Knopf vollends zerstörte. Einmal schaffte Minkowski es nicht, die Kamera am Spektrographen zu öffnen, um die Fotoplatten zu wechseln. Das Problem war ein Paar Flügelmuttern. Die Muttern lösten sich nicht, obwohl er sie mit der Zange bearbeitete. Er merkte nicht, daß er sie in die falsche Richtung drehte und dadurch immer fester zugedreht hatte. Am nächsten Tag stellte das Ingenieurteam fest, daß die Flügelmuttern so fest saßen, daß sie herausgeschnitten werden mußten. Sie ersetzten sie durch Schraubzwingen mit eingekerbten Griffflächen für die Daumen, um Minkowski zu ermuntern, keinen Gebrauch von seiner Zange zu machen. Aber, wie Byron Hill sagte: »Man konnte das Teleskop astronomensicher machen, aber es war völlig aussichtslos, es Minkowski-sicher zu machen.« Aber wenn sich Minkowski mit einer Zigarette auf dem Traktorsitz eingerichtet und es geschafft hatte, daß die Farben einer Radiogalaxie durch den Uhrkettenanhänger des Diamantenhändlers strömten, verfiel er in eine Art Winterschlaf. Sein Grunzen wurde zu einem Seufzen, das Hale-Teleskop ragte in die Nacht hinein, und Minkowski und der Himmel wurden eins. Minkowski gehört zu den wenigen Mitgliedern der menschlichen Gattung, nach denen eine Galaxie benannt wurde. Minkowskis Objekt, eine sehr ausgefallene Galaxie, befindet sich im Sternbild Cetus, im Walfisch.

* * *

Am 27. Dezember belichtete Maarten Schmidt zwei Stunden lang einen hellen Stern, der sich neben dem kleinen, als 3C 273 bekannten Radiostreifen befand. Er beendete die Belichtung kurz vor der Morgendämmerung. Er nahm die winzige belichtete Platte aus der Kamera und legte sie in einen lichtundurchlässigen Kasten. Er arbeitete schnell, weil in dem Augenblick, in dem die Platte im Freien war, ein Meteor vorbeifliegen, sie belichten und somit zerstören könnte. Am nächsten Nachmittag entwickelte er seine Glasstückchen in der Dunkelkammer. Als die Aufnahmen getrocknet waren, betrachtete er sie durch ein Vergrößerungsglas, das der Lupe eines Juweliers ähnelte, und schrieb Notizen auf das gelbe Millimeterpapier, das er für die Aufzeichnung seiner Gedanken benutzte: »27. Dez. 3C 273. Dies ist der helle Stern am Ende des Streifens. Alles ist stark überbelichtet.«

Der Stern hatte seine Fotoplatte praktisch geröstet. Er stellte fest, daß der Stern seltsame Farben aussandte. Er war einer von den Radiosternen. »Bei 3250 Ångström (eine gängige Einheit für Wellenlängen, d. Verf.) befindet sich eine breite Emissionslinie ... bei 3400 auch ein paar feine Emissionslinien mit regelmäßigen Abständen ... Da muß noch viel mehr sein, wir brauchen eine kürzere Belichtung.«

Das menschliche Gehirn sucht immer nach regelmäßigen Mustern. Wie sich herausstellte, gab es bei dieser speziellen Aufnahme keine regelmäßigen Linien. Die Platte war hoffnungslos überbelichtet.

Zwei Nächte später, am 29. Dezember, ging Schmidt daran, ein weiteres Spektrum des Radiosterns zu erstellen, nachdem er sich mit Radiogalaxien befaßt hatte. Als er ihn durch das Okular betrachtete und das Hale-Teleskop schwenkte, sah er, wie sich der Stern auf den Spalt zubewegte. Er war überrascht, wie hell dieser Stern, zumindest nach den Maßstäben des Großen Auges, war. Er war es gewohnt, nach leuchtschwachen Galaxien Ausschau zu halten – Galaxien, die er kaum sehen konnte, wenn er im Spiegel auf sie blickte. »Man fragte sich immer, ob man da nicht Gespenster sähe«, erzählte er. »Man blickte lange auf das Feld, während man das Teleskop auf das Objekt richtete. Man mußte seitlich an ihm vorbeisehen, dann erblickte man das Objekt, oder auch nicht. Einmal verbrachte ich viereinhalb Stunden damit, ein Spektrum von einer Galaxie aufzunehmen. Beim Entwickeln stellte ich fest, daß die Platte völlig leer war. Ich hatte mir diese Galaxie nur eingebildet.« 3C 273 war kein Gespenst. »Das Objekt war ungewöhnlich hell«, erinnerte er sich. »Ich konnte kaum Farbe in ihm erkennen. Optisch wirkte es eher blau.« Am folgenden Nachmittag sah er, daß ihm eine gute Aufnahme gelungen war – er sah alle möglichen Emissionslinien. Er kam zu dem Schluß, daß der schwache Streifen neben dem Stern ein Strahl, ein sogenannter Jet, sein mußte, der aus dem Stern herausschoß.

Ende Januar kehrte er auf den Mount Palomar zurück, um an weiteren Radiogalaxien zu arbeiten. Er wollte auch noch einige Spektren von 3C 273 aufnehmen. In der ersten Nacht überbelichtete er eine weitere Platte. Er konnte sich einfach nicht daran gewöhnen, diese hellen Sterne zu fotografieren. In der nächsten Nacht nahm er den Stern mit einer sehr kurzen Belichtungszeit auf, und den Rest der Nacht mühte er sich ab, ein Spektrum von dem feinen Jet auf die Platte zu bannen. Bei Tagesanbruch trennte sich Maarten, wie immer nach einer intensiven Himmelsbeobachtung, leicht benommen, entrückt und zufrieden widerstrebend von dem Okular und kehrte mit ein paar Glasstückchen in seinem lichtundurchlässigen Kasten, die seiner Meinung nach Bilder von Sternenlicht enthielten, zur Erde zurück. Als er die Platten entwickelte, sah er, daß die lange Belichtung des Jets überhaupt nichts gebracht hatte: »Jet – muß weiter untersucht werden.«

Er fuhr wieder nach Pasadena. Er hatte mittlerweile mehrere Platten von 3C 273 aufgenommen. Das Spektrum zeigte sechs Emissionslinien. Wieder entsprachen die Linien keiner bekannten Materieform. Er beschrieb seinen Kollegen die Linien, aber niemand konnte sie ihm erklären. Unterdessen wollte die britische Zeitschrift *Nature* einige Artikel über diese merkwürdigen Radiosterne veröffentlichen. Maarten erklärte sich bereit, einen Artikel zu schreiben.

Jesse Greenstein, dessen Büro wenige Meter von Maartens Büro entfernt lag, hatte einen Artikel für das *Astrophysical Journal* verfaßt. Jesse glaubte, das erstaunliche Geheimnis eines Radiosterns mit der Bezeichnung 3C 48 entschlüsselt zu haben: 3C 48 sei ein Zwergstern, dessen Schwermetalle wie beispielsweise Curium, Neptunium und Plutonium im Spektrum leuchten. Eines Tages kam er mit einem dicken Manuskript, in dem seine Erkenntnisse zusammengefaßt waren, in Maartens Büro. Es umfaßte einundvierzig Seiten und enthielt fünfzehn Tabellen und Diagramme. »Dies sind meine Erkenntnisse über den 3C 48. Wenn Sie etwas dazu sagen möchten, lassen Sie es mich innerhalb einer Woche wissen, dann werde ich es abschicken.« Das Manuskript landete mit einem dumpfen Knall auf Maartens Schreibtisch.

»Wenn mir irgend etwas auffällt, gebe ich Ihnen Bescheid.«

Am 5. Februar 1963 ging Maarten Schmidt in sein Büro, um seinen Artikel für *Nature* zu schreiben. Er legte einige Blätter Millimeterpapier auf seinen Schreibtisch und breitete die Glasplatten von 3C 273 aus. Jede Platte zeigte einen winzigen schwarzweißen Streifen, ein Spektrum. Einige Streifen waren nur gut einen halben Zentimeter lang. Er hatte die Platten auf die üblichen Objektträger eines Mikroskops geklebt, staubte sie jetzt leicht mit einem elegant gemusterten Taschentuch ab und legte die Objektträger nacheinander in ein Mikroskop ein. Er nahm seine Brille ab und sah sich die Aufnahmen genau an.

Selbst im besten Spektrum von 3C 273 waren die Merkmale kaum zu erkennen. Das Spektrum zog sich wie Rauchschwaden über das Glas. Der Rauch verdickte sich hier und da fast unmerklich zu breiten vertikalen Streifen. Diese Streifen waren die Emissionslinien. Er hatte immer Angst, Gespenster zu sehen. Obwohl ihn der Eindruck, etwas Strukturiertes zu sehen, früher einmal in die Irre geführt hatte, konnte er sich jetzt

doch nicht von dem Gedanken freimachen, daß er in diesen Linien etwas Strukturiertes, Regelmäßiges sah. Die Linien fielen mit abnehmendem Abstand, gingen von Rot nach Blau, als wären sie die Oberwellen eines angeregten Atoms. Er wußte auch, daß es eine von J. Beverley Oke entdeckte unsichtbare Infrarotlinie gab; er sah sie zwar nicht auf seinen Platten, aber ihm war klar, daß Okes unsichtbare Linie sich in regelmäßigen Abständen von den anderen Linien befinden mußte. Folglich gäbe es fünf regelmäßige und zwei andere, nicht regelmäßige Linien. Er versuchte, auf dem Millimeterpapier das Modell eines Atoms zu skizzieren, das Lichtoberwellen aussenden könnte. Welche Art von heißem Gas könnte in Oberwellen leuchten? »Ich war schon etwas frustriert«, erinnert er sich. »›Sieh doch, es *ist* regelmäßig, oder?‹, sagte ich zu mir selbst.«
Um sich davon zu überzeugen, daß seine Linien tatsächlich regelmäßig waren, beschloß er, ihre Abstände mit der Balmer-Serie, einer Serie von Spektrallinien des Wasserstoffs, zu vergleichen – die bekanntesten Linien mit den regelmäßigsten Abständen, die in der Physik bekannt sind. Die Balmer-Linien wiesen abnehmende Abstände auf. Er maß die Abstände zwischen den Linien seines Spektrums, verglich sie mit den Balmer-Linien – und verstand plötzlich. Er sah tatsächlich Balmer-Linien in dem Radiostern. Er sah in diesem Radiostern heißen, leuchtenden Wasserstoff – mit der Ausnahme, daß die Farben des Wasserstoffs weit unten im Spektrum, am roten Ende lagen. Das würde fünf Linien erklären – alle regelmäßig. Aber was war mit den beiden anderen Linien? Was wäre mit ihnen, wenn er sie auf der Skala nach oben, zu den normalen Wellenlängen verschieben würde? Er zog seinen runden Rechenschieber heraus und drehte an ihm. Magnesium. Sauerstoff.
Der Radiostern bestand aus normalen Elementen. Aber er entfernte sich mit etwa 16 Prozent der Lichtgeschwindigkeit von der Erde. Das war der Doppler-Effekt. Das Objekt entfernte sich im Zuge der allgemeinen Expansion des Universums – der Hubble-Bewegung. Das war kein Stern – das war ein extra-

galaktisches Objekt. Mit einer sechzehnprozentigen Rotverschiebung wäre es zwei Milliarden Lichtjahre entfernt, würde also zu den Galaxien gehören, die man mit dem Hale-Teleskop gerade noch sehen konnte – Galaxien, die so schwach leuchteten, daß er sich fragte, ob er ein Irrlicht sah, wenn er seitlich an ihnen vorbei in den Spiegel schaute. Und dieses Objekt war so hell, daß es zweimal eine Fotoplatte versengt hatte.

Schmidt, der gar nicht begreifen konnte, was für eine ungeheuerliche Entdeckung er da gemacht hatte, machte seine Tür auf, um etwas Luft hereinzulassen. In diesem Augenblick ging Jesse Greenstein vorbei. Maarten sagte: »Jesse, würden Sie wohl einen Moment hereinkommen? Ich möchte Ihnen etwas sagen.«

Jesse setzte sich hin. Maarten erzählte ihm, daß er bei einem Radiostern eine extreme Rotverschiebung entdeckt habe.

Jesse wurde blaß. Er sagte: »Du lieber Himmel!« Er bekam einen Riesenschreck, denn er erkannte augenblicklich, daß seine Theorie über die Radiosterne falsch war. Ihm wurde klar, daß er bei 3C 48 eine Rotverschiebung *gesehen* hatte! Aber er hatte diese Idee verworfen. Statt dessen hatte er sich eingeredet, das Ding sei ein winziger, mit Curium, Neptunium und Plutonium vollgestopfter Stern! Er sagte: »Wir sollten uns 3C 48 anschauen.«

Sie nahmen sich Jesses Manuskript vor, und ein paar Augenblicke später verkündete Jesse, daß 3C 48 eine Rotverschiebung von 37 Prozent hatte. Auf Jesses Gesicht zeigte sich ebenfalls eine extreme Rotverschiebung. Er hatte seinen Beitrag bereits an das *Astrophysical Journal* geschickt.

In Maartens Worten: »Uns waren die Augen geöffnet worden.«

3C 48 entfernte sich mit einem Drittel der Lichtgeschwindigkeit. Das Objekt mußte fünf Milliarden Lichtjahre entfernt sein – und war ein leuchtend heller Lichtpunkt! Maarten und Jesse schrieben eine Tafel mit Berechnungen voll. Sie konnten gar nicht glauben, was sie da sahen. Sie suchten nach einer Möglichkeit, diese Emissionslinien zu erklären, ohne eine Rotverschiebung heranzuziehen. Sie wurden laut. Der Lärm veranlaßte Bev Oke, in Maartens Büro zu kommen. Schmidt und Greenstein forderten Oke auf, zu widerlegen, daß diese Linien eine Rotverschiebung aufwiesen. Er konnte es nicht. Jesse rief das *Astrophysical Journal* an und bat die Redaktion, seinen Beitrag nicht zu veröffentlichen. (»Es war ein faszinierender Beitrag«, sagte Jesse zu mir, als er sich Jahre später an diese Ereignisse erinnerte. »Er war nur leider falsch.«) Um 17 Uhr 30 hatte sich das Universum in ein so sonderbares und fremdes Gebilde verwandelt, daß sie dringend etwas zu trinken brauchten. Jesse schlug vor, zu ihm nach Hause zu gehen. Als die drei Astronomen auftauchten und nach alkoholischen Getränken suchten, war Jesses Frau Naomi ganz entgeistert. Die Caltech-Astronomen tranken niemals an einem Dienstagabend. »Was ist los?« fragte sie.

Maarten konnte nicht stillsitzen. Er ging auf und ab. Wenn sich diese Dinger – die nicht mehr Radiosterne genannt werden konnten – in den Tiefen des Universums befanden, dann war das von ihnen ausgestrahlte Licht die thermische Verbrennung einer ganzen Galaxie auf einmal! Aber in einem winzigen Bereich zusammengedrängt, so als hätte irgendeine Kraft hundert Milliarden Sterne auf einen Punkt zusammengepreßt und dann entzündet. Und dann der Jet! Der Jet, der aus 3C 273 austritt, sieht aus wie ein Flammenwerfer. Es war furchtbar – welche natürliche Kraft konnte einen Gasstrahl erzeugen, der dreimal größer war als eine ganze Galaxie?

»Wir haben uns total merkwürdig aufgeführt«, erzählt Maarten. »Wir schrien laut durcheinander.«

Während Maarten das reinste Nervenbündel war, überstand Jesse mit Hilfe von Zigarren und Whisky »diesen ersten schrecklichen Nachmittag«, wie er ihn nannte.

»Gebt mir bitte auch was davon«, hatte Maarten gesagt und auf den Whisky gedeutet. Rückblickend sagt Jesse: »Wir hatten eine Hülle durchstoßen, in der wir gefangen gewesen waren. Das ist für einen Wissenschaftler ein ganz großes Gefühl. Wenn man auf einem bestimmten Gebiet arbeitet und eine solche Ent-

deckung macht, ist das Gefühl absolut unbeschreiblich; man spürt es körperlich.«
Maarten fuhr nach Hause. In dieser Nacht »ging ich wie ein Tiger im Käfig stundenlang im Wohnzimmer auf und ab«, erinnert er sich. Er war dreiunddreißig Jahre alt.
Seine Frau Corrie fragte ihn, was mit ihm los sei.
Er sagte: »Heute ist im Büro etwas Schreckliches passiert.« Er erzählte ihr, daß er unter den fernsten Galaxien ein Objekt gefunden habe, das ein furchterregendes Licht aussendete. Er würde etwas veröffentlichen müssen. Er hatte so wenig Zeit, und was würde er über dieses Phänomen sagen? Während er im Wohnzimmer umherging, fragte er sich: »Machst du aus einer Mücke einen Elefanten? Und wenn nicht, was willst du dann eigentlich sagen? Und ich werde etwas sagen müssen!« Er fragte sich, ob er irgendeine einfache, harmlose, ziemlich normale Erklärung für diese Emissionslinien übersehen hatte. Würde er sich nicht lächerlich machen, wenn er in einem Artikel behaupten würde, ein heller Stern sei zwei Milliarden Lichtjahre entfernt? »Mir wurde schon damals klar, was das für die Zukunft bedeuten würde«, sagte er später. »Denn wenn man sehr helle Objekte mit so starker Rotverschiebung sieht, dann müssen etwas leuchtschwächere eine wesentlich größere Rotverschiebung haben.« Bald würde man noch viel mehr von diesen Objekten entdecken. Sie wären natürlich leuchtschwächer, da sie weiter weg wären. Vor ihm lag der Weg, den er in den nächsten fünfundzwanzig Jahren gehen würde: Er würde weit in die Vergangenheit zurückblicken, und im Kosmos würde sich ein Abgrund auftun, in dem ferne Feuer leuchteten. Die Suche nach diesen Objekten bedeutete, tief in die Zeit, fast in ein anderes Universum einzutauchen und ein schauriges, unerklärliches Drama zu beobachten, das an einem absolut fremden Ort stattfindet. Immer wieder ging ihm die Frage durch den Kopf: Gibt es einen Ausweg?
Aus diesem Universum gab es keinen Ausweg. Schmidt, Oke, Greenstein und der Radioastronom Matthews schrieben einige

Beiträge für *Nature*, die nacheinander erschienen. Schmidts Beitrag erschien zuerst: »3C 273: Ein sternähnliches Objekt mit starker Rotverschiebung.« Er war zwei Seiten lang. Eigentlich war nicht viel zu sagen. Die Natur hatte sich nicht als kompliziert und erklärbar, sondern als kompromißlos, einfach und geheimnisvoll erwiesen. Die Natur gestattete keine Alibis. Diese beiden Seiten bedeuteten einen Wendepunkt in der Geschichte der Astronomie, denn sie kündigten einen neuen Himmel an, an dem sich Ungeheuerliches und Unvorstellbares tat. Diese zwei Seiten waren ein Prolog zu zwei Jahrzehnten Astronomie, in denen Pulsare, Akkretionsscheiben, schwarze Löcher, Gammaburster, Radiojets, Gravitationslinsen und die ebenso bizarre wie unausweichliche Logik des Urknalls, des Augenblicks der Schöpfung, entdeckt wurden. Mit der Entdeckung immer neuer Quasare, deren zunehmende Rotverschiebung den Blick in eine immer fernere Vergangenheit lenkte, erkannte Maarten Schmidt, daß er, als er jenes Glasstückchen mit seinem Taschentuch abgestaubt und unters Mikroskop gelegt hatte, ganz unbeabsichtigt in ein Forschungsgebiet hineingestolpert war, das als beobachtende Kosmologie bezeichnet wird und das versucht, gewissermaßen durch ein Fernglas die Struktur und die Geschichte des Universums zu erkennen.

Jesse Greenstein sollte bald eine schöne Stange Geld für eine Sammlung japanischer Zen-Bilder ausgeben. Jesse betrachtete seine Bilder nicht unbedingt als einen Trost dafür, daß ihm die Rotverschiebung der Quasare entgangen war, sondern eher als eine Lehre. »Ich hatte gewußt, daß 3C 48 eine Rotverschiebung hatte«, sagte er. »Und ich hatte diesen Gedanken verworfen. ›Das ist Unsinn‹, sagte ich mir.« Er sammelte Bilder, die Zen-Rätsel illustrierten. Eines seiner Lieblingsbilder zeigt einen alten Dichter, der in einem Boot fährt und beobachtet, wie Gänse über einen wolkigen, mondbeschienenen Himmel fliegen. Der Dichter blickt nach oben, und man kann kaum seine Augen sehen. Das Rätsel lautet: Wie fängt der alte Dichter die Gänse? Und die Antwort lautet: Er hat sie schon gefangen.

Im zentralen Arbeitsraum versuchten Jim Gunn und Don Schneider, den 4-Shooter zum Scannen vorzubereiten. Sie hämmerten auf eine Tastatur, während Maarten Schmidt mit Juan plauderte. Plötzlich riefen Jim und Don: »O nein«, und liefen aus dem Zimmer.

»Stimmt was nicht?« rief Maarten ihnen nach.

Keine Antwort.

Ein Drucker fing an, Papier auszuspeien. Darauf stand:

OK

OK

OK

Maarten betrachtete es lächelnd.

OK

OK

OK

»Er sagt die ganze Zeit okay«, bemerkte Maarten, »aber ich glaube nicht, daß das okay ist.«

OK

OK

OK

Jim und Don sausten zurück. Sie hämmerten wie wild auf eine Tastatur, um den 4-Shooter wieder zu beruhigen.

»Ich habe keine blasse Ahnung, was da im Augenblick los ist«, sagte Maarten. »Mir kommt alles ganz normal vor.«

»Jetzt haben wir's«, verkündete Jim, während Don das Computerpapier aufhob, das sich zu einem Stapel aufgetürmt hatte. Maarten beugte sich über sie. Er sagte: »Ihr dringt kühn in ein Reich ein, dessen Gesetz niemand kennt.«

Sie überredeten den 4-Shooter, mit dem Scannen zu beginnen, und bald glitten Sterne und Galaxien über die Bildschirme.

Diesmal allerdings sahen die Galaxien anders aus. Aus jeder Galaxie trat ein vertikaler verschmierter Streifen aus, der einer Kerzenflamme ähnelte. Die Bildschirme zeigten Bilder von Galaxien, die durch flache Glasstücke, durch Beugungsgitter gesehen wurden. Das Glas zerlegt das Licht wie ein Prisma. Jim hatte das Glas vor die vier Kameras des 4-Shooter montiert, so daß das Licht eines jeden Objekts im Gesichtsfeld auf seinem Weg in die Kamera durch das Glas wandern mußte. Diese Methode reißt das Licht der Objekte, die sich im Gesichtsfeld des Teleskops befinden, auseinander. Die Galaxien schienen in Flammen zu stehen. Jede Flamme war ein Spektrum, das vertikal aus der Galaxie austrat. In zwei Nächten suchte 4-Shooter zweimal denselben Himmelsausschnitt ab; in der ersten Nacht nahm er direkte Bilder, in der zweiten Nacht Bilder durch die Beugungsgitter auf. Auf diese Weise erhält man Bilder von 120 000 Objekten und ihren gebrochenen Farben, wobei alle in ihnen enthaltenen Informationen auf Band aufgezeichnet werden. Dons Computer wird später die Bilder kombinieren, um das Licht zu verstärken, und die Spektren dann automatisch nach den für Quasare typischen Emissionslinien absuchen. So hoffte das Team Quasare zu finden.

»Es geht voran!« rief Maarten. Er ging hinüber zum Stereogerät und hatte in wenigen Augenblicken Musik von Mozart gefunden.

Die Astronomen standen um einen Bildschirm herum und schauten sich die Spektren an.

»Maarten, sehen Sie sich das an«, sagte Jim und zeichnete mit einem Finger Erhebungen und Lücken in einer Kerzenflamme nach. »Das ist ein früher M-Stern.« (Er erklärte mir später, daß ein M-Stern ein erkalteter, rötlicher, alternder Stern ist.)

Maarten nahm seine Brille ab und betrachtete ihn genau. »Ja«, sagte er. »Ein ziemlich blauer M-Typ.«

Auf dem Fernsehbildschirm war der Himmel eine Masse von Klecksen und verschmierten Flecken. Einige Spektren hatten dunkle leere Stellen – das waren die Absorptionslinien. Andere zeigten Verdickungen – das waren die Emissionslinien. Die Astronomen sahen viele M-Sterne. M-Sterne, so sagten sie, weisen eine oberflächliche Ähnlichkeit mit Quasaren auf. »Die meisten sind uns ziemlich nahe«, sagte Schneider. »Einige tausend Lichtjahre entfernt.« Später tippte er auf den Bildschirm. »Da ist eine Emissionsgalaxie«, sagte er und deutete auf eine hell leuchtende, gewalttätige Galaxie, in deren Kern etwas Schreckliches brannte, vielleicht ein Miniquasar.

»O ja«, sagte Maarten und zeichnete das Spektrum mit seinem Finger nach. »Schauen Sie sich das an. Eine N-Galaxie«. Er zeigte auf ein Bündel von horizontalen Dornen in der Kerzenflamme. »Man kann die Emissionslinien sehen, aber es handelt sich eindeutig um eine Galaxie und nicht um einen Quasar«, sagte er.

Diese mehrfachen Transits mit dem Großen Auge waren wie eine lange Nachtfahrt durch Nordamerika. Auf den Bildschirmen leuchteten Galaxien wie die Lichter einsamer Städte. Die Astronomen unterhielten sich teilweise sehr lebhaft, dann ebbte das Gespräch wieder ab, und oft schauten sie schweigend auf die Bildschirme.

»Eine Kohlenstofflinie?« fragte Don und zeigte auf ein anderes Spektrum, das sich über den Bildschirm schob. »Das könnte ein Quasar sein.«

»Dafür brauchen wir den ›Supercomputer‹«, sagte Maarten und drehte an seinem runden Rechenschieber. »Die Emissionslinien auf diesem Objekt liegen für Kohlenstoff ein bißchen zu weit auseinander. Daher würde ich sagen, daß das eine durch Magnesium bedingte Lücke ist. Es ist nur eine Emissionsgalaxie. Tut mir leid, meine Herren.«

Später sagte Maarten zu Jim: »Allmählich wird es Zeit, daß wir einen Quasar sehen, nicht wahr, James?«

»Unbedingt.«

»Wir müssen einen Quasar sehen«, sagte Don.

* * *

Eines Nachts flog die Tür des Arbeitsraums auf, und ein Astronom, der am 48-Zoll-Schmidt-Teleskop gearbeitet hatte, kam herein. »Es ist zum Verrücktwerden«, tobte er. »Das ist heute Nacht schon der zweite Bomber.«
»Der zweite was?« fragte Don.
»B-52! Irgendein Idiot ist mit einem blinkenden Stroboskoplicht und allem möglichen unsinnigen Zeug direkt durch mein Feld gedüst. Er hat meine Platte ruiniert. Ich glaube, diese Kerle visieren bei Nachtflügen unsere Kuppeln an. Er beugte sich vor und blickte auf den Bildschirm. »He, das sieht toll aus. Habt ihr schon irgendwelche Quasare gesehen?«
»Schön wär's«, sagte Gunn.
»Gunn, das ist wirklich beeindruckend. Dafür könntet ihr Eintrittsgeld verlangen.«
Gunn rief Schmidt zu, der sich auf der anderen Seite des Raumes befand: »Maarten, haben Sie das gehört? Was sind schon ein paar Spektren wert, wenn man hunderttausend haben kann?«
»Ja, das klingt gut!«
Dann drehte sich Schmidt, der unruhig im Raum hin- und hergegangen war, plötzlich auf dem Absatz um. Er hatte aus dem Augenwinkel etwas auf dem Bildschirm gesehen. »Mein Gott«, rief er. Er riß seine Brille herunter. Er griff nach einem Lineal und legte es gegen ein Spektrum, das sich über den Bildschirm schob. Er zog seinen runden Rechenschieber heraus und drehte an ihm. »Rotverschiebung, ja, genau! Das war ein Quasar!«
Die fahrbaren Sessel der Astronomen rasten zum Monitor. »Das war ein heller«, sagte Gunn, als der Quasar am oberen Rand des Bildschirms verschwand.
Im letzten Jahr hatte Don Schneider eine Menge Software geschrieben, die, so hoffte jeder, diesen Quasar wiederfinden würde. Für mich war der Quasar nicht von den vielen anderen Spektren zu unterscheiden gewesen, die über den Bildschirm strömten.

Der Bildschirm war weiß überflutet. »Ein kleiner, winziger Stern«, sagte Jim sinnierend. »Man könnte ihn mit bloßem Auge nicht sehen.«
Don bemerkte: »Ich hoffe nur, daß wir nicht den Gürtel des Orion durchqueren.«
»Kann der uns denn in die Quere kommen?« fragte Maarten scherzhaft.
»Oder vielleicht sogar der Mond«, sagte Juan. »Dann wird sich der Bildschirm aber verabschieden.
Ein Galaxienhaufen glitt über den Bildschirm, Spektren quollen aus ihm hervor.
»Sieht aus, als hätten sich diese Galaxien vervielfältigt«, sagte Juan.
»Es ist genau umgekehrt«, erwiderte Don. »Sie fressen sich gegenseitig auf.«
»Stimmt das?« fragte Juan.
Maarten deutete auf den Bildschirm. »Diese kleine Galaxie, Juan, ist in der nächsten Milliarde Jahre das Mittagessen der großen.«

* * *

Nach Weihnachten 1963 diskutierten Astronomen auf einer Konferenz in Dallas über den richtigen Namen für diese sternähnlichen Objekte, die wir heute Quasare nennen. Irgend jemand schlug den Namen Dallas-Sterne vor. Jemand anders meinte, sie sollten zum Gedenken an Präsident John F. Kennedy, der kurz zuvor in Dallas erschossen worden war, die Kennedies genannt werden. (Der Ausdruck *Quasar* wurde schließlich 1970 offiziell festgelegt und steht für »quasistellare Radioquelle«.) Maarten Schmidt bekam Rekordbeobachtungszeiten am Hale-Teleskop zugeteilt. Allein im Primärfokus sitzend und das Fadenkreuz ausrichtend, während Bach-Musik die Kabine erfüllte, brach Maarten Schmidt das Universum auf.
Am 1. April 1965 ließ die Redaktion des *Astrophysical Journal*

die Druckerpresse stoppen, weil sie auf einen Brief von Maarten Schmidt an den verantwortlichen Redakteur wartete. Der Brief war kein Aprilscherz. Nach zweijähriger Arbeit hatte Schmidt fünf Quasare gefunden. Durch eine Reihe von stringenten Schlußfolgerungen hatte er die Emissionslinien der fünf Quasare in ein logisches Gedankengebäude eingeordnet, das ihn in atemberaubende Entfernungen entführte. Ein Quasar, so fand er heraus, hatte eine Rotverschiebung von 70 Prozent. Anders ausgedrückt, die Rotverschiebung des Quasars war 0,7. (Die Astronomen drücken die Rotverschiebung meistens nicht in Prozenten aus.) Ein anderer Quasar hatte eine Rotverschiebung von 1,03 – was 103 Prozent entsprach. Ein regelrechtes Ungeheuer hieß 3C 9 und wies eine Rotverschiebung von 2,01 auf – ehrfurchtgebietende 201 Prozent –, und trotzdem war dieser Quasar von einem hellen *Blau*, weil eine normalerweise unsichtbare ultraviolette Strahlung im Spektrum, die als Lyman-alpha-Linie bezeichnet wird, eine Rotverschiebung aufwies, die bis hinunter zu den sichtbaren Wellenlängen reichte, wo sie dem Quasar die Farbe eines blassen Saphirs verlieh.

Die Astronomen kennen die genaue Entfernung zwischen unseren irdischen Gefilden und den stark rotverschobenen Quasaren nicht, weil sie bisher nicht in der Lage waren, eine Rotverschiebung mit einer Entfernungsskala in Verbindung zu bringen. Zum Beispiel ist der Quasar 3C 9 mit einer Rotverschiebung von 2,01 wahrscheinlich zwischen zehn und sechzehn Milliarden Lichtjahre von der Milchstraße entfernt; die Photonen, die von dem Quasar kommen, sind zwei- bis dreieinhalbmal so alt wie die Erde. Maarten sagte einmal, daß er ziemlich stolz auf seine Quasare vom 1. April war. Indem er gezeigt hatte, daß man einen Quasar mit einer Rotverschiebung von 2,01 finden konnte, hatte er die Reichweite des Hale-Teleskops in alle Richtungen verdreifacht. Er war in einen Teil des erforschbaren Weltalls vorgestoßen, der fünfzigmal größer war als der Raum, der dem Hale-Teleskop vorher zugänglich gewesen war. In einem Brief an die Redaktion hatte er den bekannten Umfang des Universums um das Fünfzigfache vergrößert. »Das«, sagte er, »war die schwierigste Aufgabe, die ich je gelöst habe.«

* * *

Die Nachricht von den Quasaren erreichte den *Reader's Digest* im Jahr 1966, und ein Exemplar der Zeitschrift fand den Weg zu einer alten Dame, die auf einer Farm in der Nähe von Heartwell in Nebraska lebte, damals ein Dörfchen ohne eine gepflasterte Straße auf der baumlosen Hochebene südlich des Platte River. Ihr Name war Gertrude Schneider. Sonntagnachmittags wurde sie häufig von ihrem elf Jahre alten Enkel Donnie besucht; und der las irgendwann zufällig den *Reader's Digest.* Als Don Schneider auf der Farm seiner Großmutter den *Reader's Digest* las, erfuhr er zum ersten Mal etwas über Maarten Schmidt. Er fing an, über seinem Kopf die Anwesenheit von Quasaren zu spüren. »Zu dem Zeitpunkt gab ich die Dinosaurier zugunsten der Astronomie auf«, sagt Don. »Das war das letzte Mal, daß ich meinen Berufswunsch änderte. Ich war damals in der sechsten Klasse und wußte, daß ich Astronom werden wollte, jedenfalls, soweit ein Kind wissen kann, was es werden will.« Don hatte immer das Gefühl, einen völlig normalen Berufsweg gewählt zu haben. »Ich begreife nicht, wie jemand nachts nach draußen gehen, zum Himmel hochblicken und *nicht* den Wunsch haben kann, Astronom zu werden.«

Als er seinen Eltern sagte, daß er Astronom werden wollte, waren sie erfreut, denn eigentlich hatten sie in Donnie keine großen Hoffnungen gesetzt. Er hatte sich nur langsam entwickelt. Im Alter von dreieinhalb Jahren konnte Donnie immer noch nicht sprechen. Sie hatten befürchtet, er könnte geistig zurückgeblieben sein, und hatten schon vorgehabt, ihn zu einem Arzt zu schicken. Dann saß Donnie eines Tages auf dem Schoß seiner Großmutter, während diese ihm ein Buch vorlas, in der Hoffnung, ihn zum Sprechen zu ermuntern. Sie zeigte auf das

Bild von einem Faß und sagte: »Fäßchen. Kannst du das sagen? Fäßchen.«

»Faß«, sagte Donnie.

»Was?«

»Faß«, sagte er und deutete auf das Wort.

»Hast du das gelesen?«

»Ja.«

Sie blätterte die Seiten um, zeigte auf andere Wörter, und er las die Wörter laut vor. Er hatte erst dann etwas zu sagen, als er lesen konnte – mit dreieinhalb Jahren.

Donnie verblüffte auch seine Mutter. Eileen Schneider gab an einer Sonntagsschule Religionsunterricht, und als Donnie in der ersten Klasse war, war er einer ihrer Schüler. Sie versuchte den Kindern zu erklären, was am Ende der Welt, beim Kommen des Menschensohns, geschehen würde. Sie las aus Matthäus vor: »Aber zu jener Zeit, nach der Bedrängnis, wird die Sonne sich verfinstern und der Mond seinen Schein verlieren, und die Sterne werden vom Himmel fallen, und die Kräfte des Himmels werden ins Wanken kommen ...«

Donnies Hand schoß hoch. »Mutter«, sagte er, »der Mond scheint nicht von selbst. Er reflektiert das Licht der Sonne.«

Das erleichterte den Religionsunterricht nicht gerade.

Sein Vater, Donnie Ray Schneider, hatte eine Farm gepachtet und war der Bürgermeister von Heartwell. Er baute Mais, Weizen und Sorghum an. Er arbeitete besonders hart, weil er Geld für eine eigene Farm sparen wollte, aber es gab Zeiten, in denen die Ernte zwei Jahre hintereinander ausfiel, und dann konnte er seine Familie kaum ernähren; trotzdem kaufte er Bücher für seinen ältesten Sohn Donnie, der ein eifriger Leser war. Donnie Ray stellte sich vor, daß Donnie eines Tages mit ihm zusammen eine Farm aufbauen würde, bis der Junge verkündete, er wolle Astronom werden. Das war auch in Ordnung, denn mittlerweile war klar geworden, daß er sich nicht sonderlich gut zum Farmer eignete.

Schließlich hatte Dons Vater genug Geld gespart, um sich eine eigene Farm zu kaufen. 1973 zogen die Schneiders in ein gelbes Haus außerhalb von Heartwell, das von einer Hecke von immergrünen Bäumen umgeben war, die den Wind der Hochebene abhalten sollten. Aber die Entropie war auch durch einen Windschutz nicht aufzuhalten. Don kann sich daran erinnern, daß sein Vater eine Tonne mit über 100 Litern Öl so leicht hochgehoben und auf einen Anhänger gestellt hatte, als wäre sie mit Popcorn gefüllt. Doch dann alterte Donnie Rays Herz, erst unmerklich, dann unübersehbar. Er starb in einem April, kurz bevor die Setzlinge in die Erde mußten, in einem Krankenhaus in Lincoln an Herzversagen. Don studierte im zweiten Jahr an der Universität Nebraska. Seine Geschwister waren zu klein, um die Maschinen zu bedienen, und seine Mutter konnte nicht einmal Auto fahren. Don glaubte schon, er müsse allein pflanzen, als vor der Farm der Schneiders eine Menge Traktoren vorfuhren. Die Farmer aus Heartwell waren gekommen, um die Setzlinge zu pflanzen, die restliche Arbeit übernahmen Don und ein eingestellter Landarbeiter. »In jenem Sommer«, erinnert sich Don, »machte ich einfach das, was der Arbeiter mir sagte.« Dons Mutter machte den Führerschein. Im Herbst wußte Eileen Schneider, daß sie vor einer wichtigen Entscheidung stand: Entweder wurde ihr Sohn Farmer, wie es sein Vater gewesen war, oder er bekam eine Collegeausbildung. Ohne sich mit Don zu beraten, ließ sie alle Maschinen versteigern, um sicherzustellen, daß Don das College abschloß. Sie hat wieder geheiratet und lebt jetzt bescheiden, aber sorgenfrei auf der Farm, deren Land sie an andere Farmer verpachtet.

Don machte 1976 sein Examen an der Universität Nebraska und studierte dann Astronomie am Caltech. Dort belegte er einen Kurs von Jim Gunn. Das Fach war Kosmologie. Gunn hatte die Angewohnheit, zu seinen Studenten zu sagen: »Wie Sie schon als kleines Kind gelernt haben«, dann drehte er sich zur Tafel um und bedeckte sie mit einer gigantischen mathematischen Formel, die die feine Krümmung des Raum-Zeit-Kontinuums beschrieb. Don hatte als kleines Kind bei seiner Mutter Religionsunterricht gehabt, aber das hier war auch nicht schlecht. Schließlich schrieb er seine Doktorarbeit über den Kannibalismus von Galaxien. Des Kannibalismus verdächtig war vor allem ein alptraumhaftes Objekt – ein Haufen von neun Galaxien, die wild aufeinander losgingen und sich gegenseitig verschlangen. Er kam zu dem Schluß, daß sie fast sofort – in einigen Milliarden Jahren – zu einem Klumpen, zu einer riesenhaften Galaxie verschmelzen würden. Maarten Schmidt hatte ihn im Rahmen eines Forschungsstipendiums als Assistenten zu sich geholt, der ihm bei der Untersuchung von Quasaren helfen sollte. Als Dons Stipendium auslief, arbeiteten er und Schmidt weiter zusammen, aber Don ging zum Institute for Advanced Study in Princeton in New Jersey, wo er sein Bildverarbeitungsprogramm für die Aufnahmen des Hubble-Weltraumteleskops ausarbeitete.

Don hatte in der Nähe des Instituts eine Wohnung, die er schlicht einrichtete. Vor die Tür legte er Computerpapier, damit die Besucher keinen Schmutz ins Wohnzimmer trugen. An die Wand hängte er Handarbeiten von seiner Schwester und ein kleines, unauffälliges Kruzifix. In ein Bücherregal stellte er Romane von Charles Dickens, Anthony Trollope, Jane Austen und Mrs. Gaskell. Er fuhr einen alten Chevy Nova mit einem Vinyldach. Der Kilometerstand des Autos war fast null, weil er fast alles zu Fuß erledigte. Er ging zur Messe am anderen Ende der Stadt und ging denselben Weg wieder zurück. Seine Augen waren auffallend blau, so als hätten sie ultraviolettes Licht vom Himmel der Hochebene absorbiert. Er führte ein Leben von nahezu franziskanischer Einfachheit: Für ein kümmerliches Gehalt widmete er fünfzig bis neunzig Stunden pro Woche der Untersuchung von Galaxien und Quasaren. Daß er von einem Traktor zur Astronomie gewechselt hatte, betrachtete er als sein Schicksal, zumal im Primärfokus des Hale-Teleskops auch ein Traktorsitz stand. Eines Tages ging er in Nebraska durch ein matschiges Feld. Es war Herbst. Dunkle Wolken wälzten sich den Horizont entlang, und es blies ein eigenartiger Wind, der nicht von dieser Welt zu sein schien. Er hatte irgendwo das Hale-Teleskop verloren, was ihn mit dem Gefühl eines schrecklichen Verlustes erfüllte. In der Ferne sah er eine weiße Scheune. Der Wind zerrte an ihm. Er ging weiter. Er kam an der Scheune an. Er zog die Tore auf, und dort stand das Hale-Teleskop. Dann wachte er in seiner Wohnung in Princeton auf. Das Hale war in seine Träume eingedrungen.

Wenn der Himmel bewölkt war, verbrachte er die Zeit auf dem Mount Palomar damit, daß er schneller Romane von Anthony Trollope las, als man einen Keks durchbrechen konnte. Maarten Schmidt sagte einmal zu ihm: »Sie gehören in die vierziger und fünfziger Jahre, Don. Und ich spreche nicht von diesem Jahrhundert.« Don hatte sich in Elizabeth Bennet, die Heldin von *Stolz und Vorurteil*, verliebt. Als er eines Abends in besinnlicher Stimmung auf dem Rundgang stand und beobachtete, wie die Sterne am Himmel erschienen, erzählte er mir, daß er kürzlich seinen dreißigsten Geburtstag gefeiert hatte. Und er fügte ein Zitat aus dem Buch von Jane Austen hinzu: »Es ist eine allgemein anerkannte Wahrheit, daß ein alleinstehender Mann in gesicherten Verhältnissen das Bedürfnis hat, sich eine Frau zu suchen.« Aber allmählich hegte er den Verdacht, daß der Himmel eher Quasare für ihn bereithalten könnte als die Erde eine passende Frau. Aber wie lauteten doch die letzten Worte eines seiner Lieblingsbücher, *Der Graf von Monte Christo*? »Die gesamte menschliche Erkenntnis ist in diesen zwei Worten zusammengefaßt: ›warten und hoffen‹.«

* * *

Während Don Schneider in die Unterstufe der High School ging, wurde Jim Gunn im Nahkampf ausgebildet. Der Vietnamkrieg erreichte etwa in der Zeit seinen Höhepunkt, als Gunn promovierte. »In körperlicher Hinsicht war ich immer ein Feigling«, bemerkte Gunn einmal und meinte offensichtlich, dies wäre eine plausible Erklärung dafür, daß er sich an die Schule für Fallschirmjäger gemeldet hatte. »Das Ausbildungslager war gräßlich«, erinnert er sich. »Aber das Springen war toll.« Es war solange toll, bis der Caltech-Astronom Jesse Greenstein von diesen Sprüngen hörte. Jesse telefonierte. Mit wem, ist nicht bekannt, aber er hatte einflußreiche Freunde in der Regierung, und es darf vermutet werden, daß seine Worte bis zum Pentagon vordrangen. Höhere Mächte schickten Gunn nach Kalifornien zurück, wo er im Ingenieurkorps der Armee landete und Forschungsarbeiten am Jet Propulsion Laboratory durchführte. Nach seinem Dienst in der Armee ging Gunn an die Universität Princeton, wo er schnell den Ruf eines großen Theoretikers erwarb. 1970 kehrte Gunn zum Caltech zurück. Sein Ansehen als Denker und geschickter Beobachter nahm weiter zu. Er baute außerdem eine elektronische Kamera für das Hale-Teleskop, die ein Nachtsichtgerät als Sensor hatte. Ihr folgte eine weitere. Dann baute er in Zusammenarbeit mit Bev Oke einen mit Rechnern ausgestatteten Spektrographen für das Hale-Teleskop. Er baute ein Haus für sich und seine Frau und einen großen Teil der Möbel, die in diesem Haus standen.

Es gibt unter Astronomen den folgenden Witz: Frage: Was ist der Unterschied zwischen einem Theoretiker und Gott? Antwort: Gott hat für alles nur eine Erklärung. Als Theoretiker hat Gunn die Menschheit mit einer stattlichen Anzahl von Erklärungen für die Dinge beglückt, die draußen im All stattfinden – nicht, daß wir irgendeinen erkennbaren Nutzen aus diesem Wissen ziehen können, aber es ist schön, im Bilde zu sein. Die zentrale Idee von Jim Gunn ist die, daß Galaxien ständig entstehen und sterben, daß sie an Masse zunehmen oder abnehmen, daß sie Materie aufnehmen und wieder absondern. Gunn glaubt, daß die Milchstraße immer noch wächst, daß sie immer noch Materie aus dem sie umgebenden intergalaktischen Raum in sich aufsaugt. Nach Gunn ist das Universum ein dynamisches System, das dazu tendiert, höchst verwickelte Formen zu bilden. »Die Astrophysik ist die Kunst der Konstruktion von Modellen«, erklärte Gunn. »Man versucht, eine Galaxie mit Hilfe einiger Faustregeln zu konstruieren. Die Natur ist fast immer viel komplizierter, als man denkt, aber wenn man sich den Kopf lange genug über einfache Modelle zerbricht, findet man manchmal heraus, was die Natur macht.« Eine Galaxie war für Gunn ein Apparat; und es machte ihm Spaß, ein Universum zu konstruieren, das funktionierte.

Am Caltech, wo anscheinend nie genug Geld für richtig schicke Geräte vorhanden war, setzte Gunn seinen Verstand auch für die Lösung praktischer Probleme ein. Er und Roger Griffin, ein englischer Astronom, bauten aus Teilen von Kinderspielzeug ein Gerät zur Messung der Radialgeschwindigkeit. Griffin kaufte einen Satz Meccano-Motoren. (Ein Meccano-Bausatz entspricht einem amerikanischen Erector-Bausatz.) »Die Motoren waren ideal«, sagte Gunn. »Sie waren aus Plastik und hatten Getriebegehäuse.« Griffin schloß Drähte an die Motoren an, und Gunn verlötete einige Platinen. Sie befestigten die Motoren an einem Aluminiumrahmen, und mit Hilfe einiger Schrauben, etwas Klebeband und einer Linse aus Plexiglas, die mit dem Metallpoliermittel Brasso poliert worden war, entstand das Meßgerät, das sie in das Hale-Teleskop einbauten. Es befindet sich noch immer im Hale, wo es die Geschwindigkeiten von schwach leuchtenden Sternen mißt, die aus den Hyaden, einem Haufen goldener Sterne im Sternbild Stier, herausschießen und wieder in ihnen verschwinden.

Am 9. August 1974 trat Richard M. Nixon vom Amt des Präsidenten der Vereinigten Staaten zurück. Ein paar Wochen später sprach sich der Kongreß, beunruhigt über Inflation, Haushaltskürzungen und die allgemeinen Zukunftsaussichten, dafür aus, der NASA drei Millionen Dollar zu bewilligen, um die Möglichkeit, ein großes Weltraumteleskop bauen zu lassen, zu prüfen. Es war ein knapper Abstimmungssieg gewesen. Er bescherte der Astronomie eine Megawissenschaft – großes Geld, große Politik und große Bürokratien. Dreizehn Jahre später stand das Hubble-Weltraumteleskop in Sunnyvale in Kalifornien in einem Reinraum des Lockheed-Konzerns und wartete darauf, mit der Raumfähre Atlantis ins All geschossen zu werden. (Der Start fand schließlich 1990 statt.) Das Hubble-Weltraumteleskop ist ein komplettes Observatorium auf einer Umlaufbahn. Es hat insgesamt fünf Instrumente an Bord. Es ist vier Stockwerke hoch und wiegt elf Tonnen. Es hat insgesamt 2,5 Milliarden Dollar oder etwa 240 Dollar pro Gramm gekostet. Der Wert des Weltraumteleskops entspricht seinem sechzehnfachen Gewicht in Gold. Sein Spiegel hat nur einen Durchmesser von 2,40 Metern, ist also nach heutigen Maßstäben bescheiden, aber da das Teleskop über der Atmosphäre kreist, sieht es völlig ungeahnte Dinge. In dem Weltraumteleskop befindet sich ein runder Kasten von der Größe eines Klavierflügels. Das ist die Hauptkamera, die Großfeld-/Planetarische Kamera. Sie hat 60 Millionen Dollar gekostet. Wie sie dorthin kam, hängt mit Jim Gunn zusammen.

Zuerst ging die NASA nur zögernd an das Projekt eines Weltraumteleskops heran. Als großes technisches Problem erwies sich das Fehlen eines leistungsfähigen Sensors für die Hauptkamera des Weltraumteleskops. An der Universität Princeton hatte eine Arbeitsgruppe mit Vakuumröhren-Sensoren – die Nachtsichtfernrohren ähnelten – experimentiert, aber die Röhren versagten schnell ihren Dienst und waren daher für das Weltraumteleskop nicht zuverlässig genug. Nachdem sich die Beratungen im Kongreß so schwierig gestaltet hatten, wollte die NASA erst dann eine Milliarde für das Weltraumteleskop beantragen, wenn der Entwurf für eine gut funktionierende Kamera vorlag.

Jetzt kommt James A. Westphal ins Spiel.

Westphal ist ein Astronom, der in Tulsa, Oklahoma, aufwuchs, wo sein Vater eine Autowerkstatt besaß. Nachdem Westphal die High School abgeschlossen hatte, arbeitete er für eine Arbeitstruppe, die in Oklahoma nach Öl und Gas suchte. Seine Aufgabe bestand darin, Geophone in den Boden zu setzen, die die Schallwellen von Sprengungen auffingen; Westphals Stundenlohn betrug 35 Cents, für Überstunden bekam er die *Hälfte*. Nach einigen Beförderungen hatte Westphal genug gespart,

um die Universität Tulsa zu besuchen, wo er meistens die Note »Gut« erhielt und 1954 seinen Abschluß machte. Er ging zurück in die Ölindustrie, die ihn nach Mexiko schickte, um dort Bohrlöcher anzulegen. Dann bekam er eine Stelle bei Sinclair Oil in Tulsa und erforschte das, was er »unorthodoxe« Methoden zum Auffinden von Öl nannte. Westphal richtete Sensoren auf die Erde und hoffte, vom Öl ausgesendete Gammastrahlen aufzufangen. Er schickte Radiowellen in die Erde und hoffte, ein Echo von einer öligen Materie zu bekommen. Mit einem riesigen Computer analysierte Westphal Störungen im Gravitationsfeld der Erde, die auf Öl hindeuten könnten. Westphal gab in Oklahoma, Texas und Louisiana bekannt, daß Sinclair Oil mit jedem Menschen sprechen wollte, der wußte oder zu wissen glaubte, wie man Öl finden könne – woraufhin Wahrsager und Menschen mit übernatürlichen Kräften in Westphals Labor auftauchten, um ihre Zauberstäbe oder ihre mit Vitaminen gefüllten Flaschen vorzuführen, die zu wackeln anfangen würden, wenn man sie an Schnüren über Öl baumeln ließe. Die Geschäftsleitung von Sinclair Oil hatte keine Ahnung, was Jim Westphal eigentlich trieb, und das war ihm nur recht.
Kurz nachdem die Sowjets den *Sputnik* ins All geschossen hatten, fragte sich die Geschäftsleitung von Sinclair, ob der Weltraum wirtschaftlich interessant sein könnte. Sie lud Westphal zu einer Vorstandssitzung nach New York ein, wo er darlegen sollte, ob sich Sinclair im Weltraum engagieren sollte, und wo er ganz nebenbei auch noch berichten sollte, was er eigentlich in seinem Labor in Tulsa tat. Nachdem Westphal den Vorstandsmitgliedern geraten hatte, die Finger vom Weltraum zu lassen, stellte er einen kleinen schwarzen Kasten auf den Tisch. Er sagte, sein Labor in Tulsa habe vor kurzem einen Durchbruch erzielt. Er wolle die Freude über diesen Erfolg jetzt mit dem Vorstand teilen. Er sagte, der Kasten sei nicht gefährlich, obwohl er mentale Auswirkungen haben könnte. Im Raum wurde es ruhig. Er sagte: »Dies ist das Modell eines Managers.« Er knipste einen Schalter an. Es folgte ein Surren. Der Deckel hob sich.

Eine Hand schoß heraus, griff nach dem Schalter, knipste ihn aus und verschwand wieder im Kasten. Westphal sagte: »Hier kann man sehen, was geschieht, wenn man einem Manager einen Vorschlag macht.« Die Ruhe verwandelte sich in totale Stille, die plötzlich von einem hysterischen Lachen unterbrochen wurde – es kam vom Rechnungsprüfer des Unternehmens. (Das Gerät war zuerst von Claude Shannon von den AT&T-Laboratories ersonnen worden, der auch die Informationstheorie erfand. Westphal hatte von Shannons Idee gehört und war vermutlich der erste, der den Apparat tatsächlich baute. Westphals »Modell eines Managers« wurde ein beliebter Scherzartikel, wenngleich Westphal keinen einzigen Cent daran verdiente.) »Wir waren eine Gruppe von Freigeistern« sagte Westphal einmal. »Wir stellten das System auf den Kopf und brachten Sinclair Oil strampelnd und schreiend in die neue Welt.«

Danach landete Westphal als Labortechniker beim Caltech, wo er ebenfalls in neues Terrain vordrang. Er baute ein Hochdruckaquarium, in dem lebende Meeresorganismen aus großer Tiefe existieren konnten. Er fotografierte den Mond und Korallenriffe. Er interessierte sich für Vulkane, goldene Spiegel, infrarote Sterne, wandernde Gletscher in Alaska und die Atmosphäre der Venus. Sein Problem am Caltech bestand darin, daß er, wie er sagte, »nie wußte, was ich dort eigentlich tun sollte«. Westphal fing an, mit Nachtsichtgeräten zu experimentieren und sie zu Kameras für das Hale-Teleskop umzubauen. Er und ein Astronom namens Jerry Kristian bauten eine Kamera, die ein Zielvidikon enthielt – ein Nachtsichtgerät, das mit Hochspannung arbeitete. Sie brachten die Kamera in den Primärfokus. In den Primärfokus paßte eigentlich nur eine Person. Aber jetzt mußten zwei hinein. Und diese beiden installierten mit Hilfe von zwanzig oder dreißig Metern Palomar-Kleber ihr Nachtsichtgerät, dazu einen Computer, ein Tonbandgerät, ein Oszilloskop, einen Monitor, ein Stromerzeugungsgerät mit einer Leistung von zehntausend Volt und eine Rolle Stromkabel. Sie richteten das Hale-Teleskop auf die Milchstraße, luden dann aus lauter Jux das Nachtsichtfernrohr mit der Höchstspannung von zehntausend Volt auf und ließen das »erste Licht« in das Rohr fallen. Auf dem Monitor zeigte sich eine Gruppe von Sternen. Kristian schaute auf eine Sternkarte und beklagte sich über die schlechte Leistung des Teleskops. Er sagte, er könne keinen einzigen Stern wiederfinden. Dann fing er an zu schreien, denn mit einem Mal wurde ihm klar, daß sie Sterne sahen, die noch nie auf irgendeiner Karte zu sehen gewesen waren. Sie hatten das Hale-Teleskop in den Hyperraum gejagt und in eine bisher unbekannte Region der Milchstraße gezoomt. Westphal stieß ein lautes *Yaa-hoooooooooo!* aus, und Kristian lachte, bis ihm die Luft ausging. Westphals und Kristians Kamera befindet sich heute im National Air and Space Museum in Washington. Jim Westphal war zu einem waschechten Palomar-Tüftler geworden.

Unterdessen hatten drei Ingenieure des Jet Propulsion Laboratory in Pasadena – Gerald Smith, Frederick Landauer und James Janesick – CCD-Sensorchips auf ihre Eignung für die Raumsonde Galileo hin untersucht, die zum Planeten Jupiter fliegen sollte. Als Westphal mit diesen Ingenieuren sprach, wurde ihm klar, daß ein CCD-Chip einen guten Sensor für ein erdgebundenes Teleskop abgeben könnte. Er erzählte Jim Gunn davon. »Uns dämmerte«, so Westphal, »daß diese Chips alles hinwegfegen konnten, womit die erdgebundene Astronomie arbeitete, wenn wir sie etwas verbessern würden.« Die Ingenieure sagten, die Lichtempfindlichkeit eines Chips könnte auf die hundertfache Lichtempfindlichkeit eines Fotofilms gesteigert werden. Würde man einen solchen Superchip in das Hale-Teleskop einbauen, käme das einem hundertmal größeren Teleskopspiegel gleich, wäre allerdings viel billiger.

Eines Tags kam Jim Gunn in Westphals Büro spaziert und sagte: »Jim, wir müssen die Kamera für das Weltraumteleskop bauen.«

»Wie bitte?« fragte Westphal. »Hören Sie auf, Gunn.«

Gunn erwiderte, daß er keineswegs scherze.
Westphal fing an, nervös zu werden. Er sagte: »Nichts zu machen, Jim! Das ist nicht unser Ding.«
»Wenn wir die Kamera nicht bauen, Jim, ist das Caltech in der Astronomie aus dem Geschäft«, sagte Gunn.
»Wen möchten Sie denn als Projektleiter?« fragte Westphal und verspürte ein eigenartiges Kribbeln in der Magengrube.
»Ich möchte, daß Sie der Projektleiter sind«, sagte Gunn.
»Was? Um Himmels willen, nein, Jim! Das können Sie vergessen«, sagte er. Gunn verlegte sich aufs Bitten.
»Nichts zu machen«, sagte Westphal.
Gunn war nicht davon abzubringen, daß doch etwas zu machen sei.
»Ich habe Westphal mit Engelszungen überredet«, gab Gunn zu. Gunn glaubte, daß nur Jim Westphal, der während des größten Teils seines Lebens Bürokratien auf den Kopf gestellt hatte, in der Lage sein würde, die Kamera zu bauen. Gunn hatte Angst vor jeder Form von Megawissenschaft. Der Gedanke, daß Westphal oder irgend jemand von der NASA vorschlagen würde, er, Jim Gunn, solle das Weltraumteleskop aus der Taufe heben, hatte ihn insgeheim mit Entsetzen erfüllt. »Als ich Westphal sagte, daß er das Projekt leiten sollte«, sagte Gunn, »versuchte ich nur, meine eigene Haut zu retten.« Die Arbeitsgruppe, die schließlich auf zwölf Astronomen anwuchs, traf sich regelmäßig und diskutierte darüber, wie eine CCD-Kamera für das Weltraumteleskop zu bauen sei. Sie beschlossen, die Kamera Großfeld-/Planetarische Kamera (Wide Field/Planetary Camera) oder »Wiffpick« zu nennen (das Wort leitet sich aus dem Akronym WF/PC ab). Das »Wiffpick« sollte eine reflektierende Pyramide enthalten, die das Sternenlicht, das aus dem Hauptspiegel des Teleskops tritt, zerlegen und auf eine Reihe von CCD-Kameras lenken kann. Es würde auf zweifache Weise arbeiten: die Großfeldkamera macht Aufnahmen von schwach leuchtenden Galaxien, die Planetarische Kamera Nahaufnahmen von Planeten. Westphal sagte: »In technischer und wissen-

schaftlicher Hinsicht ist Jim Gunn der kluge Kopf, der hinter dem ›Wiffpick‹ steckt.«
»Absolut nicht«, sagte Gunn, »das ist Westphal.«
Das »Wiffpick«-Team erkannte, daß die NASA nur schwer davon zu überzeugen sein würde, daß das Weltraumteleskop ein »Wiffpick« brauchte. Man konnte jedoch schon einmal den Prototyp einer CCD-Kamera bauen und damit demonstrieren, daß die Idee funktioniert. Also ging Westphal in ein Geschäft für Gastronomiebedarf in der Nähe des Caltech und kaufte einen Spaghettitopf für acht Dollar. Er baute eine CCD-Kamera in den Topf ein. Er ging mit dem Topf in das Hale-Teleskop und befestigte ihn mit einer Handvoll Schrauben und einer Unmenge Palomar-Kleber am Teleskop. Er ließ »das erste Licht« in den Spaghettitopf fallen. Was dann kam, beschrieb Westphal so: »Eine Fünfminutenbelichtung zu machen und tiefer in das Universum zu blicken als irgend jemand jemals zuvor, ist ein unvergleichliches Gefühl.« Im Sommer 1977 legte sein Team der NASA einen Entwurf für ein »Wiffpick« vor. Das »Wiffpick« setzte sich gegen zwei andere Entwürfe durch.
Jim Westphal hat einen weißen Bart und einen Bürstenschnitt. Sein Team nennt ihn manchmal Fuzzy, was sich allerdings nicht auf sein Gesicht bezieht. Wie ich feststellte, waren seine Hände immer mit etwas beschäftigt. Eines Tages traf ich ihn in einem Labor im Kellergeschoß des Caltech an, wo er an einem antiken (ca. 1975) Bandlaufwerk eines Computers herumwerkelte. Jeder andere hätte es schon vor Jahren ausrangiert, aber nicht Westphal. »Es geht einem auf die Nerven, wenn das Band nicht auf der Bandrolle sitzt«, sagte er, während eine Bandschleife aus dem Laufwerk sprang und sich um Westphals Hände spulte. »Daß die NASA uns ausgesucht hat, war wirklich mutig«, meinte er. »Sehen Sie, eigentlich bin ich ein Amateurastronom.« Er hat immer noch nicht promoviert – er hat nichts anderes vorzuweisen als seinen Abschluß von der Universität Tulsa. Das »Wiffpick« wurde von Raumfahrtingenieuren in einer klinisch sauberen Vakuumkammer des Jet Propulsion Laboratory gebaut, das

einen Vertrag mit der NASA hatte, und weder Jim Westphal noch Jim Gunn berührten die Kamera mit einem Lötkolben. Bei der NASA wollte niemand, daß irgendwelche Tüftler, die wie Trüffelschweine überall herumstreiften und alles andere als keimfrei waren, ihre Nase in die Großfeld-/Planetarische Kamera steckten, auch wenn sie diejenigen waren, die die Kamera ausgetüftelt hatten. Westphal zufolge hat die NASA den Projektleiter eines Raumfahrtexperiments stets davon abgehalten, das Raumschiff auch zu bauen. »Man läßt Leute wie Jim und mich keine Geräte bauen, mit denen man ins All fliegt«, sagte Westphal. »Sie könnten beim Start auseinanderfallen.« Der Projektleiter soll die wissenschaftlichen Experimente planen, aber ausgebildete Ingenieure bauen dann Geräte, die beim Start nicht auseinanderfallen. Und tatsächlich wollten die Ingenieure von Westphal und seinem Team nur wissen, wie die Kamera funktioniert und sich dann um den Rest kümmern. So etwas läßt sich ein Tüftler nicht sagen.
Westphal heuerte einen Optiker namens Art Vaughan an, der einen Vorentwurf für die Spiegel und Linsen im »Wiffpick« erstellte. Vaughan saß mit einem Taschenrechner an seinem Küchentisch und entwickelte für das »Wiffpick« alle Glasteile. Er gab Westphal seine Pläne und eine Rechnung für die Arbeit mehrerer Wochenenden. Westphal schickte die Pläne an das Jet Propulsion Lab, und damit fing der Ärger an. Die Ingenieure des Jet Propulsion Lab warfen einen Blick auf diese Zeichnungen, gerieten in Panik und schickten sie zur Begutachtung an ein großes Unternehmen. Das große Unternehmen schickte eine Rechnung von ungefähr 40 000 Dollar und eine Antwort zurück, die Westphal so beschreibt: »Ja, es wird großartig funktionieren.« Westphal tobte. »Ich war außer mir«, sagte er. Dann ging es so stürmisch zu, daß die Raumfahrtleute dem »Wiffpick«-Team den Spitznamen »Woof Pack«* gaben, weil das Team sie angebellt, begeifert und ins Bein gebissen hatte.

* etwa: kläffende Meute, d. Übers.

»Diese Kerle wollten Fotos vom Beginn des Universums machen«, beklagte sich ein Ingenieur.
»Es war alles andere als eine reibungslose Zusammenarbeit«, beschrieb Westphal die Situation.
»Diese Caltech-Leute können eine richtige Plage sein.«
»Katastrophale Unterschiede in der Philosophie.«
»Wir von der Raumfahrt brauchen solche Leute im linken Außenfeld, sonst sind wir aufgeschmissen. Aber würde ich mit etwas fliegen, was Gunn oder Westphal gebaut hat? Klar. Ich würde es mit in die Raumfähre nehmen und in die Sonne schleudern.«
Im Rahmen seines Teufelspakts mit der NASA verlangte Westphal von der NASA das Recht, alle größeren Geldforderungen der Ingenieure zu überprüfen und zu genehmigen. »Ich folgte der goldenen Regel, die da lautet: derjenige, der zahlt, bestimmt die Musik«, sagte Westphal. Er wurde der Zahlmeister, von dem jede größere Ausgabe genehmigt werden mußte. »Ich konnte den Geldhahn an- und abdrehen«, sagte er. »Ich konnte auch dort, wo eigentlich nicht mein Revier war, sagen: ›Das ist alles Mist‹.«
Die Verantwortlichen der NASA waren mit Westphal im allgemeinen hochzufrieden – er hatte eindrucksvolle technische und wissenschaftliche Fähigkeiten, und obendrein sparte er viele Steuergelder –, aber eines Tages überspannte Westphal den Bogen. Auf einer großen NASA-Konferenz stand er auf und bezeichnete in Anwesenheit vieler hochgestellter Persönlichkeiten ein Detail des Entwurfs für das Weltraumteleskop als unbrauchbaren Mist. Ein aufgebrachter leitender NASA-Mitarbeiter rief Marvin Goldberger, den Leiter des Caltech, an. Er sagte zu Goldberger, daß die NASA Ärger mit einem wildgewordenen Querkopf habe. »Wir wollen Westphal unter Kontrolle haben. Wir wollen ihn an die Kandare nehmen. Sagen Sie uns, wie das geht.« Goldberger soll geantwortet haben: »Das wüßte ich selber gerne. Sollten Sie jemals herausfinden, wie man Jim Westphal an die Leine legen kann, lassen Sie es mich bitte sofort wissen.«

* * *

Eine Schlüsselfigur bei der Entwicklung von CCDs für die Astronomie ist James Janesick, ein Wissenschaftler am Jet Propulsion Laboratory. Er wird »einer der Jims« genannt – die anderen beiden sind Gunn und Westphal. Jim Janesick, ein gutaussehender, schlaksiger, selbstkritischer Mensch, hatte die High School in den sechziger Jahren verlassen, um Leadgitarre in einer Band zu spielen, die sich die »Tangents« nannte. Die »Tangents« entwickelten einen Sound, der dem der »Rascals« ähnlich war. Sie machten einige Singles und traten einige Male im Fernsehen auf. Für eine kurze Zeit waren die »Tangents« populärer als die »Rascals«. Ihre Single »Good Times« brachte sie in Detroit in die Charts. Es sah so aus, als würden die »Tangents« den ganz großen Durchbruch schaffen – aber dann schafften ihn die »Rascals«. (»Sie waren musikalisch besser«, dachte Janesick.) Schließlich landete Janesick als Techniker bei der Kriegsmarine. Eines Tages sah er in einer Zeitung eine Stellenanzeige. Das Jet Propulsion Lab suchte einen Experten für CCD-Kameras. »Ich wußte nicht einmal, was ein CCD ist«, erinnert sich Janesick, »aber in der Anzeige hieß es, daß der Arbeitgeber jedem eine Chance geben würde.« Er bekam die Stelle und begeisterte sich für ein Siliziumkristall, das ein paar vagabundierende Elektronen auffangen konnte, die von einer sehr alten und sehr weit entfernten Galaxie kamen. Er machte Experimente mit CCDs – beschoß sie mit ultraviolettem Licht, bedampfte sie mit Gold und Platin – und entdeckte auf diese Weise Möglichkeiten, sie lichtintensiver zu machen. Niemand versteht voll und ganz, wie ein CCD funktioniert, obwohl man sie bauen kann. Janesick sagte: »Verstehen zu wollen, was Mutter Natur in einem Chip tut, ist so, als würde man eine Zwiebel schälen. Man kann soweit eindringen, wie man will, es ist immer für Unterhaltung gesorgt.« Janesick ging daran, einen Signalverarbeiter – einen sehr ausgeklügelten und effizienten Verstärker – zu bauen, der aus dem CCD einzelne Elektronen auslesen und in eine scharfe Aufnahme von einer Galaxie verwandeln würde. Janesick glaubte, etwas von Verstärkern zu verstehen.

Das glaubte auch Jim Gunn, der schon auf der High School angefangen hatte, Verstärker zu bauen. Die beiden Jims traten in einen ernsthaften Wettstreit ein: wessen Verstärker würde in der Großfeld-/Planetarischen Kamera ins All fliegen? Janesick baute einen Verstärker, Gunn baute einen anderen, und Janesick baute einen besseren. Die Qualität eines CCD-Signalverarbeiters zeigt sich darin, daß er möglichst wenig fremde Elektronen in die schwachen Signale einspeist, die aus dem CCD-Chip kommen. Je geringer der durch Rauschen erzeugte Störpegel, desto sauberer und besser der Verstärker. »Ein Elektron, das ist anscheinend nicht sehr viel«, erklärte Janesick. »Aber hier bedeutet ein Elektron eine Milliarde Lichtjahre.« Janesicks Apparate waren leistungsstark, elegant und einfach. Die von Gunn waren praktisch nicht zu entschlüsseln. »Gunns Apparate waren immer um zwei Elektronen besser als meine«, sagte Janesick. Gunn sagte: »Wenn ich etwas verbessern kann, indem ich es komplizierter mache, dann mache ich es eben komplizierter.« Janesicks und nicht Gunns Signalverarbeiter landete in der Großfeld-/Planetarischen Kamera, weil, wie Gunn es milde ausdrückte, »mein Apparat den Start vielleicht nicht überlebt hätte«.

»In unserer Naivität oder Dummheit denken Gunn und ich wahrscheinlich, daß wir eine dieser Kameras für nur fünf Millionen Dollar bauen können«, sagte Westphal. »Aber die NASA würde nicht mit ihr fliegen.« Keine Muttern oder Unterlegscheiben sollten in der Schwerelosigkeit herumfliegen. Keine Spaghettitöpfe sollten am Weltraumteleskop befestigt werden. Die »Wiffpickers« sollten als Belohnung für den Entwurf des »Wiffpick« dreihundert Stunden Beobachtungszeit mit dem Weltraumteleskop erhalten. Die »Wiffpickers« hatten ihre Pläne vorgelegt, und ihre Pläne waren genial. Sie wollten das Weltraumteleskop auf Quasare richten. Sie wollten nach extrem massereichen schwarzen Löchern suchen. Sie wollten dafür sorgen, daß sich das Teleskop in weit zurückliegende Zeiten bohrte, und hofften, daß es Bilder von Galaxien lieferte, die in einem urgewaltigen Szenario zu Beginn der kosmischen Zeit entstanden waren. Sie wollten nach erdähnlichen Planeten auf sternnahen Umlaufbahnen suchen. Von der Großfeld-/Planetarischen Kamera sagte Westphal: »Ich hoffe wahnsinnig, daß das Ding funktioniert.«

Das »Wiffpick«-Team verfügt zusammen über Erfahrungen, die die gesamte Geschichte der »Raketenastronomie« seit dem Zweiten Weltkrieg umfassen – von Jim Gunns Feuerbällen aus Salpetersäure in Beeville bis hin zu den Experimenten, die Gunns Arbeit in Beeville tatsächlich inspirierten, nämlich die V-2-Rakete selbst. Ein Mitglied des »Wiffpick-Teams« namens William (»Billy«) Baum arbeitete einst zusammen mit Wernher von Braun auf dem White-Sands-Testgelände an der V-2. Wissenschaftshistoriker schreiben Baum, Richard Tousey und einer Gruppe von Tüftlern das Verdienst zu, das erste Weltraumexperiment durchgeführt zu haben. Sie wollten ein Spektrum der Sonne im ultravioletten Bereich einfangen – etwas, das vor ihnen noch niemand getan hatte, weil die Erdatmosphäre das meiste ultraviolette Licht abschirmt. Sie montierten einen Spektrographen *in* den Sprengkopf, der an der kegelförmigen Nase einer V-2 saß. (»Zu der Frage, warum wir den Sprengkopf an der Rakete ließen, kann ich nur sagen, daß wir nicht klar dachten«, erinnerte sich Baum.) Sie schossen die V-2-Rakete in den Weltraum. Das Gerät machte Bilder von der Sonne, bis sich die Rakete umwendete und auf die Erde fiel. Sie schlug in der Wüste auf, der Sprengkopf explodierte mit einer gewaltigen Detonation, ließ einen Hagel von Metallteilen niedergehen und riß einen zehn Meter weiten Krater in den Boden. Beim nächsten Versuch dachten sie anscheinend klarer: Sie entfernten den Sprengkopf von einer V-2, montierten einen Spektrographen an die Seitenflosse der Rakete, um die Überlebenschancen des Gerätes zu verbessern, und schossen die Rakete am 10. Oktober 1946 ab. Sie stieg gleichmäßig bis zu einer Höhe von 88 Kilometern auf, während ein Film durch den Spektrographen lief und fünfunddreißig gute Bilder vom Sonnenspektrum in ultraviolettem Licht machte. Dann kam die Rakete von ihrem Kurs ab, schraubte sich in eine Höhe von 160 Kilometern und verlor einzelne Teile. Sie trudelte auf die Erde herunter, und als sie auf dem Boden aufschlug, riß sie einen wesentlich kleineren Krater auf als die erste und hatte noch eine intakte Seitenflosse, von der das erste Weltraumexperiment der Welt herunterbaumelte.

Billy Baum, ein hochgewachsener, höflicher Mann mit einer sanften Stimme, einem fast kahlen Kopf und einer Vorliebe für Strickwesten, ist der Inbegriff des Palomar-Tüftlers. Nachdem er mit Nazi-Raketen herumexperimentiert hatte, kam er zum Mount Palomar. Er war derjenige, der bei einem Versandhaus einen Stapel Elektroanzüge für einen Dollar pro Stück bestellt hatte. 1953 baute er einen Impulszähler für das Hale-Teleskop – der erste Sensor des Hale, der einzelne Photonen zählen konnte. Später lebte Baum auf dem Mars Hill in der Nähe des Lowell-Observatoriums in Flagstaff in Arizona. Als er hörte, daß Westphal und Gunn eine Kamera für das Weltraumteleskop bauen wollten, rief er sie an und sagte ihnen, daß er sich dem »Wickpiff«-Team anschließen wollte. Er besuchte die Arbeitssitzungen des Teams. Mit seiner sanften Stimme gab Billy Baum den »Wiffpickers« so manchen guten Rat. Er riet ihnen beispielsweise, sie sollten die Spiegelpyramide mit einem kleinen schwarzen Punkt versehen. Wenn das Weltraumteleskop dann so ausgerichtet wird, daß der Punkt genau vor einem hellen Stern steht, sieht man Dinge in der Nähe des Sterns, die sonst von dem Licht des Sterns überstrahlt werden – schwach leuchtende Planeten, braune Zwerge, Ringe von Kometenwolken, entstehende Sonnensysteme. Die Bilder zeigen dann allerdings auch diesen schwarzen Punkt. Das »Wiffpick«-Team war konsterniert. Einige Mitarbeiter waren geradezu entsetzt. Soll etwa jedes mit der Großfeld-/Planetarischen Kamera aufgenommene Bild einen häßlichen Pickel haben!? Dieser Schönheitsfehler – schon der Gedanke war schrecklich. Wenn »Wiffpick«-Bilder auf der Titelseite der *New York Times* veröffentlicht werden, denken die Leute ja, »Wiffpick« sei mit Fehlern behaftet! Billy Baum redete weiterhin ruhig über seinen Flecken, bis das Team nachgab und bereit war, einen schwarzen Punkt auf der Pyramide anzubringen – den Baum-Flecken. »Für Billy Baums Mitarbeit in diesem Team«, sagte Gunn, »waren wir immer *dankbar.*«

* * *

Kurz nachdem das »Wiffpick«-Projekt angelaufen war, baute Gunn etwa sechs Monate lang eine eigene CCD-Kamera, ein Gerät, das er »Pfooey« nannte. (»Pfooey«, sagte Gunn, »steht für Prime Focus Universal Extragalactic Instrument. PFUEI. *Pfooey.*«) Das »Pfooey« ist ein schwarzer Zylinder, der einen einzigen Sensorchip, eine Nikon-Linse und ein Labyrinth von wiederverwerteten Teilen enthält. Das »Pfooey« sitzt im Primärfokus des Hale-Teleskops, und dort muß sich immer ein Beobachter um das »Pfooey« kümmern. Wenn das »Pfooey« auf einen hellen Stern gerichtet wird, kann es verrückt spielen, so daß der Astronom laut schreit: »Bah, pfui.« 1979 wiesen Jim Gunn und vier andere Astronomen (Jerry Kristian, Bev Oke, Jim Westphal und der inzwischen verstorbene Peter Young) mit Hilfe des »Pfooey« zum ersten Mal eine Gravitationslinse nach. Eine Gravitationslinse ist ein Mehrfachbild von einem Quasar, der durch das Vorhandensein eines starken Gravitationsfeldes irgendwo vor ihm in zwei, drei oder vier helle vergrößerte Abbildungen aufgeteilt wird. Das Gravitationsfeld verzerrt die Raumzeit und zerlegt das Bild des Quasars in Kleckse. In diesem Fall war das Gravitationsfeld durch eine schwach leuchtende, schwere Galaxie bedingt, die auf der Sichtlinie zwischen dem Quasar und der Milchstraße lag. Diese Entdeckung wird in den Annalen der modernen Astronomie als eine der klassischen Entdeckungen bewertet.

Die Großwissenschaft erschreckte Gunn und Westphal. Sie witzelten über eine Entführung des »Wiffpick«. »Gunn und ich sagten zueinander: ›Am besten, wir bringen das ganze Ding hier herunter und bauen es selbst‹«, erzählte Westphal. Sie fragten sich, ob sie das Weltraumteleskop in dem unterirdischen Labyrinth des Caltech würden verstecken können, das »Schrottkeller« genannt wird und wo man die Kamera vielleicht erst finden würde, wenn es zu spät war – wenn sie das Ding zusammengelötet hatten. »Jim und ich haben die gleiche Auffassung«, sagte Westphal. »Niemand nimmt mir meinen Lötkolben weg.«

Als Gunn feststellte, daß er keine Möglichkeit hatte, Hand an die Großfeld-/Planetarische Kamera zu legen, begann ihn die Tüftelsucht zu quälen. »Dann fiel mir ein«, sagte Gunn, »daß es nett wäre, eine Kamera wie das ›Wiffpick‹ für das Hale-Teleskop zu bauen. Also verbrachte ich ein Wochenende damit, einige Vorentwürfe zu machen, um zu sehen, ob das funktioniert. Ich erzählte Jim Westphal von der Idee.« Sie rechneten die Kosten aus. Die schienen sich in Grenzen zu halten. Sie beantragten Geld bei der NASA. Die NASA war bereit, vom »Wiffpick«-Etat Geld für die Kamera abzuzweigen. Als nächstes stand Gunn vor der Frage, wie er an vier CCDs vom Weltraumteleskop kommen könnte – Chips im Wert von fast einer Viertelmillion Dollar. Er trieb sich im Jet Propulsion Lab herum und versuchte, sich ganz natürlich zu geben. Nach einer, wie Gunn sagt, »merkwürdigen Verkettung von Ereignissen« kam er an vier Chips, die ihren Qualifikationstest nicht bestanden hatten und draußen im Weltraum nicht funktionieren würden.

In Tag- und Nachtarbeit berechnete Gunn Formeln für dikke Spiegel, die aus Quarzstücken bestanden, die dicker als Thunfischdosen waren, und heuerte einen Optiker namens Don Loomis an, der sie schleifte. Gunn machte auch eine Reihe von technischen Zeichnungen für seine Kamera. Er erreichte, daß Michael Carr, ein Caltech-Ingenieur, die Zeichnungen verfeinerte und den Bau des Geräts koordinierte. Carr kannte einen Schweißer, der wissenschaftliche Aufträge übernahm, und überredete ihn, seine Werkstatt einen Tag zu schließen und das Stahlgehäuse des 4-Shooter zu schweißen.

Carr meinte, eine extragalaktische Kamera sollte tiefschwarz sein, und sagte dies zu Gunn.

»Ich möchte, daß das Gehäuse weiß ist«, sagte Gunn zu Carr.

»Wie wäre es mit cremefarben?«

»Schneeweiß!«

Carr gelang es schließlich, wenigstens den Deckel des 4-Shooter schwarz anzumalen. Carr baute einen fahrbaren Untersatz für das Gehäuse, und er und Gunn schoben diesen Untersatz mitsamt dem Gehäuse in einen Raum neben dem »Schrottkeller«. Der »Schrottkeller« ist die Antwort des Caltech auf die Raumfahrtindustrie – ein Labyrinth von Räumen unter Jim Westphals Büro auf dem Campus des Caltech, in dem vier Ingenieure hausen. Richard Lucinio, das Digital-Genie, sitzt in einem zentral gelegenen Raum, wo seine beiden Hunde auf dem Boden liegen und dösen, während er an einem Computerterminal arbeitet. In einer Ecke unter einer Batterie von Leuchtstofflampen findet man J. DeVere Smith, der früher Fernsehgeräte repariert hat und heute der Meister der Schaltungen ist. Neben einer winzigen Feinmechanikerwerkstatt residiert der Kabel-Magier, Jovanni Chang. Und neben dem Eingang zum »Schrottkeller« hat Victor Nenow sein Zimmer, ein wahrer Zauberkünstler im Umgang mit beweglichen Teilen. Die Arbeitsbereiche dieser »Schrott-Genies« sind durch Flure miteinander verbunden, durch die sie wandern und Luft schnappen können und durch die ich eines Tages spazierte und meinen Augen nicht traute: Regale voll mit Kupferdrähten, die mit Lötschicht verklumpt waren, Pappkartons mit kaputten elektrischen Teilen und Maschinenteilen, von Lötlampen versengte und mit Laubsägen zersägte Platinen, Tonbandgeräte, Getriebe, Oszilloskope, Tastaturen, Schaumgummireste, Magnete, Schraubenschlüssel, Telefonbücher und aufgeschraubte Computerterminals. Es gab Dutzende von Stahlschränkchen, die in kleine Schubladen unterteilt waren. Ich zog eine Schublade nach der anderen auf, und jede schien eine andere Art Schraube, Knopf oder Transistor zu enthalten. »Wenn Sie in diesen Schubladen irgend etwas

verändern«, drohte Victor Nenow, »bekommen Sie großen Ärger, denn unser Kurzzeitgedächtnis ist nicht gut.«
»Ich finde es da unten unerträglich«, bemerkte Westphal, dessen Büro in sicherem Abstand eine Etage höher lag. »Ich hoffe nur, daß sich dieses Zeug nicht eines Tages selbständig macht und anfängt zu wachsen.«
Und genau das tat es, als der 4-Shooter auf den Plan trat. Eines Tages ging Gunn in den »Schrottkeller« und reichte einen losen Stapel Fotokopien von Bleistiftzeichnungen herum (er machte nicht gerne Blaupausen; das langweilte ihn). Er zeigte den »Schrott-Genies«, den Aufbau des 4-Shooter, der der Großfeld-/Planetarischen Kamera ähnelte – eine Pyramide zerlegt Sternenlicht in vier Teile und lenkt das Licht auf eine Reihe von CCD-Kameras. »Gunn macht nicht viel Aufhebens«, sagte J. DeVere Smith. »Er sagt einem, was er will, und irgendwo im Hinterkopf denkt man, ›dieser Mann will sich ruinieren‹.« Einige Skizzen von den Geräten, die sich Gunn im Inneren des 4-Shooter vorstellte, waren kaum lesbar – er hatte sie bei seinen nächtelangen Brainstorms flüchtig aufs Papier geworfen. Das Design für die Kamera enthielt keine Steuerknöpfe, sondern Roboter, die nur von einem Computer Befehle empfangen. Gunn meinte, Astronomen seien pfiffige Leute und würden an den Knöpfen herumspielen. Er wollte nicht, daß ein Knopf in der Luftröhre eines Astronomen verschwand.
Die Tüftler studierten Gunns Fotokopien. »Wir hatten ein kleines Problem«, sagte DeVere Smith später. »Wir konnten Gunns Schrift nicht lesen. Es ging nicht darum, das zu tun, was er wollte; es ging darum, herauszubekommen, was er wollte.« Von ihrer Interpretationsfreiheit Gebrauch machend, bauten die Ingenieure Roboter, die Befehle von einem Computer empfangen konnten. Dabei schwelgten sie in der Kunst der Improvisation. Etwa ein Drittel der Mechanik im 4-Shooter besteht aus ausgemusterten Teilen. Gunn hatte ursprünglich gar nicht vor, gebrauchte Teile in den 4-Shooter einzubauen. Es ergab sich einfach so. »Eigentlich arbeite ich lieber mit neuen Teilen«,

sagte Gunn. »Aber die ›Schrott-Genies‹ hatten so ihre eigenen Vorstellungen.« Sie waren durch eine harte Schule gegangen. Sie hatten die Erfahrung gemacht, daß neue Teile nicht funktionierten. Sie bestellten beispielsweise bei einem Unternehmen für Raumfahrttechnik für 125 Dollar einen winzigen Motor. Sie schlossen den Motor an. »Er schleifte, er quietschte, er machte einen Höllenlärm«, erinnerte sich Victor Nenow. »Wir hatten den falschen Motor bestellt.« Es kann ohne weiteres acht bis dreißig Wochen dauern, bis eine Bestellung für einen Motor die Bürokratie eines Unternehmens durchlaufen hat, aber die Tüftler kannten einen besseren Weg. In jeder Mittagspause statteten sie einem Geschäft in Pasadena einen Besuch ab, das ausgemusterte Elektroteile verkauft – es heißt C&H Sales. »Wir erkennen gutes Material sofort«, sagte DeVere Smith. »Manchmal holen wir es uns vom Lieferwagen, bevor es ins Lager kommt. Bei C&H Sales fanden sie in einer Ramschkiste einen kleinen, feinen Schweizer Motor. Sie bezahlten fünf Dollar dafür, und er lief wie eine Uhr. Der 4-Shooter brauchte auch sechs hochpräzise Schrittmotoren, die teilweise Rädchen antreiben sollten, die die Filter vor den Kameras richtig positionieren. Um auf Nummer Sicher zu gehen, fragten die Tüftler Gunn, ob sie die Ramschkisten bei C&H Sales ausschlachten dürften. Gunn hatte nichts dagegen. Bei C&H Sales fanden sie sechs Motoren, für die sie fast nichts bezahlten und die einwandfrei funktionierten.

Die meisten Elektronikteile im 4-Shooter – Widerstände, Transistoren, Kondensatoren – stammen entweder aus dem »Schrottkeller« oder von C&H Sales. »Einiges war schon irgendwo in Gebrauch gewesen«, so Nenow. Die anspruchsvolleren Elemente für wichtige Schaltungen – beispielsweise logische Schaltungen und goldene Stecker – kaufte Gunn neu. Der 4-Shooter brauchte verschiedene Spannungen, so daß Victor Nenow ein Stromerzeugungsgerät baute. Es ist vollgestopft mit Sicherungen, Drähten, Widerständen, Transformatoren und einem PC-Lüfter; Nenow baute es weitgehend aus Kleinteilen, die er irgendwo im »Schrottkeller« aufgetrieben hatte. Aus ausrangierten Teilen baute Nenow einen Sensor, der den Fluß des flüssigen Stickstoffs durch die Kamera steuert. Er mißt die Menge des flüssigen Stickstoffs mit Hilfe eines Kohlewiderstands, der zehn Cents gekostet hat. »Wir mußten den Kohlewiderstand extra bestellen«, sagte Nenow, »denn die Dinger sind so billig, daß niemand sie verkauft.« J. DeVere Smith sagte: »Vic kann aus *nichts* ein richtig brauchbares wissenschaftliches Gerät bauen.« Genau wie Smith – er baute aus nichts einen Seismographen und stellte ihn bei sich zu Hause auf, um Erdbeben zu beobachten.

Die Stickstofftanks an den Kameras hängen an Klavierdrähten, die Michael Carr im Großhandel gekauft hat. Während der 4-Shooter gebaut wurde, brachte Gunn Treibriemen aus Plastik in einem Spektrographen an, der an den 4-Shooter angeschlossen werden sollte. Die Riemen rissen. Gunn fragte Nenow um Rat, der nach einigem Nachdenken vorschlug, die Riemen durch Antriebskabel von einem Filmprojektor zu ersetzen, die mit Stahlfedern versehen waren. Bei C&H Sales fand Nenow einige Filmprojektorkabel für fünfzig Cents das Stück.

Gunn und die Tüftler waren fest davon überzeugt, daß amerikanische Unternehmen nichts mit ihnen zu tun haben wollten. Anscheinend war niemand daran interessiert, dem Caltech beim Bau einer hochempfindlichen Kamera für das Hale-Teleskop zu helfen. In Nenows Worten: »Ein Vertriebsleiter sagte mir einmal lachend, ›wir wollen mit euch keine Geschäfte machen‹.« Viele amerikanische Großbetriebe nehmen nicht gerne kleine Aufträge von Wissenschaftlern entgegen – vor allem dann nicht, wenn die Wissenschaftler Einzelgänger sind, wenn sie wenig Geld haben, wenn sie versuchen, eine Technologie bis an ihre Grenzen zu treiben, und Geräte bauen, die das Vorstellungsvermögen amerikanischer Konzerne überschreiten. Auf der Liste der erwünschten Kunden rangieren die Ingenieure des California Institute of Technology irgendwo zwischen Schrotthändlern und KGB-Leuten. »Niemand«, so Nenow, »will dem Caltech irgendwelche Fachzeitschriften schikken.« Und Gunn sagte: »Bei vielen Unternehmen ist es fast unmöglich, an die maßgeblichen Leute heranzukommen. Die meisten Halbleiterfirmen schicken einem nicht einmal einen Katalog. Sie wissen genau, daß man im Kellergeschoß des Caltech sitzt und daß man einen einzigen Chip bestellt. Niemand ist daran interessiert, ein Teil zu verkaufen. Sie wollen tausend Stück verkaufen. Dann brauchen sie vier Monate, bis sie liefern. Ab und zu gibt es wunderbare Ausnahmen, weil irgendwo in einer Firma irgend jemand glaubt, man solle mit Wissenschaftlern zusammenarbeiten.« Es kommt auch vor, daß amerikanische Firmen eine kleine Bestellung entgegennehmen und die Teile nie liefern.

Während der 4-Shooter Gestalt annahm, verließ Gunn das Caltech und ging nach Princeton in New Jersey. Jim Gunn und seine Frau Jill Knapp sind prominente Mitglieder des Instituts für Astronomie an der Universität Princeton – sie sind keine »Calteckers« mehr. Aber in einem Labyrinth von Räumen unter Jims Büro in Princeton hat sich viel Elektroschrott angesammelt, der von den südkalifornischen Tüftlern stammt. »Am Caltech«, sagte Gunn, »hatte ich das Gefühl, zu einem Ingenieur zu werden, und das war nicht das Ziel, das mir vorschwebte. Aber wichtiger als alles andere war für mich, Jill Knapp nicht zu verlieren.«

Jill Knapp interessiert sich für die Molekularwolken der Milchstraße. Sie wuchs in Dalkeith in Schottland, in der Nähe von Edinburgh auf, wo ihr Vater als Industriechemiker arbeitete. »Er schenkte mir einen Chemiebaukasten«, erzählte sie mir einmal, »und ich befürchte, ich gehörte zu den armen Kindern, die ständig in der Küche herumknallen.« Nachdem sie eine alte Papprröhre gefunden und daraus ein Teleskop gebaut hatte, ließ das Knallen in der Küche nach. Sie brachte ihrem Mann die Oper nahe. Sie nahm ihn mit zu einer Aufführung von *La Bohème*, und im letzten Akt waren beide in Tränen aufgelöst. Er kaufte sich einen Walkman von Sony, und der begleitete ihn, wenn er zum Hale-Teleskop fuhr. Wenn er durch das Okular von »Pfooey« nach den Galaxien spähte, hörte er *Rigoletto, Madame Butterfly* und *Don Carlos* und aß M&Ms.

Das Wort »ewig« hatte für Gunn keine Bedeutung – da Gunn mit der Mathematik der Großen Unifizierten Theorie vertraut war, glaubte er, daß nichts ewig sei, vor allem nicht solche vorübergehenden Dinge wie Raum und Zeit. »Das Universum«, sagte er, »kann nicht ewig existieren.« Das Universum war für ihn das letzte Lehrstück in Sachen Entropie. Die Galaxien zerstreuen sich, während ihre Sterne erlöschen und zu Nebeln von schwarzen Zwergen und schwarzen Löchern werden. Danach zerfallen die Grundbausteine gewöhnlicher Materie, die Protonen, höchstwahrscheinlich in Photonen und Elektronen. Die schwarzen Löcher, so Gunn, zerfallen ebenfalls. Wenn sich das Universum weiter ausdehnt, könnte es sich nach einem Zeitraum von 10^{100} Jahren in eine Positronium genannte Substanz verwandeln. Positronium ist ein sehr kaltes Plasma von Elektronen und Antielektronen, die durch lose Umlaufbahnen miteinander verbunden sind. Die einzelnen Teilchen sind dann durch einen Raum voneinander getrennt, der zehnmillionenmal größer ist als der des heute beobachtbaren Universums. Gunn nahm auch an, daß sogar der leere Raum instabil war und einen katastrophischen Verfallsprozeß durchmachen könne. So könnte das Universum eines Tages wie eine Blase zerspringen und verschwinden. Sogar das *Nichts* könne nicht für immer und ewig existieren. Es wäre sogar möglich, daß das Universum nichts Einzigartiges wäre. Warum sollte es nur ein Universum geben? Die Natur gibt sich nie mit einem Exemplar zufrieden! Nicht, wenn es ebensogut eine Quadrilliarde Exemplare (10^{27}) geben könnte. Dieses Universum könnte eine Blase sein, die auf der Planckschen Quantensuppe schwimmt, eines von unendlich vielen anderen Universen, die ständig und willkürlich aus der Suppe aufsteigen. Vielleicht würfelt Gott mit Universen. Aber wenn Gunn mit Opernmusik und einer Großpackung M&Ms in der Abgeschiedenheit des Primärfokus saß und in den

Spiegel blickte, in dem er mit eigenen Augen eine Verzerrung des Raum-Zeit-Kontinuums in Form der Gravitationslinse sah, die wie ein Scheinwerfer aus der Vergangenheit leuchtete, während das Große Auge durch die endlosen nächtlichen Himmelsräume nach Westen schaute, hatte er das Gefühl, daß in dem Licht eine Art Erlösung lag.

Wenn Jim im Primärfokus war, machte sich Jill Knapp Sorgen um ihn. Sie hatte Angst, er könnte im Primärfokus an Unterkühlung, Schlaflosigkeit oder einem Schokoladenschock sterben. Sie glaubte allerdings, daß es schlimmere Arten zu sterben gab.

Nachdem sich Gunn an der Ostküste niedergelassen hatte, flog er alle paar Wochen zum Caltech, um irgend etwas zu bauen oder eine Platine zu verlöten, derweil sich im weißen Zylinder des 4-Shooter Teile ansammelten.

Das Hale-Teleskop war immer auf die traditionelle Weise gesteuert worden: Der Astronom betätigte ein Handsteuergerät, während er ein Fadenkreuz und einen Leitstern im Auge hatte. Gunn meinte, daß ein Roboter mehr leisten könne als die menschliche Hand, so daß er zur Steuerung des Hale-Teleskops einen Roboter baute und ihn in den 4-Shooter einsetzte. Ein Arm, der einen Spiegel zur Aufnahme von Meßgrößen hält – der Spiegel ähnelt einem Zahnspiegel –, ragt in den Lichtstrahl eines Sterns hinein, der in den 4-Shooter fällt, und fängt das Licht eines einzelnen Sterns auf: des Leitsterns. Der Spiegel schickt das Licht des Leitsterns durch ein Miniaturteleskop – das gerade groß genug für einen Stern ist. Das Teleskop fokussiert das Sternlicht auf eine sich drehende Rasierklinge. Die Rasierklinge zerlegt das Licht, so daß der Stern zu funkeln scheint. Ein kleiner, von Gunn selbst gebauter Computer beobachtet den funkelnden Stern. Der Computer fragt den Leitstern: Bewegt sich dieser Stern? Wohin? und gibt dem Hale-Teleskop den Befehl, seine Bewegung entsprechend zu korrigieren. Die Rasierklinge ist eine Wilkinson Sword, die Gunn in einer Drogerie in Pasadena gekauft hat. Er brachte die Klinge mit Hilfe

einer Zange in die richtige Form und befestigte sie mit einem Tropfen Klebstoff.
Die meisten elektrischen Leitungen im 4-Shooter bestehen aus teflonbeschichtetem Draht, der häufig in der Raumfahrt benutzt wird, weil er nicht leicht schmilzt. Er ist teuer. Die Tüftler kauften ihren Teflondraht bei C&H Sales für eineinhalb Cents pro Meter. Da der 4-Shooter ungefähr eineinhalb Kilometer Leitungen enthält, war die Einsparung beträchtlich. Victor Nenow sparte noch mehr, indem er Teflondrähte aus kaputten Computern entfernte. Wenn Nenow nichts Besseres zu tun hatte, schraubte er kaputte Computer auf. Während er eine Platine zersägte und Drähte aus einem Computer holte, toastete er Käsesandwiches in einem Toaster, den er selbst gebaut hatte. »Früher habe ich Hot dogs mit elektrischem Strom behandelt«, sagte er. »An jedem Ende des Hot dog wird eine Klammer befestigt, und dann wird Strom hindurchgeschickt. Der Hot dog fängt an zu rauchen und platzt auf. Es funktionierte großartig.«
Die Verwaltung des California Institute of Technology hat nicht die geringste Ahnung, wie die Tüftel-Genies aus dem Untergeschoß offiziell einzustufen sind.
»Unsere Berufsbezeichnung?« fragte DeVere Smith erstaunt.
»Vic!« rief er laut, »wie lautet eigentlich unsere Berufsbezeichnung?«
Nenows Antwort kam um eine Ecke: »Wir sind ›Schrottologen‹.«
J. DeVere Smith, der viele Platinen des 4-Shooter geätzt und gelötet hat, ist ein hochgewachsener, weißhaariger Mann mit großen, geschickten Händen. 1930 eröffnete Smith eine Radioreparaturwerkstatt in Los Angeles, die er »Advance Radio« nannte. Später verlegte er sich auf das Reparieren von Fernsehgeräten, obwohl er seinen Laden immer noch »Advance Radio« nannte. Schließlich verkaufte er seinen Laden: »Ich zog mich vom Geschäft zurück und kam zum Caltech. Wenn es hier nichts mehr für mich zu tun gibt, muß man mich begraben.«
Kurz nachdem Smith zum Caltech gekommen war, setzten er

und Victor Nenow ihre umfangreichen Schrott-Kenntnisse ein, um die elektronischen Systeme für vier Massenspektrometer zu bauen, die die Geophysiker des Caltech zur Analyse von Mondgestein benutzten.

Ein Astronom kam herein: »Hi, DeVere«, sagte er, »ich brauche einen Knopf.«

»Dann sind Sie hier richtig«, sagte DeVere. Er kramte auf seiner Werkbank herum, bis er einen Knopf fand. Er sagte: »Wie wäre es damit?«

Der Astronom betrachtete ihn kritisch. »DeVere. Der taugt nichts. Ich möchte einen schönen, glänzenden.«

J. DeVere Smith machte mit seinem Knie eine Schublade auf. Die Schublade war randvoll mit Knöpfen. »Wollen Sie zwei?«

Smith ist jemand, der in allen Ramschkisten herumkramt. »Sie werden staunen«, sagte er, »was man da alles finden kann.« Ich staunte wirklich. Eines Tages unterhielt ich mich mit den Tüftlern in ihrem »Schrottkeller«, als ein Geologe hereinkam.

Nenow zog einen Keramikzylinder aus einer Tüte, überreichte ihn dem Geologen und sagte: »Ich dachte, Sie könnten mir vielleicht sagen, was das ist.«

Der Geologe drehte den Gegenstand um. »Oh! Das ist ein Protonenpräzessionsmagnetometer.

»Ein was?«

»Er mißt die Stärke des Magnetfeldes der Erde. Das ist ein ziemlich gutes Gerät. Woher haben Sie es?«

»Es war in einer Ramschkiste. DeVere hat es gefunden.«

»Sie meinen, irgend jemand hat das weggeworfen?«

»Ja, sicher.«

»Kann ich es behalten?«

»Natürlich.«

»Danke. Diese Dinger kosten 50 000 Dollar das Stück.

Der Geologe geht ab, das Gerät unterm Arm.

Richard Lucinio, das Digital-Genie, arbeitete am liebsten nachts. Er hat die logischen Schaltungen im 4-Shooter entworfen. Diese Schaltungen enthalten Chips, die benutzt werden, um so-

wohl Maschinen als auch andere Chips zu steuern. Lucinios logische Schaltungen können beispielsweise den CCDs den Befehl geben, ihre Elektronen in die Verstärker zu schicken. Lucinio lieh sich gerne einen Roboter von einem der anderen Tüftler aus, wenn dieser Feierabend machte. Er verband den Roboter mit einer Schaltung, spielte mit ihm die ganze Nacht und versuchte mit ihm einen Motor zu starten oder irgendwelche Räder zu drehen. Er arbeitete oft mit Barbara Zimmerman zusammen, die die Software für den 4-Shooter geschrieben hat. Wenn die beiden den Roboter nicht zum Laufen bringen konnten, spielten sie das Spiel ›Wer ist schuld‹: »Es ist die Hardware!« »Von wegen, es ist die Software!« Sie probierten am Roboter verschiedene Befehlssequenzen aus und redeten ihm dabei gut zu. Schließlich gab sich der Roboter einen Ruck. Jovanni Chang (der viele Kabel im 4-Shooter verlötet und zusammengebunden hat) sah diesem Schauspiel gerne zu. Er beschrieb es so: »Wir hörten ein *Uiiih, klack!* Irgend etwas passierte – ein Motor drehte sich, eine Klappe ging auf. Es war wie das Aufblühen einer Blume.«
Gunn baute mehrere Verstärker, die die aus den CCD-Chips kommenden Elektronen verarbeiteten. Einige Platinen verlötete er selbst, andere ließ er von DeVere Smith verlöten. Eines Samstagnachmittags im September 1983 mieteten Gunn und Michael Carr einen Lastwagen und packten den 4-Shooter hinein. Carr setzte sich ans Steuer. Vier Jahre seines Lebens befanden sich im hinteren Teil dieses Lastwagens, und er fuhr mit 60 Stundenkilometern auf der Autobahn dahin. Dann wollte Gunn ans Steuer. Sie tauschten die Sitze, was, wie Carr sofort erkannte, ein Fehler war, denn Gunn lenkte den Laster auf die Überholspur und gab Gas. (»Gunn kann es einfach nicht erwarten«, dachte Carr.) Als der Laster die Serpentinen zum Mount Palomar hinauffuhr, wurde es Carr angst und bang. Eine Stunde nach Einbruch der Dämmerung hatten sie den 4-Shooter in das Hale-Teleskop eingebaut, und die Chips fingen an, Photonen zu sammeln. Nachdem ein naher Zwergstern das »erste

Licht« geliefert hatte, das in den 4-Shooter fiel, richtete Gunn das Teleskop auf Galaxien in den Tiefen des Universums. »Er hatte dieses kleine für ihn typische Lächeln im Gesicht«, erinnerte sich Carr. »Ich hoffe, daß ich Jim Gunn nie aus den Augen verliere.«

Bald drang der 4-Shooter in bislang unerforschte Räume vor. Die Kamera machte Bilder von Galaxien, die weiter entfernt waren als alle bisher gesichteten Galaxien. Diese Galaxien unterschieden sich von benachbarten Galaxien. Sie sahen blauer aus; gesättigt mit heißen, jungen Sternen. Der 4-Shooter sah Galaxien aus einer früheren kosmischen Ära. Mit dem Einbau des 4-Shooter wurde das Hale-Teleskop mindestens hundertmal leistungsfähiger. Um genauso viel Licht zu sammeln wie der 4-Shooter in Verbindung mit einem 5-Meter-Spiegel, hätte George Ellery Hale ein Teleskop mit einem Spiegel von mindestens 50 Metern Durchmesser bauen müssen – ein Spiegel von der Größe eines Parkplatzes.

Der wissenschaftlichen Gemeinde blieb nicht verborgen, was Gunn im Kellergeschoß des Caltech tat. Kurz vor der Fertigstellung des 4-Shooter bekam Gunn einen Telefonanruf von der John D. und Catherine T. MacArthur Stiftung; man teilte ihm mit, daß er ein MacArthur-Stipendium gewonnen hatte – eine Auszeichnung für besondere Leistungen. Gunn würde in den nächsten fünf Jahren eine Summe von insgesamt 220 000 Dollar erhalten, über die er frei verfügen konnte. Er rief sofort seine Frau an, die gerade an einem Radioteleskop arbeitete.

»Oh, Jim!« sagte sie. »Wir könnten eine Loge in der Met mieten!«

»Das ist eine ernste Angelegenheit.«

»Das meine ich ja«, sagte Jill.

Eine Loge in der Metropolitan Opera kam ihnen denn doch ein bißchen zu extravagant vor, aber sie kauften sich ein Abonnement. Davon abgesehen, konnte sich Gunn nicht vorstellen, wie er das Geld ausgeben sollte. Er kaufte einen Videoplattenspieler, um sich zu Hause Opern ansehen zu können, und schloß ihn an ein selbstgebautes Stereogerät an. Er gab einigen Doktoranden einen finanziellen Zuschuß zu ihren Reisekosten. Der Rest des Geldes befindet sich auf einem Bankkonto. Er hätte sich vielleicht eine gute Lesebrille verschreiben lassen können, aber er findet, daß die »extrem teuer« sind. Statt dessen vergrößerte er seine Woolworth-Sammlung.

* * *

Maarten Schmidt hatte Gunns Arbeit aus der Ferne verfolgt. Obwohl Schmidt in herkömmlicher Himmelsfotografie ausgebildet war, wurde er auf den Mann aufmerksam, der eine extragalaktische Kamera aus Schrotteilen bauen konnte. Als das »Pfooey« fertig war, war in Schmidt der Wunsch gereift, mit Gunn zusammenzuarbeiten, was mittlerweile viele Leute wollten. Schmidt hatte seine besonderen Gründe.
1967 hatte Schmidt entdeckt, daß das Universum anscheinend dicht mit Quasaren bevölkert ist, wenn man in die Tiefen des Weltraums schaut. Er zeigte, daß Quasare eine Art »Kinderkrankheit« des jungen Universums waren und jetzt weitgehend erloschen sind. Er wollte eine kleine, aber sorgfältig ausgesuchte Gruppe von Quasaren sammeln, um die charakteristischen Merkmale von Quasaren als Population zu verstehen, so wie man die Meinungen einer ausgesuchten Gruppe von Menschen sammelt, um sich ein Bild von der Stimmungslage einer Nation zu machen. In Zusammenarbeit mit einem Kollegen namens Richard Green suchte Schmidt mit dem 18-Zoll-Schmidt-Teleskop auf dem Mount Palomar nach Quasaren. Green fand schließlich vierundneunzig Quasare. Als er und Schmidt ihre Daten analysierten, entdeckten sie, daß die Population der hellsten Quasare im Laufe der Entwicklung des Universums stark und abrupt an Helligkeit verloren hatte, während die weniger hellen Quasare weiterleuchteten. Aber das Kleine Auge konnte Quasare mit einer starken Rotverschiebung nicht erspähen. Schmidt fragte sich, wie viele stark rotverschobene Quasare wohl zwischen den Sternen verborgen liegen.

Schmidt und andere Quasarjäger hatten festgestellt, daß Quasare aus extrem weit zurückliegender Zeit schwer zu finden sind. Sie bemerkten, daß sie seltener werden. Sie werden um so seltener, je stärker die Rotverschiebung ist: 2,69 ... 2,75 ... 2,88 ... 3,40 ... 3,78. 1987 fand eine Arbeitsgruppe einen Quasar mit einer Rotverschiebung von 4,43, die einer (geschätzten) Entfernung von etwa dreizehn Milliarden Lichtjahren entsprach. »Sie müssen eine Abnahme bemerkt haben«, sagte Maarten eines Nachts auf dem Rundgang zu mir. »Warum sehen wir keine Quasare mit einer Rotverschiebung von fünf, sechs oder sieben?« Die Astronomen hatten den Eindruck, daß sie durch einen Schleier von Quasaren in die Dunkelheit blickten – zum Rand des Universums. Die Kette der beobachteten Objekte mit Rotverschiebung riß ab, was die Astronomen den »redshift cutoff« nennen.

Der Astronom Patrick Osmer erbrachte den ersten wissenschaftlichen Beweis dafür, daß er den Beginn des Cutoff gesehen hatte, als er über eine Rotverschiebung von 3,5 hinausblickte. Aber die wahre Gestalt des Cutoff blieb ein Rätsel. Manche Astronomen meinten, daß nur das Hubble-Weltraumteleskop leistungsfähig genug sei, um bis zum Rand des Universums zu spähen und so herauszufinden, wie und wann Quasare Feuer fingen. Aber den Cutoff mit dem Hale-Teleskop zu sehen, würde für Maarten Schmidt das Ende einer Odyssee bedeuten, die an einem Nachmittag des Jahres 1963 begann, als er eine kleine Glasscheibe mit einem Taschentuch abgestaubt und unter ein Mikroskop gelegt hatte.

1982 fragte Schmidt Gunn eher beiläufig, ob Gunn Interesse daran hätte, mit dem »Pfooey« den äußersten Rand des Universums zu erkunden. Gunn hielt das für eine gute Idee. Schmidt beteiligte sogleich Don Schneider an dem Experiment; Don war damals Schmidts Assistent. Schmidt, Schneider und Gunn begannen ihre Suche mit mehr als hundert elektronischen Schnappschüssen durch ein im »Pfooey« installiertes Prisma. Diese Schnappschüsse zeigten zwar einige Quasare, aber keiner von ihnen befand sich am Rande des Universums. Schmidt wurde unruhig. Die Schnappschüsse des »Pfooey« brachten nicht sehr viel. Er fing an, über dramatischere Lösungen nachzudenken. Eines Nachts machten sie wieder Schnappschüsse, und Maarten fragte Jim, ob das »Pfooey« in einen Scanner verwandelt werden könne, der den Himmel absucht.

»Das war offensichtlich eine große Sache«, erinnerte sich Maarten, »denn Jim mußte fünf Minuten lang über meine Frage nachdenken.«

Jim bedeckte sein Gesicht mit seinen Händen. Er ging im Geist das Programm des »Pfooey« durch. Er nahm die Hände vom Gesicht und sagte: »Ja, Maarten, das läßt sich machen.«

Durch die Veränderung einiger Zeilen des Computerprogramms verwandelte Gunn das »Pfooey« in einen Scanner, der gut funktionierte, außer daß jedesmal, wenn das Licht eines vorbeiziehenden hellen Sterns auf den Sensorchip des »Pfooey« fiel, Elektronen wie Golfbälle durch den »Pfooey« kullerten, was sehr unangenehm war. Die Astronomen fanden einige Quasare, aber die stärkste Rotverschiebung betrug nur 2,76. Vor zehn Jahren wäre das ein befriedigendes Ergebnis gewesen, aber jetzt war es enttäuschend. Sie waren sicher, daß ihre Technik gut war – sie hatten einfach deswegen keine weit entfernten Quasare gefunden, weil solche Quasare äußerst selten sind. Das überraschte sie. Sie wagten die vorläufige Schlußfolgerung, daß die Rotverschiebung abrupt und in nicht allzu großer Entfernung endet und daß die Population der Quasare aus diesem Grund plötzlich und in einer ziemlich späten Entwicklungsphase des Universums entstanden ist. Aber Schmidt zweifelte an all diesen Vermutungen. Er fragte sich, ob es vielleicht eine Population von Quasaren geben könne, die ganz tief im Weltraum verborgen liegt und bis zum Beginn aller Dinge zurückreicht. Als Gunn den 4-Shooter gebaut hatte, fragte Schmidt ihn, ob er den 4-Shooter in einen Scanner verwandeln wolle, denn mit vier Kameras könnte er den Himmel geradezu verschlingen. Schmidt kam sich vor wie ein Paläontologe, der durch ein ausgetrocknetes afrikanisches Tal geht und spürt, daß es unter seinen Füßen fossilhaltige Schichten gibt, in denen sich Zähne und Schädelreste von »missing links« und von halb realen, halb erdachten Geschöpfen befinden. Aber er wußte nicht, ob das Glück, seine Geräte und seine Hoffnungen ihn ans Ziel bringen würden. Der Rand des Universums beschäftigte Maarten Schmidt unaufhörlich, und jetzt hatte er das Gefühl, daß er den Cutoff überhaupt nicht mehr verstand.

Teil 4
Entdeckungen

Richard Lucinio besuchte gerne den Mount Palomar. Er tauchte dort um zwei Uhr morgens auf und sah mit seinem Aktenkoffer aus, als wäre er auf Geschäftsreise. Er stellte sich vor einen Monitor, sah einen Strom von Galaxien vorbeigleiten und sagte: »Gunn, so etwas habe ich noch nie gesehen. Diese Dinger da draußen sind wie Sandkörner.«

»Es gibt im Weltraum viele Regionen, die so aussehen«, antwortete Gunn beiläufig. »Stellen, an denen der Himmel mit Galaxien übersät ist. Aber auch wenn man an einer Stelle viele Galaxien und an einer anderen nur wenige sieht, muß das keine große Unregelmäßigkeit in der Struktur des Universums bedeuten.«

Nachdem Lucinio eine Weile darüber nachgedacht hatte, ging er mit seinem Aktenkoffer in eine kleine Werkstatt neben dem Arbeitsraum. Seine beiden Hunde folgten ihm. Er öffnete den Aktenkoffer, und siehe da, in ihm befand sich ein Computer – eine Tastatur, Chips, ein erleuchtetes Display. Ein Geruch von brennendem Lötmetall zog durch den Raum. »Unsereiner ist nie mit der Arbeit fertig«, sagte das Digital-Genie. Sein Aktenkoffer war das Notsteuerungssystem für den 4-Shooter. »Ich kann dieses Ding an den 4-Shooter anschließen und alle Roboter mit ihm steuern.« Seine Hunde fingen an, sich zu langweilen, und liefen im Arbeitsraum herum. Ein Hund schlief unter dem Tisch mit dem Hauptmonitor ein. Seine Pfoten zuckten, er träumte, er würde laufen.

Eines Abends unterhielten sich Jim und Maarten über das Fernsehen. Jim sah sich meistens Videos vom Hale-Teleskop an. Maarten hatte dagegen eine ausgesprochene Vorliebe für die Spätprogramme im Fernsehen – sie lenkten seine Gedanken von den Quasaren ab. »James, Sie haben nicht zufällig die

Sendung über die Wrestling-Weltmeisterschaft gesehen?« fragte er.
»Was?« fragte Gunn.
»Sie war letzte Woche. Im Spätprogramm.«
»Ich befürchte, die ist mir entgangen, Maarten.«
»Zu schade. Es gab eine richtige Massenkeilerei. Da traten diese fürchterlichen Typen auf, diese Motorradbande. Es sah so aus, als würden sie jeden mit Ketten schlagen, selbst die Schiedsrichter. Es war einfach unglaublich.«
»Maarten, warum schauen Sie sich ein solches Zeug an?« fragte Jim.
»Dann kann ich besser einschlafen.«
»Verstehe ich nicht.«
»Das Problem besteht teilweise darin, daß der Fernseher sehr schwer auszuschalten ist.«
»Es gibt einen Schalter, Maarten.«
»Das ist zu umständlich.«
»Es gibt auch einen Stecker in der Wand.«
»Ja, aber wer will denn deswegen extra aus dem Bett aufstehen?«
Um sich beim Beobachten der Galaxien die Zeit zu vertreiben, machten Gunn und Schneider ein Quiz zum Thema Science-fiction.
»›Die Planeten könnt ihr eines Tages in Besitz nehmen‹, zitierte Don, ›aber die Sterne sind nicht für den Menschen da.‹ Wer hat das gesagt?«
»›Die Sterne sind nicht für den Menschen da.‹ Ich kenne dieses Zitat«, sagte Gunn. Er ging hin und her. »Karellen hat das in *Childhood's End* (dt. *Die letzte Generation)* gesagt. Von Arthur C. Clarke. Eines der besten Science-fiction-Bücher, die je geschrieben wurden.«
»Ja. Es muß Karellen gewesen sein«, sagte Don, »weil er der einzige mit tiefsinnigen Gedanken war – und er war ein Außerirdischer. Aber ich finde, daß *Dune* das beste Science-fiction-Buch ist, das jemals geschrieben wurde.«

»Nein, nein, Don, *Childhood's End.*«
»Ich finde auch, daß *Childhood's End* ein tolles Buch ist«, sagte Don. »Aber ›Die Sterne sind nicht für den Menschen da‹ – das sind die traurigsten Worte, die ich je gehört habe. Und erinnern Sie sich an die Worte: ›Ja, wir hatten unsere Niederlagen‹?«
Gunn ging mit den Händen in den Taschen durch den Raum. Er trug seine Standardbrille, deren Steg er mit Isolierband umwickelt hatte. Seine Daunenjacke wölbte sich auf dem Rücken. »Klar!« sagte er. »Das war auch Karellen!«
Juan Carrasco, der sich solche Unterhaltungen im allgemeinen kommentarlos anhörte, lächelte und sagte: »›Wir hatten unsere Niederlagen.‹ Das gefällt mir.« Die Astronomen zwinkerten ihm schweigend zu. Ja, Juan hatte sie alle miterlebt.
Eines Nachts fragte ich Gunn: »Glauben Sie, daß es Leben in diesen Galaxien gibt – jemanden, der dort draußen die Milchstraße absucht?«
»Nun ...« Ein Leuchten trat in seine Augen. Mit einem Blick auf Don Schneider sagte Gunn: »Vielleicht nicht in *jeder* Galaxie. Vielleicht schaut in jeder *dritten* Galaxie jemand auf uns.«
Don Schneider sah Jim Gunn aufmerksam an. Don war schokkiert oder tat zumindest so, weil er nicht an die Existenz von intelligentem Leben da draußen glaubte. Etwas spitz sagte Don: »Ja, Jim, der Gedanke, daß wir allein in diesem riesigen Universum sind, ist schon erstaunlich.«
Jetzt war Gunn schockiert. »Was, Dons! Das glauben Sie doch nicht wirklich.«
»Ich bin Wissenschaftler. Ich glaube den Beweisen. Ich lasse mich von jedem *Beweis* überzeugen, den Sie mir für die Existenz von Außerirdischen vorlegen.«
»Beweise! Alle Beweise, die zeigen, daß es *kein* intelligentes Leben da draußen gibt, haben absolut *nichts* zu bedeuten.«
»Soll das alles sein?« fragte Don.
»Es ist erstaunlich, Don, wie dicht bevölkert das Universum ist.«
»Ich lasse mich gerne überzeugen.«

»Ich werde Sie überzeugen.«
»Wann?« fragte Don.
Jim Gunn antwortete nicht. Er lächelte verschmitzt und nippte an seiner Limonade.
Don drehte sich hilfesuchend zum Nachtassistenten um. »Sehen Sie, Juan, so geht es mir immer bei meinen Diskussionen, meine Gegner lassen mich einfach links liegen, nachdem sie eine vernichtende Niederlage eingesteckt haben, und geben mir keine Genugtuung.«
»Ja«, pflichtete ihm der Nachtassistent bei, »das ist deprimierend.«
Gunn sagte: »Die Zahl der Zivilisationen da draußen ist …«
»Null«, unterbrach Don.
»Unendlich.«
»Nun, die Chancen dafür stehen fünfzig zu fünfzig«, sagte Don und klang dabei weniger selbstgewiß. Er sagte: »Haben Sie von der Serie *Twilight Zone* die Folge ›Wir mögen Menschen‹ gesehen?«
»Eine faszinierende Geschichte«, sagte Jim. »Ich habe sie gelesen.«
»Also.«
»Also was, Dons?«
»Nun, wie Sie wissen, kamen die Außerirdischen auf die Erde und brachten ein Buch mit. Erinnern Sie sich an den Titel des Buches, Jim? *Wir mögen Menschen.* Alle haben sich gefreut. Sie erinnern sich sicher, was dann passierte.« Don faßte die Handlung etwas umständlich zusammen und kam dann zur Pointe: *Wir mögen Menschen* war ein Kochbuch.
Gunn antwortete nicht.
Don fragte: »Und wo sind sie Ihrer Ansicht nach?«
Gunn deutete mit dem Kopf auf den Bildschirm: »Da draußen.«
Don sagte: »Sie müssen aber zugeben, daß mein Standpunkt auch etwas für sich hat.«
Don Schneider war ein frommer Katholik, der sich die Menschen am liebsten als ein auserwähltes Volk und den Weltraum

als die letzte Grenze vorstellte. Er glaubte, daß sich die Menschheit langsam, aber unausweichlich dem näherte, was viele astronomisch interessierte und bewanderte Menschen den Durchbruch nannten: Wir würden nicht mit einem Spiegelteleskop, sondern mit einem Raumschiff zu den Sternen gelangen. »Der Weltraum«, sagte er, »ist unser Schicksal.« Ihm machte der Gedanke zu schaffen, daß einige von den außerirdischen Zivilisationen, so sie denn existierten, einen Vorsprung von einigen Milliarden Jahren haben könnten. Eine Milliarde Jahre entspricht vier Rotationen einer Galaxie, also vier galaktischen Jahren. Der Homo sapiens hatte bisher gerade einmal vierzig Minuten von einem galaktischen Jahr existiert, wohingegen eine Kultur, die uns zwei Milliarden Jahre voraus ist, acht galaktische Jahre alt wäre. »Mächtige Kulturen«, sagte er, »vernichten immer die technisch weniger entwickelten Kulturen. Als die Europäer in Nordamerika landeten, hatten sie den Indianern nur einige tausend Jahre voraus, und sehen Sie sich an, was mit den Indianern passiert ist.« Don glaubte, eine Verbindung zu Außerirdischen sei die größte Gefahr, der wir uns jemals aussetzen könnten. Ein weltweiter Atomkrieg oder eine durch ein gefährliches Virus ausgelöste Epidemie würde zwar viele Menschen töten, aber nicht den menschlichen Geist vernichten. Er hatte das Gefühl, daß schon der Glaube an die Existenz außerirdischer Zivilisationen seinem Leben als Wissenschaftler den Sinn nehmen würde. Eine zwei Milliarden alte Kultur wäre von uns zeitlich viermal weiter entfernt als wir von den Trilobiten. Wenn es da draußen irgendwelche Wesen gäbe, was würden die sich um die Wünsche und Ziele eines schleimigen Etwas scheren!
Gunn fragte sich dagegen, was er wohl tun würde, wenn eine Zivilisation ihm eine in zwei Milliarden Jahren gereifte Wissenschaft präsentierte. Er stellte sich dieses Wissen als eine symbolische, in einem Buch festgehaltene Sprache vor – ein Buch, das alle Antworten enthielte. »Würde ich dieses Buch öffnen?« fragte er sich laut. »Ich glaube nicht. Andererseits könnte ich der Versuchung wohl nicht widerstehen. Wir würden es lesen, aber

wir würden es nicht verstehen, obwohl wir wüßten, daß es von irgend jemandem geschrieben wurde, der die Dinge verstand, und das würde uns umbringen.«
Maarten äußerte sich zu dieser Diskussion über die Außerirdischen nicht. Er hielt sich lieber an konservative Fragen, von denen er meinte, er könne sie mit einem Teleskop lösen, wie beispielsweise die Frage nach der noch unveröffentlichten Geschichte des Universums.

* * *

Eines Nachts sahen die Astronomen, wie Spektren über den Bildschirm fluteten; es war so, als stünde man auf einer Brücke und würde zusehen, wie verschiedene Formen und Arten von Blättern auf einem träge dahinfließenden Bach treiben. Juan Carrasco beobachtete die Temperatur des Spiegels. Plötzlich sagte er: »Die Feuchtigkeit steigt.« Er befürchtete, es könnte sich Tau auf dem Spiegel bilden.
Die Astronomen kamen zu Juan herüber. Maarten sagte: »Wir liegen knapp über dem Taupunkt.« Eine Warnlampe leuchtete auf. Maarten: »Die Zahlen fallen wie verrückt.« Ein Summen ertönte. »Wir müssen zumachen«, sagte Maarten.
Juan legte einen Schalter um. »Spiegel geschlossen.«
Die Galaxien entschwanden.
Juan stieg auf den Rundgang. Er sah eine schmale Mondsichel. Er streckte einen Arm aus und hielt seinen Daumen vor den Mond. Der Schein von schwachen Zirruswolken legte sich wie ein Ring um seinen Daumen. Er klopfte gegen die Außenwand der Kuppel. Sie fühlte sich feucht und kalt an. Er ging in den Arbeitsraum zurück und verkündete, daß der Himmel leicht bewölkt sei. Die Astronomen berieten sich und kamen zu dem Schluß, daß sich die Wolken halten würden. In dem Fall, sagte Juan, würden die Astronomen ihn unten finden. Er nahm ein Ringbuch von einem Regal und sagte: »Ich mache Motoreninventur.«
Die Palomar-Ingenieure versuchten, alle Bestandteile des Hale-

Teleskops zu erfassen, es gewissermaßen zu »charakterisieren«. Anders ausgedrückt, sie versuchten herauszufinden, wie es eigentlich funktionierte. Juan hatte den Auftrag, jeden Motor in der Kuppel zu lokalisieren. Das Ringbuch enthielt eine lange Liste von Motoren. »Ich habe die Aufgabe, festzustellen, welche dieser Motoren tatsächlich existieren.« Er zog ein Paar Gummistiefel an und fuhr mit dem Aufzug eine Etage tiefer. Ich folgte ihm. Wir überquerten einen Gang und kamen zu einer Reihe von elektrischen Pumpen, die Öl in die Lager des Teleskops leiteten.

Wir befanden uns tief im Inneren der Kuppel. Juan leuchtete mit seiner Taschenlampe über Schränke voller Meßgeräte und Regale voller Radioröhren hinweg in dunkle Ecken. Hier war der Gerätefriedhof. Wenn das Gerät eines Tüftlers ausgedient hatte, wurde es hier unten abgestellt, wo es verstaubte und vielleicht noch einmal ausgeschlachtet werden konnte. Eines Tages würde hier auch der 4-Shooter stehen. Juan sah in sein Ringbuch. Er trat in eine Auffangwanne, in der sich Pfützen von Flying-Horse-Teleskopöl gebildet hatten. Er erklärte mir, daß er bei der Motoreninventur in den Konstruktionszeichnungen auf einen Motor stoßen konnte, der in Wirklichkeit nie gebaut worden war. Andererseits könne er aber auch einen Motor entdekken, der seit den vierziger Jahren ruhig und unauffällig lief, aber nirgends erfaßt war. Er beugte sich vor und las an einem Motor eine Seriennummer ab. »Der ist in Ordnung«, sagte er. Er ging herum und klopfte alles ab. Er sagte: »Ich habe hier fünf Vickers-Pumpen gefunden, aber eigentlich sollten es sechs sein. Ich kann die sechste Pumpe nicht finden. Vielleicht ist sie gar nicht hier. Es ist nicht ganz klar, was es in diesem Teleskop gibt und was nicht.« Er faßte an den Rand seines Schutzhelms und ließ den Strahl seiner Stirnlampe umherwandern.

Nach einer Weile fragte ich: »Wie gut kennen Sie sich im Großen Auge aus?«

»Ich habe mit diesem Teleskop *gelebt.*«

»Kann man hineinsteigen?«

Er lächelte. »Waren Sie noch nie im Großen Auge?«
»Nein.«
»Für heute reicht es mit der Motoreninventur«, sagte er.
Er ging mit mir nach oben. Wir standen am Fuße des Teleskops und blickten hinauf. Der Tubus des Hale-Teleskops hängt zwischen den Armen einer Gabel, die Bügel genannt wird. Die Arme des Bügels werden Ostarm und Westarm genannt. Jeder Arm hat einen Durchmesser von etwa drei Metern. Juan betrat den Westarm durch eine runde Tür. Ich folgte ihm. Er drückte auf einen Lichtschalter und zeigte auf eine kleine Luke zu seinen Füßen. »Hier kann man runtersteigen«, sagte er und forderte mich dazu auf. Ich zwängte mich durch die Luke und kletterte durch drei Räume, die durch Spundwände voneinander getrennt waren. Überall waren Ölpfützen – Mobil Flying Horse-Öl Nr. 95. Ich schmierte etwas Öl auf meine Fingerspitzen. Es war klar und goldgelb und hatte einen süßlichen Geruch. Juan sagte: »Dieses Öl zieht im Sommer viele Motten an.«
Ich kletterte zurück, und Juan stieg mit mir eine Treppe hinauf, die über drei Stockwerke durch den Westarm führte, bis wir zu einem Absatz kamen, auf dem ein Schrank stand. Der Schrank enthielt einen Apparat, der die Bewegung des Teleskops nach Norden und nach Süden – die Bewegung um die Deklinationsachse – steuerte. Er entfernte eine Schutzhaube, und zum Vorschein kamen Motoren, Getriebe und Kästen, aus denen Öl austrat. (Ich erfuhr später, daß ein junger Ingenieur namens Sinclair Smith in den dreißiger Jahren angefangen hatte, diesen Apparat zu bauen. Smith war an Krebs gestorben. Bruce Rule, der die Stützelemente des Spiegels konstruiert hatte, hatte Smith' Arbeit zu Ende geführt.) Juan sagte, das Observatorium habe vor kurzem digitale Computer installiert, die die Arbeit dieser mechanischen Computer übernehmen sollten, aber Rules Computer werde geölt und instand gehalten, für den Fall, daß die digitalen Computer ausfallen.
Juan legte die Haube wieder über den Computer und sagte:

»Hier ist es wie in einem U-Boot.« Seine Stimme hallte im Westarm wider.
»Oder wie in Buck Rogers Raumschiff.«
»Es ist buchstäblich ein Sternenschiff«, sagte Juan. Er zwängte sich hinter die mechanischen Computer, zog sich hoch und war plötzlich durch eine Luke verschwunden.
Ich folgte ihm durch die Luke in einen ölverschmierten Gang. Wir stiegen durch das Teleskop nach oben und gelangten schließlich in die obere Hälfte des röhrenförmigen Westarms, wo es keine Treppen mehr gab. Juan deutete auf eine Ansammlung hydraulischer Geräte. »Das ist eine Kupplung«, sagte er. »Sie schleift manchmal. Dann muß ich hier heraufsteigen und sie *ganz schnell* wieder in Ordnung bringen.«
»Weil der Astronom schimpft?«
»Normalerweise schimpfen sie nicht«, sagte er. »Aber es kann jederzeit vorkommen.«
Wir krochen auf Händen und Füßen zurück, was in den Gabelarmen ein schwaches, hohles Dröhnen erzeugte.
Da Juan das Hale-Teleskop zwanzig Jahre lang gewartet und seine Entwicklung beobachtet hatte, hatte er ein Gespür für die Persönlichkeit des Teleskops entwickelt. Er glaubte tatsächlich, daß es eine Persönlichkeit habe: gutmütig, aber schrullig. Es kam zum Beispiel vor, daß das Teleskop sich jedesmal nach *Süden* bewegte, wenn er auf den Knopf »nördliche Führung« drückte. Während er sich in dem Raum umsah, in dem wir uns befanden, sagte er: »Hier muß irgendwo eine lose Schraube sein. Wenn man das Teleskop nach Westen schwenkt, hört man, wie die Schraube von einem Ende des Teleskops zum anderen rollt.« Auch schlug im Inneren des Teleskops ab und zu unerwartet eine Tür, was die Sterne wackeln ließ. Und dann konnte der Astronom jederzeit losschimpfen.
Im obersten Teil des Westarms kamen wir zu einer Wand, in der sich eine Luke befand. Ich hielt mich am Rand der Luke fest. Als ich über meine Schulter zurückblickte, sah ich, wie hoch wir in den Westarm hinaufgeklettert waren.

»Ich habe keine Höhenangst«, sagte Juan, während er nach der Luke griff. »Aber ich habe Respekt vor der Höhe.«
Ich steckte meinen Kopf durch die Luke und sah mich um. Unter mir lag ein Labyrinth von dunklen Räumen. Juan sagte, daß wir direkt in das Hufeisen blickten. Er war darin herumgeklettert, sagte er, aber »ich glaube nicht, daß Sie das möchten«.
Das Hufeisenlager des Hale ist das größte Teleskoplager, das jemals hergestellt wurde – ein c-förmiger Bogen mit einem Durchmesser von 14 Metern. Es enthält fast 800 Meter Schweißnähte. Der äußere Bogen, auf dem das Gewicht des Teleskops ruht, schwimmt auf einem Ölfilm. Die beweglichen Teile des Hale-Teleskops wiegen fast 500 Tonnen und sind so fein ausbalanciert wie die Hemmung einer Uhr. Bob Thicksten hat einmal die Kupplungen und Gegengewichte außer Funktion gesetzt und sich in den Westarm gestellt, um zu sehen, was dann passiert. Das Teleskop fing an, sich nach Westen zu neigen, weil das Gewicht von Thickstens Körper es – wenn auch nur geringfügig – aus dem Gleichgewicht brachte. Thicksten glaubte, daß das Teleskop schließlich seitwärts übergekippt wäre, wenn er lange genug im Westarm gestanden hätte. Der Motor, der das ganze Teleskop in Übereinstimmung mit der Bewegung des Himmels antreibt, ist ein Bodine-Elektromotor mit $^{1}/_{12}$ PS und von der Größe einer Grapefruit; er wurde um 1942 in den USA hergestellt und nie ausgewechselt.
Juan fragte sich, was das Wetter machte. Wir kletterten rückwärts den Westarm hinunter, stiegen die Treppe hinab und traten im Erdgeschoß aus dem Teleskop. Jim Gunn erschien.
»Juan, wir brauchen Sie«, sagte er. Wir gingen schnell in den Arbeitsraum. Der Himmel war klar geworden. Da es den Astronomen verboten war, die Steuergeräte zu berühren, waren sie im Arbeitsraum auf und ab gegangen und hatten sich gefragt, wo Juan steckte.
Juan betätigte einige Schalter. »Spiegel geöffnet«, sagte er. »Wir schauen nach draußen.«

* * *

Eine Ansicht der Primärfokuskabine des Hale-Teleskops, gezeichnet von Russell W. Porter. Wir schauen durch den Tubus des Teleskops auf den Hauptspiegel. Ein Astronom sitzt in der Kabine und blickt in den Spiegel. *(Foto mit freundlicher Genehmigung des Palomar-Observatoriums/Caltech)*

Als Juan Carrasco ein Junge war und nach draußen schaute, glaubte er, der Himmel sei eine über die Erde gestülpte Schale und das eigentliche Himmelreich befinde sich auf der anderen Seite der Schale. Er verbrachte seine Kindheit in einer nur aus einem Raum bestehenden Lehmziegelhütte in Balmorhea im Staate Texas, zusammen mit seinen sechs Brüdern und Schwestern, die ebenso wie er vom Priester der Gemeinde, von Pater Salvador Girán, getauft worden waren. Juans Vater, Apolonio Carrasco, hatte die Hütte mit seinen eigenen Händen gebaut. Als Juan neun Jahre alt war, gelang es Apolonio, einen Kredit von der Farmers' Home Administration zu bekommen, mit dem er eine Farm außerhalb von Balmorhea kaufte: ungefähr 25 Hektar schwarzen Dreck und ein kleines Holzhaus. In den kalten Wintern von Westtexas verheizte die Familie in einem Ofen im Wohnzimmer Buffalogras, und dort badete sie auch in einer Zinkwanne. Das größte Möbelstück im Wohnzimmer war ein Bett, das tagsüber als Couch für Besucher diente. Die Carrascos besaßen sechs Kühe, ein Lamm und ein paar Hühner. In einem guten Jahr pflückte Apolonio zwanzig Ballen Baumwolle. In einem schlechten Jahr »Bueno, hicimos el vivir«, sagte Apolonio achselzuckend und mit einem Lächeln – »Nun, es reichte gerade zum Leben.«
Eine Carrasco ist eine Krüppeleiche mit harten, stachligen silbrig-grünen Blättern. Diese immergrüne Pflanze wächst buschartig im ganzen Südwesten auf sonnenbeschienenen Hängen; sie gedeiht außerdem an Stellen, wo andere Bäume nicht überleben können. »Diese Carrascos sind reich«, hieß es in der Gegend von Balmorhea. Juan war sich da nicht so sicher. Andere Jugendliche schwänzten die Schule, um mit Baumwollpflücken einen Dollar pro Tag zu verdienen. Dagegen bestanden Juans Eltern darauf, daß die Kinder regelmäßig zur Schule gingen. »Die anderen können sich ein Paar Levi's und vielleicht ein neues Hemd kaufen«, sagte sich Juan. Balmorhea hatte eine Tankstelle und ein Kino, »aber wir hatten kaum Geld genug, um samstagabends ins Kino zu gehen«. Bei besonderen Gele-

genheiten zogen sich Juan und seine Brüder fein an und gingen in den »Country Club«. »Das war nicht die Art von »Country Club«, an die Sie denken. Das war eine einfache Bar. Wir tanzten und tranken Bier.« Apolonio mied den »Country Club«, was ihm den Ruf einbrachte, zu ernsthaft und zu arbeitsam zu sein. Wenn er nach Pecos fuhr, um Geräte zu kaufen oder Geld zu leihen, setzte er einen riesigen Stetson auf, zog eine Gabardinehose an und steckte einen versilberten 38er Colt – der in ganz Pecos bekannt war – hinten in seinen Hosenbund. Der Revolver hatte viele Männer getötet. Er hatte einst dem Marshal von Pecos gehört. Apolonio versuchte nie, irgend jemanden damit zu töten; manchmal schoß er auf einen Kojoten, der sich am Hühnerstall herumtrieb, ohne jedoch jemals einen zu treffen. Sein Revolver war ein Schmuckstück, das er bei Hochzeiten trug. Alle Männer trugen bei Hochzeiten ihren Revolver. Vor dem Gottesdienst legten sie aus Respekt vor Vater Girán und dem Heiligen Geist die Revolver in ihre Lastwagen, und später, beim Hochzeitsfest, gaben sie Schüsse in die Luft ab – *Vivas*, mit denen den Neuvermählten Glück gewünscht wurde.

Apolonio pflanzte Wassermelonen zwischen seine Baumwollreihen. Die Krähen mochten Wassermelonen. Sie gingen zwischen ihnen umher und pickten sie an. Juans Mutter, Ysabel Carrasco, rief dann Juans ältester Schwester zu: »Aurora, Aurora! Traite el quate« – »Aurora hol' den Zwilling.«

Aurora kam mit einer doppelläufigen Schrotflinte, dem »Zwilling«, angerannt und feuerte eine Ladung Schrot über die Köpfe der Krähen. Der Rückstoß ließ Aurora ein paar Schritte zurücktaumeln, und die Krähen flogen mit einem grämlichen, verdrossenen Flügelschlag davon. Die Wassermelonen machten das Baumwollpflücken erträglich und mußten daher immer bewacht werden. Juan erinnerte sich, wie süß sie waren. »Man konnte eine von den kleinen mit einem Messer öffnen, das Innere herausnehmen und das Gesicht am Hemd abwischen.« Am Ende eines Tages, der mit Baumwollpflücken zugebracht worden war, stellte Ysabel ihre Söhne in einer Reihe auf, zog ihnen ihre Wassermelonenhemden aus und warf die Hemden in eine mit Gasolin betriebene Waschmaschine der Marke Maytag, die im Hof stand. »Aurora!« rief sie. »Wirf die Maschine an.« Aurora, die handwerklich ausgesprochen begabt war, zog die Zündkerze aus der Maytag, füllte einen Tropfen Gasolin in einen Zylinder, steckte die Zündkerze wieder hinein und versetzte der Maytag einen kräftigen Fußtritt, so daß diese unter lautem Gedröhne ansprang. Sie machte einen ohrenbetäubenden Lärm, und aus ihrem Auspuffrohr schlugen Flammen, aber die Kleider waren im Nu gewaschen.

Die Sommernächte in Texas waren so heiß, daß niemand schlafen konnte. Die ganze Stadt war wach. Die Carrascos saßen bis zu den frühen Morgenstunden auf ihrer Veranda und hofften auf einen Besuch des Pfarrers Pater Salvador Girán. Immer wenn dieser vorbeischaute, boten die Carrascos ihm auf der Veranda einen Ehrensessel an. Dann schob Juan seinen Sessel nahe an Pater Girán heran.

»Möchten Sie ein Glas Wasser, Padre?«

»Gracias, Juanito.«

Der Priester war nicht sehr groß, aber stark, weil er viel mit Lehmziegeln arbeitete. Er war Spanier und hatte in seiner Heimat in Physik promoviert. Dann hatte er aus irgendeinem Grund die Physik aufgegeben, war Priester geworden, ging als Missionar nach Südamerika und landete schließlich in Texas. Er erzählte bis tief in die Nacht von seinen Reisen in Spanien und Südamerika, von der Suche nach Wasser mit einem Gebetbuch und einem Dietrich, von den letzten Fortschritten beim Bau seiner neuen Kirche auf dem Gelände der Mission Unserer Lieben Frau von Guadalupe, die er mit seinen eigenen Händen aus Lehmziegeln baute, von einer spanischen alten Dame, die einmal versucht hatte, ihn mit einem hartgekochten Ei zu vergiften. Pater Girán kannte die Sternbilder. »Das Kreuz steht hoch«, sagte er in einer Nacht Ende August, und die Carrascos beugten sich vor und schauten nach oben.

Wenn die Unterhaltung verstummt war, kam es vor, daß jemand eine Sternschnuppe bemerkte. Die Carrascos fragten Pater Girán, was mit einem Stern geschah, der vom Himmel fiel. Mit den Sternen geschieht nichts, sagte er ihnen. Wenn ein Stern auf die Erde fallen würde, würde von der Erde nichts mehr übrigbleiben.
Ertranken sie also im Meer?
Nein, nein! Er lachte. Sie ertranken nicht im Meer. Die Sterne, sagte er, sind riesengroß und ganz weit weg.
Dies überraschte die Carrascos und vor allem Juan. Aber wenn Pater Girán sagte, daß es so war, wie konnten sie es dann bezweifeln.
»Die Sterne sind im Weltraum«, sagte er. »Sie sind sehr weit von der Erde entfernt.«
Juan versuchte sich einen Raum vorzustellen, in dem Sterne schweben. Er sagte zu Pater Girán: »Ich würde gerne wissen, wie ein Stern aus der Nähe aussieht.«
»Du weißt es schon«, sagte Pater Girán. »Die Sonne ist ein Stern.«
Die Reaktion der Carrascos darauf war tiefes Schweigen. Es war ein ungläubiges Schweigen.
Er sagte, daß die Sonne ein Stern, ein extrem heißer Gasball sei, dessen Wärme Leben auf die Erde bringe; aus diesem Grund wachse auf dem Land Baumwolle. Die Sonne und die Sterne, so sagte er, seien viel, viel größer als die Erde.
Die Sonne ist größer als die Erde?, fragte sich Juan. Die Sterne sind größer als die Erde? Was geschieht also mit einem Stern, der vom Himmel fällt?
Die Sterne fallen niemals vom Himmel, sagte er zu Juan. Du denkst an einen Meteor – eine *pajita.* Er gebrauchte das Wort *pajita,* das »kleiner Strohhalm« bedeutet, weil ein Meteor wie ein Strohhalm aussieht, der im Wind treibt. Er erklärte, daß eine *pajita* ein sehr, sehr kleiner Kieselstein ist, der aus dem Weltraum kommt. *Pajitas* verbrennen durch Reibung in der Atmosphäre.

Apolonio und seine Söhne hatten *pajitas* gesehen, die den ganzen Himmel erleuchteten, wenn sie nachts die Felder bewässerten. Sie erwähnten dies gegenüber Pater Girán.
»Eine von diesen wirklich hellen *pajitas* hat vielleicht die Größe einer Murmel«, sagte Pater Girán.
Darüber wunderten sich die Carrascos sehr.
Pater Girán sagte: »Juanito, wenn du mit deinem Vater auf den Feldern bist und eine ganz auffallende *pajita* siehst, solltest du ganz still sein und lauschen. Versuche, etwas fallen zu hören. Vielleicht findest du sogar eine auf dem Boden.«
Juan arbeitete oft mit seinem Vater nachts auf den Baumwollfeldern, wenn sie die Pflanzen bewässerten. Manchmal zeigte Juan auf einen Stern und sagte zu seinem Vater: »Kannst du glauben, daß der Stern viel größer ist als die Erde?«
»Das hätte ich nie für möglich gehalten«, antwortete Apolonio. Dann: »Mire! Es una pajita!«, und er und Juan rührten sich nicht von der Stelle und lauschten in die Nacht. »Ich wünschte, das Wasser wäre nicht so laut«, sagte Apolonio. Aber auch wenn das Wasser ruhig durch die Gräben floß, hörten sie niemals eine Sternschnuppe fallen, und sie fanden auch niemals eine.
Nach der neunten Klasse verließ Juan die Schule, weil er sich eine Stelle suchen wollte. Und er fand eine – er arbeitete mit seinem Vater auf den Feldern. Als der Koreakrieg anfing, wurde er zur Armee eingezogen und zur Bewachung von Pittsburgh abkommandiert. Als er nach Texas zurückkehrte, wollte er richtig Geld verdienen. Er ging nach San Antonio, wo er das Lewis Barber College besuchte, das damals in einem heruntergekommenen Gebäude an der East Military Plaza 124, unweit des Vergnügungsviertels, untergebracht war. Seine Ausbildung begann im hinteren Teil eines großen, mit Stühlen vollgestellten Raumes damit, daß er Pennbrüdern unentgeltlich die Haare schnitt.
Die Säufer von San Antonio waren die am propersten aussehenden Trunkenbolde von ganz Texas. Sie bevölkerten die hinte-

ren Sessel des Lewis Barber College. Juan und die anderen Anfänger begannen die Behandlung eines Saufbolds damit, daß sie ihm die Haare wuschen. Wenn sich der Kerl nach dem Waschen im Sessel wieder zurücklehnte, konnte man in seiner Tasche oft eine Flasche Muskateller glucksen hören. Nach dem Waschen kam das Haareschneiden, dann rasierte Juan seinen Kunden mit einem Rasiermesser. Danach legte er ihm eine Moorpackung aufs Gesicht. Er wusch die Moorpackung wieder ab und bearbeitete die Wangen und den Hals mit einem elektrischen Apparat, der Fettpolster unter der Haut auflöste und die Gesichtsfarbe verbesserte. Er fettete die Haare mit Wildroot Cream ein und rieb ihn zum Schluß mit einem nach Rum duftenden Aftershave ein. Dann schaute der Saufbold in den Spiegel und sagte: »Wahnsinn! Ich wußte gar nicht, daß ich so ein gutaussehender Typ bin.«
Der Gebieter über alle Rasiermesser war ein grimmiger, reizbarer alter Texaner namens Patterson, der entweder eine Beinverletzung oder ein Holzbein hatte – niemand wußte das genau und niemand wagte es, ihn zu fragen, denn es hieß, er sei vorher bei den Texas Rangern gewesen; außerdem hatte er immer ein Rasiermesser bei sich, mit dem er hervorragend umgehen konnte. Patterson humpelte im hinteren Teil des Raumes herum und hatte ein scharfes Auge auf seinen Lehrling, der gerade an einem Säufer herumhantierte. »Sei mit diesen Typen vorsichtig«, sagte er zu Juan. »Die Flasche mit der Rum-Lotion bleibt zu, verstanden? Dein Kunde könnte vielleicht husten oder zusammenzucken oder sonst was anstellen, während du ihn rasierst. Du könntest ihn böse schneiden. Du könntest sein Gesicht infizieren.« Er sah zu, wie Juan einen Säufer fürs Rasieren fertigmachte. »Was machst du denn da?« schrie er Juan an. »Nimm das Handtuch von seinem Gesicht! Du erstickst ihn ja!«
Patterson öffnete sein Rasiermesser und heftete seinen Blick auf den Säufer, der seinen Blick auf Pattersons Rasiermesser heftete. Patterson kam mit krummem Rücken herübergehumpelt, ergriff einen Ledergürtel und fuhr mit seinem Rasiermes-

ser so schnell auf ihm hin und her, daß seine Hand förmlich zu fliegen schien. Dabei starrte er den Kunden unentwegt an.
Dem Kunden wurde allmählich angst und bange.
»Sieh her«, sagte Patterson zu Juan. Die Klinge schnellte hoch, stand für einen Moment blitzend in der Luft und sauste dann auf das Gesicht des Kunden herunter. Pattersons Klinge *attakkierte* das Gesicht des Kunden vierzehnmal mit atemberaubender Schnelligkeit, während die Augen des Kunden blitzschnell hin- und hersprangen und versuchten, der Klinge nachzublikken. Hätte Patterson sich einmal vertan, wäre das Blut des Kunden aus seiner Arterie an die Decke gespritzt. Patterson wischte das Rasiermesser ab und klappte es zu. Er sagte: »Das Gesicht hat vierzehn Teile. Man kann jeden Teil rasieren, ohne einmal abzusetzen.«
Der Kunde befühlte langsam und ängstlich sein Gesicht und bekam dann große Augen: sein Gesicht war unverletzt und glattrasiert.
Als Juans Können Fortschritte gemacht hatte, verlagerte sich seine Tätigkeit in den vorderen Teil des Raumes, in dem die Rechtsanwälte von San Antonio in einer Stuhlreihe vor den großen Fenstern saßen. Die Rechtsanwälte saßen gerne in den vorderen Stühlen, um sich zu unterhalten und durch die Fenster gesehen zu werden. Als sich Juan bis zu den Rechtsanwälten emporgearbeitet hatte, beherrschte er die Kunst, einen flachen Bürstenschnitt zu schneiden. Dieser Schnitt erforderte ein starkes Gleitmittel – ein spezielles Bürstenschnitt-Wachs. »Man brauchte einen guten Apparat und viel Fett, damit die Haare des Kunden nach oben standen«, erinnerte er sich. Man brauchte auch eine große Kunstfertigkeit. Das Haar wurde mit dem Spezialwachs eingefettet und mit einem Kamm vertikal hochgezogen, dann ließ man eine Haarschneidemaschine über das Haar vor- und zurückbrummen, bis es stoppelig war wie der Rasen eines Golfplatzes und steif genug, um einen Ziegelstein zu tragen. Das Wachs verklebte die Maschine immer, und wenn man die Kontrolle über den Apparat verlor, konnte man leicht

ein Loch in den Bürstenschnitt schneiden, ähnlich einem Golfspieler, der ein Divot aus dem Drivingrange schlägt. Patterson sah sich an, was Juan tat, nahm ihn beiseite und sagte leise zu ihm: »Diese Typen sind Rechtsanwälte. Sie wollen schneidig aussehen, darum mußt du ihnen auch die Mitesser auf der Nase ausdrücken.« Nachdem Juan einem Rechtsanwalt die Haare gewaschen, ihm einen Bürstenschnitt verpaßt und eine Moorpakkung aufs Gesicht gelegt hatte, drückte er ihm mit beiden Daumen die Mitesser auf der Nase aus und setzte dann die Behandlung fort: ein kurzes Durchkneten mit dem elektrischen Apparat zur Auflösung der Fettpolster unter den Wangen, ein Spritzer Rum-Aftershave. Die Anwälte bedankten sich und gaben ihm fünfunddreißig Cents plus einem Trinkgeld. 1954 bestand Juan seine Friseurprüfung mit ›Sehr gut‹.

In den Davis Mountains südlich von Pecos und Balmorhea gab es eine Reihe von weißen Kuppeln – das MacDonald-Observatorium. Ein Mädchen namens Lily Dominguez arbeitete hier als Buchhalterin. Juan kannte sie seit der Unterstufe auf der High School, und als er seine Berufsaussichten als ingesamt recht gut einschätzte, machte er ihr einen Heiratsantrag. Sie nahm den Antrag an, und Pater Girán traute sie. Lily gab ihre Arbeit am Observatorium auf, um Juan zu heiraten. Die beiden zogen nach Pecos, wo Juan eine Stelle in Angel's Barber Shop am Rande des Barrio bekam. Im Barrio nannte man Angel »El Maestro«. Er kam aus Mexiko, wo die Friseure besonders geschickte Meister ihres Fachs sind. Angel konnte alles – flache Bürstenschnitte, Entenschwänze, er konnte einen Schnurrbart so wachsen, daß seine beiden Enden punktförmige Spitzen hatten, er beherrschte alle Formen und Stile von Koteletten – von Rudolph Valentino bis zu Prinz Albert, und er konnte kahle Schädel rasieren. Im hinteren Teil seines Ladens hatte er ein paar Duschen, für deren Gebrauch er fünfundzwanzig Cents nahm, und jedes Jahr kaufte er sich ein neues Auto.

Weder Juan noch Lily gefiel es in Pecos. Juan kaufte sich nicht jedes Jahr ein neues Auto. »Ich war sehr ehrgeizig«, erinnerte sich Juan. »Ich fragte mich: ›Wie kann ein Mann durch Haareschneiden reich werden?‹« Unterdessen vermißte das Observatorium Lily. Man drängte sie, auf den Berg zurückzukehren und ihren Ehemann mitzubringen. Man bot ihm an, ihn zum Nachtassistenten auszubilden. »Ich war etwas überwältigt«, sagte Juan. »Was wußte ich schon über Teleskope?« Er und Lily zogen zum MacDonald-Observatorium, wo die Astronomen ihn zum Nachtassistenten am 82-Zoll-MacDonald-Reflektor, dem damals größten Teleskop auf dem Berg, ernannten, während Lily als Köchin, Wirtschafterin und Buchhalterin arbeitete. Der große MacDonald-Reflektor war ein schwieriges Teleskop, und um es zu bedienen, bedurfte es einer sicheren Hand. Aber damit nicht genug. Die Astronomen trugen elektrisch geheizte Fliegeranzüge (ähnlich denen auf dem Palomar), die durch einen Draht mit Strom versorgt wurden, der aus einer Steckdose in der Wand in die Rückseite des Anzugs führte. Wenn die Astronomen zu aufgeregt waren, rannten sie unter lautem Geschrei durch die Kuppel, so daß die Drähte aus den Steckdosen gerissen wurden und hinter ihnen herschleiften. Juan lernte, daß ein Teil der Arbeit des Nachtassistenten darin besteht, die Astronomen daran zu hindern, sich selbst durch einen Stromschlag umzubringen.

In dem Jahr, in dem Juan und Lily heirateten, zog Pater Girán in ein Altersheim für Priester in New Mexico. Juan und Lily besuchten ihn dort. »Er war sehr alt geworden«, erinnerte sich Juan, »aber er war immer noch sehr, sehr stark.«

Er freute sich, daß Juan in die Astronomie gegangen war. Pater Girán sagte: »Mein Gedächtnis ist nicht mehr gut. Ich würde gerne mit dir über Astronomie sprechen, Juanito, aber ich habe es vergessen. Aber ich kann mich noch an diese Nächte erinnern ... diese Nächte, in denen ich dir etwas über die Sterne erzählte. Alle diese Nächte ... Jetzt bist du bei diesen Astronomen. Du hörst dir an, was sie sagen. Weißt du, Astronomen werden niemals reich. Aber wenn du bei ihnen bleibst, wirst du viel lernen, Juanito. Denn Astronomen sind die Auserwählten. Sie

sind Auserwählte.« Das war Pater Giráns letztes Gespräch mit Juan; kurz danach starb er.
Nachdem Juan acht Jahre lang am McDonald-Observatorium gearbeitet hatte, dachten er und Lily daran, nach Südkalifornien zu gehen. 1964 zogen sie nach San Diego, wo Juan Arbeit in einem Physiklabor fand; er maß die Spuren subatomarer Teilchen in einer Blasenkammer. Inzwischen hatte er einen Fernkurs beendet und ein High-School-Diplom erworben, er hatte auch angefangen, sich mit Computern zu befassen. (»Ich weiß durchaus, was ein Und-Oder-Gatter ist.«) Nachdem er mehrere Jahre in dem Labor gearbeitet hatte, wurde ihm klar, daß er demnächst durch einen Computer ersetzt werden würde, folglich beschloß er, sich eine Arbeit zu suchen, die ihm niemals von einer Maschine weggenommen werden kann. Da fiel ihm der Beruf des Nachtassistenten ein. Eines Tages fuhr er auf den Mount Palomar und fragte den Leiter des Observatoriums, ob er eine Stelle für ihn habe. Sein erster Arbeitstag war der 9. September 1969: Er schnitt Unterholz weg und staubte das Hale-Teleskop mit einem Mop ab. Bei dieser Gelegenheit entdeckte er seinen Respekt vor der Höhe, denn er mußte auf die I-Träger des Tubus klettern, die sich mehrere Stockwerke über dem Spiegel befanden, und sie mit einem Mop abstauben. Der Spiegel war zwar mit einer Schutzhaube bedeckt, aber wenn er auf ihn gefallen wäre, hätte er ihn trotzdem zerstören können, und das wollte er auf gar keinen Fall, denn Teleskope sind im Gegensatz zum Menschen unersetzlich.
Gegen Weihnachten war er zum Hilfsassistenten befördert worden. Er lernte, das Hale-Teleskop zu schwenken – es schnell über den Himmel zu bewegen. Gary Tuton, der leitende Nachtassistent, bildete Juan aus. Juan hatte schreckliche Angst, er könnte das Hale bei einem sehr schnellen Schwenk zerstören. Was wäre es wohl für ein Gefühl, fragte er sich, als derjenige in die Geschichte einzugehen, der das größte Teleskop der Welt ruinierte? Dann dachte er daran, daß er beim Rasieren nie einen Kunden geschnitten hatte.

Das Hale hatte seine eigenen Neigungen. Seine Kupplungen neigten dazu, herauszuspringen. Bei schnellen Schwenks konnte man verbranntes Gummi riechen. Die Kuppel neigte dazu, die Richtung zu verlieren, in die das Teleskop zeigte. Juans Notizbücher neigten dazu, sich zu vermehren. Wenn es kalt war, konnte der Ölfilm unter dem Hufeisenrahmen dick werden, und das Hale hörte auf, der Bewegung der Sterne zu folgen. Das setzte eine Alarmanlage in Gang und veranlaßte den Astronomen augenblicklich, den Mund zu öffnen, um einen Schrei auszustoßen. Dann spurtete Juan zu einer Leiter, die gegen den Nordpfeiler des Teleskops gelehnt stand. Er kletterte auf der Leiter drei Stockwerke nach oben, bis er zu einer Reihe Schrauben kam, nahm einen kleinen Schraubenzieher aus seiner Tasche und zog eine bestimmte Schraube um eine Vierteldrehung fester an. 500 Tonnen Teleskop fingen wieder an, den Sternen zu folgen, während die Alarmanlage verstummte und auch der Astronom sich wieder beruhigte.
Manchmal weigerte sich das Teleskop, sich schwenken zu lassen. Dann stieg Juan in den Fahrstuhl, fuhr ein Stockwerk tiefer und eilte einen Gang hinunter, bis er zu den Schaltkästen kam. Mit beiden Händen legte er so schnell wie möglich jeden Hebel um. Für den Fall, daß sich das Große Auge dann immer noch nicht bewegte, hatte er noch mindestens ein Dutzend Punkte aufgeschrieben, die außerdem zu beachten waren. Dazu gehörte:

- An die Ölpolster denken.
- Die Lichter der Kupplung überprüfen.
- Das zentrale Hebewerk (Winde, Kran) überprüfen – wenn es etwas erhöht ist, läßt sich das Teleskop nicht schwenken.
- Wenn die Kuppel anfängt, sich vor und zurück zu bewegen, ist die Bremse zu locker. Ein empfindliches kleines Biest. Erst mit einem Schraubenzieher gegen die Bremse klopfen.
- Wenn sich die Schutzhaube des Spiegels nicht öffnet und das Teleskop sich nicht schwenken läßt, den kleinen Gleichstrom-Motor neben dem großen MG SET überprüfen. Wenn er nicht anspringt, ihm einen Stoß versetzen.

Manchmal geriet die Kuppel in Verwirrung. Sie fing an, sich unentwegt zu drehen, das ganze Gebäude wackelte, und nichts konnte sie zum Stillstand bringen. »Juan! Das ist verrückt!« sagte dann der Astronom.

»Das ist das Phantom«, erwiderte Juan. Er lief in einen Raum am südlichen Ende des Teleskops. Dort war das Phantom. Das Phantom war ein mechanischer, von Bruce Rule gebauter Computer. Er brachte die Kuppel dazu, den Bewegungen des Teleskops zu folgen – wie ein Schatten, ein Phantom. Juan rüttelte an den beweglichen Teilen des Computers. Er inspizierte und entfernte zwei Vakuumröhren und wischte die Röhren mit einem Tuch ab. Für gewöhnlich hörte die Kuppel dann auf, sich zu drehen.

In bezug auf Öle schienen die Ingenieure geradezu abergläubisch zu sein. Zahllose Öldosen und -flaschen hatten sich auf Regalen neben Juans Schrank angesammelt. Mit einigen Ölen lernte Juan umzugehen, mit anderen nicht. Da gab es »Lubriguard Anti-Seize«, »Mobil Extreme Pressure Oil«, »Graham transmission oil«, »Way Lube chain oil«, »Marvel Mystery oil«, »Gargoyle Grease«. Bob Thicksten versuchte, sich auf ein paar einfache Öle zu beschränken, aber Juan fragte sich, ob Dinge wie »Gargoyle Grease« und »Marvel Mystery oil« schließlich nicht doch immer wieder im Hale-Teleskop landeten, weil diese Öle entweder gut waren oder weil die Ingenieure Sonderangebote wahrgenommen hatten. Mobil hatte kürzlich die Produktion von Flying-Horse-Teleskopöl eingestellt, was sämtliche Observatorien in den Vereinigten Staaten in Panik versetzt hatte. Thicksten hatte noch zehn Fässer Flying Horse ergattert, die er in der Kuppel in dunklen Nischen verwahrte, als würde es sich um 59er Margaux handeln. Thicksten glaubte, der Einsatz von Flying Horse sei eine von diesen Schwarzen Künsten: vielleicht unnötig, aber narrensicher.

Nach einer neunjährigen Ausbildung avancierte Juan zum leitenden Nachtassistenten. Kurz nach seiner Beförderung schaffte das Observatorium Computer an, die die Bewegungen des

Hale-Teleskops steuern und überwachen sollten. Diese digitalen Systeme hatten Bruce Rules mechanische Computer teilweise ersetzt. Juan hatte jetzt ein Computerterminal an seinem Steuerpult, mit dem er viele Bewegungen des Hale lenkte. Aber das Observatorium hatte beschlossen, die Schwenks des Großen Auges nicht von einem Computer steuern zu lassen, weil ein Computer das Teleskop während eines sehr schnellen Schwenks früher oder später ruinieren würde. Der Mensch war eben doch nicht ganz entbehrlich. Besonders nicht dieser Mensch, der einen Saufbruder mit einem Rasiermesser rasieren und einen perfekten Bürstenschnitt machen konnte. Er hatte mehr Zeit als Maarten Schmidt an den Monitoren des Hale verbracht, was seine Gefühle in bezug auf den Platz der Erde in der Schöpfung für immer verändert hatte. »Wenn ich jetzt in den blauen Himmel schaue«, sagte er, »frage ich mich, wo das Ende ist.«

Die trojanischen Planeten sind Himmelskörper, die sich langsam und vorhersehbar bewegen. Wenn man einen gesichtet hat, kann man ihn gewöhnlich später wiederfinden. Carolyn Shoemaker fühlte sich nicht verpflichtet, die Filme, die sie und Gene auf dem Mount Palomar gemacht hatten, sofort zu untersuchen. Sie sah sich die Filme flüchtig auf schnell fliegende Objekte hin an und fand einen Asteroiden, der 1985 WA genannt wurde. 1985 WA konnte Jupiter treffen, was eine angenehme Überraschung war – er kreuzte Jupiters Umlaufbahn. Nach Neujahr 1986 kehrten sie und Gene für eine Woche zum Mount Palomar zurück, um den Himmel nach erdnahen Asteroiden abzusuchen, während die Filme mit den Trojanern in ihren Pergaminumschlägen blieben und einer eingehenden Untersuchung harrten.

Auf dem Mount Palomar fand Carolyn den ersten neuen Kometen des Jahres 1986. Er erwies sich als ein regelmäßiger Besucher des inneren Sonnensystems – periodischer Komet Shoemaker 3. Dann entdeckte sie den zweiten Kometen des Jahres 1986. 1986 b war ein langperiodischer Komet. Er bewegte sich in einer Haarnadelkurve um die Sonne und verließ dann das innere Sonnensystem; er wird im Frühjahr 2509 wiederkehren. »Jetzt habe ich Gleichstand mit Caroline Herschel«, sagte Carolyn. »Natürlich werde ich sie schlagen.« Aber die Filme mit den Trojanern harrten immer noch einer genaueren Untersuchung. »Wie immer«, sagte sie, »ersticke ich in Filmen.«

* * *

Im März jenes Jahres erschien der periodische Komet Halley am Himmel. Maarten Schmidts Quasar-Team arbeitete zu diesem Zeitpunkt zufällig auf dem Mount Palomar, und alle woll-

ten unbedingt den Halleyschen Kometen sehen, da ihn noch niemand von ihnen vorher gesehen hatte. Maarten Schmidt brachte seinen Feldstecher mit auf den Berg. Eines Morgens um 4 Uhr 30 stiegen er und Gunn auf den Rundgang. Aus einem wolkenlosen Himmel kam von Westen ein Wind, der um die Kuppel pfiff, die Wipfel der Zedern zerzauste und ein Tiefdruckgebiet ankündigte, das vom Pazifischen Ozean herüberkam.
Maarten richtete seinen Feldstecher nach oben. »Das ist wunderbar«, sagte er.
»Ich hatte Schlimmeres erwartet«, sagte Jim.
Der Komet ist ziemlich hell«, sagte Maarten.
»Das ist schon was Besonderes.«
Der Halleysche Komet hatte einen weißen Kern.
Er sah aus wie ein verschwommener Stern. Der Schweif war wolkig und leuchtete schwach. Der Komet ähnelte einer Staubkugel, einem Stück Himmelsschutt.
Maarten sagte: »O Gott, dieser Feldstecher ist *schrecklich.* Er hat nur fünfzig Dollar gekostet. Entschuldigen Sie, James.« Er reichte ihn Gunn.
Gunn hielt sich das schreckliche Gerät vor die Augen und drehte am Rändelring. Seine Haare flatterten.
Philosophisch-nachdenklich fuhr Maarten fort: »James, ich glaube, es wird höchste Zeit, daß wir einen wirklich hellen Kometen zu sehen bekommen.«
»Völlig richtig.«
»Wie der große Komet von 1843«, sagte Maarten. »Mit einem Schweif, der sich über den halben Himmel erstreckt. Es wäre interessant, zu sehen, wie sich das auf die Meinung der Bevölkerung auswirken würde. Ob man vom Ende der Welt und dergleichen sprechen würde. (Schmidt hatte mit Jan Oort an der Universität Leiden Kometen untersucht und interessierte sich für die Reaktion der Öffentlichkeit auf das Erscheinen von Kometen.) Oort sagte einmal zu mir – wir sprachen gerade über die Shoemakers und ihre Kometen: ›Ich glaube, es war ein Ko-

met im siebzehnten Jahrhundert, der einen Aufstand der Schuhmacher in Deutschland auslöste. Es muß damals viele Schuhmacher gegeben haben. Und ich wette, daß sie gut organisiert waren.‹«

»Der Schweif entwickelt sich schön«, sagte Jim. Dann wendete er sich vom Kometen ab. Er drehte sich langsam um und sah sich die Milchstraße Punkt für Punkt an. »Man sieht den Trifidnebel«, sagte er. »Und da ist M22 – ein phantastischer Kugelhaufen. Und da ist der Omeganebel.« Er reichte mir den Feldstecher und sagte: »Sie können den Omeganebel sehen. Er liegt direkt über dem Lagunennebel. Es ist umwerfend, was man mit einem Feldstecher alles sehen kann.«

Der zentrale Bereich der Milchstraße wurde nach San Diego hin dicker. Der galaktische Kern ging über San Diego auf. Durch einen Feldstecher betrachtet, ist die zentrale Region der Milchstraße mit Punkten von glühendem Gas übersät und von schwarzen Staubstreifen durchzogen. Der Halleysche Komet stand direkt unter der Milchstraße – offensichtlich in der Nähe der Erde. Der Halley ist ein schwarzer, staubiger Eisklumpen von der Größe Manhattans und von der Form einer Kartoffel – und er bewegt sich auf einer chaotischen Umlaufbahn, die die der Erde kreuzt. Er war früher draußen in der Oortschen Wolke beheimatet, bis er die Schwerkraft eines vorbeifliegenden Sterns zu spüren bekam und in Richtung Sonne fiel. Jetzt dampft er jedesmal, wenn er sich der Sonne nähert. Irgendwann bricht er möglicherweise auseinander und löst sich in Staub auf oder wird zu einem erloschenen Kometenkern. Sollte vom Halleyschen Kometen ein dunkles Klümpchen übrig bleiben, könnte dieses eines Tages als Asteroid auf der Erde einschlagen, wenngleich dies nicht wahrscheinlich ist. Wahrscheinlicher ist, daß der Halley in der nächsten Jahrmillion nahe an Jupiter herankommen und von diesem in die Sterne geschleudert werden wird, um dann für alle Zeiten durch die Milchstraße zu fliegen.

Drei Wochen zuvor hatte Carolyn Shoemaker einen Asteroiden

gefunden, den sie und Gene Amun nannten. Amun ist ein erdnaher Himmelskörper, der sich seitlich an die Erde heranschiebt. Amun hat einen Durchmesser von etwa zweieinhalb Kilometern und besteht aus Metall. »Wenn Amun auf die Erde auftrifft«, sagte Gene mit sichtlicher Genugtuung, »dann gibt es einen *richtigen* Krater.« Carolyn fand auch ein Objekt, das schräg durch die Ebene des Sonnensystems saust – ein schnell fliegendes Objekt, das zunächst die Bezeichnung 1986 EC bekam. Sie maß seine Bewegung anhand von zwei Filmen, die bei bereits zunehmendem Mond aufgenommen wurden. Dann verlor sie ihn. 1986 EC ertrank im Mondlicht und ward nie wieder gesehen.

»Ich kann es nicht ausstehen, wenn ich eines von diesen Dingern verliere«, sagte Gene.

Carolyn war betrübt und auch ein bißchen verlegen. »Ich hoffe, daß ich ihn eines Tages wiederfinde«, sagte sie. Derweil blieben die Filme mit den Trojanern in der Schublade. »Diese Planeten laufen nicht weg. Sie können warten.«

Am 5. Mai 1986 fand Carolyn auf dem Mount Palomar auf Aufnahmen, die sie und Gene einige Tage vorher aufgenommen hatten, einen merkwürdigen Kleinplaneten – einen langsam fliegenden Asteroiden, der sich in die falsche Richtung, gegen den Strom des Hauptgürtels bewegte. Carolyn rief Brian Marsden, den Direktor des Minor Planet Center, an und gab ihm ein paar Koordinaten durch. Er gab dem Asteroiden die vorläufige Bezeichnung 1986 JK. Die Shoemakers machten in den folgenden Nächten weitere Bilder von 1986 JK, während sie das Minor Planet Center über die wechselnden Positionen des Objekts auf dem laufenden hielten. Brian Marsden gab den Shoemakers und dem Rest der Welt (durch ein internationales astronomisches Telegramm) eine kurze Information: »1986 JK scheint ein Apollo-Objekt zu sein, das sich der Erde nähert.« Die Astronomen eilten zu ihren Teleskopen. Die langsame Bewegung des Asteroiden war eine Täuschung: Die Shoemakers beobachteten, wie er direkt auf die Erde zuflog. JK veränderte seine Bewegung, beschleunigte sich rasant und sauste am 1. Juni 1986 in einer Entfernung von ungefähr vier Millionen Kilometern an der Erde vorbei – der knappeste Beinahe-Zusammenstoß, der jemals beobachtet worden ist. Nach den Maßstäben der planetarischen Bewegungen im Sonnensystem war das Vorbeiziehen von 1986 JK einer Gewehrkugel vergleichbar, die einem einen Scheitel durch die Haare zieht. JK flog auf einer langgestreckten Ellipse, die der Umlaufbahn eines Kometen ähnelte. Radioastronomen schickten ein Radarsignal zu dem vorbeifliegenden Asteroiden und empfingen ein deutliches Echo, was darauf hindeutet, daß JK ein großes Objekt ist. Auf seinem Orbit reist JK fast bis zum Jupiter. Es ist ein Apollo-Objekt, das die Bahnen von Erde, Mars und Jupiter kreuzt. 1986 JK könnte auf der Erde, auf dem Mars oder auf dem Jupiter einschlagen. Alle vierzehn Jahre saust er an der Erde vorbei. Um den amerikanischen Unabhängigkeitstag im Jahre 2000 herum wird er wieder dicht an uns vorbeischießen.

Im Herbst 1986, ein Jahr nachdem die Shoemakers die Aufnahmen von den Trojanern gemacht hatten, beschloß Carolyn, nach trojanischen Asteroiden zu suchen. Sie wählte dreiunddreißig Bilder aus, die sie paarweise untersuchte. Die Aufnahmen stellten einen Blick durch die Ebene des Sonnensystems in die griechische Asteroidenwolke dar, die dem Jupiter vorausläuft. Daran gewöhnt, nach schnellen, erdnahen Asteroiden zu suchen, mußte sich Carolyn erst darin üben, nach Tupfen zu schauen, die sich nur langsam bewegen und sich in der Nähe des Jupiter aufhalten.

Sie schaute durch die Okulare und sah einen weißen Himmel, wie dieser genannt wird. Die Fotos waren Negative, auf denen der Himmel weiß und die Sterne schwarz erscheinen. (Das menschliche Auge kann leichter einen schwarzen Punkt vor einem weißen Hintergrund erkennen als umgekehrt.) Sie schob die Aufnahmen vor und zurück, so daß Sterne durch ihr Gesichtsfeld wanderten; dies gab ihr das Gefühl, durchs All zu fliegen. Jedes Aufnahmenpaar enthielt etwa zehntausend Punkte –

Sterne, Galaxien, Quasare und Asteroiden. Die beiden Aufnahmen eines Paars wurden im Abstand von vierzig Minuten gemacht. In vierzig Minuten bewegt sich ein trojanischer Planetoid deutlich erkennbar vor dem Hintergrund von Fixsternen.
Das Stereomikroskop eignete sich hervorragend zum Auffinden von sich bewegenden Objekten – es ließ sie gewissermaßen aus der Fläche herausspringen. Die Trojaner sind weit entfernt, sie scheinen kaum näher als die Sterne zu sein. Carolyn konnte tief in die trojanische Wolke hineinschauen; die Trojaner sind sehr ferne Objekte hinter den Asteroiden des Hauptgürtels, die den Vordergrund der Aufnahmen bevölkerten. Ein Asteroid, der sich der Erde nähert, kann dagegen so aussehen, als würde er sich vor dem Hauptgürtel befinden. Diese den Erdorbit kreuzenden Objekte bewegen sich aggressiv, kommen aus ungewöhnlichen Richtungen. Da sie eine Geschwindigkeit von ungefähr 55 000 Kilometern pro Stunde haben, können sie in vierzig Minuten eine große Entfernung zurücklegen. »Der Asteroid bewegt sich so schnell«, sagte sie, »daß man auf dem Bild eine Positionsveränderung erkennen kann. Man kann die beiden Punkte mit den Augen nicht zu einem Punkt verschmelzen – der Asteroid scheint zu verschwimmen, zu hüpfen.«
Auf allen Fotos sah sie sich bewegende Objekte; im Sonnensystem fliegt eine schier unglaubliche Menge von Materie herum. Carolyn sah hauptsächlich Asteroiden des Hauptgürtels, von denen viele bisher unbekannt waren. Die Kometen waren flaumige Kugeln, aus denen Gasnebel austraten. Kometen faszinierten sie. Ihr Nebelschleier hatte etwas, das ihr das Herz im Hals klopfen ließ, wenn sie daran dachte, daß sie vielleicht auf einen noch unentdeckten Kometen blickte.
Jeden Tag gingen ihre Augen acht Stunden lang hin und her. »Ich versuche, die Aufnahmen ohne Unterbrechung durch mein Gesichtsfeld zu schieben«, sagte sie. »Wenn man anfängt, sich auf manche Dinge zu sehr zu konzentrieren, stellt man sich ständig die Frage: Ist dies ein Asteroid? Irgendwann beginnt

man, Asteroiden instinktiv zu finden.« Wenn sie etwas sah, was wie ein trojanischer Planetoid aussah – ein Tupfen, der direkt vor den Sternen dahintrieb –, markierte sie ihn mit einem roten Stift. »Diese Trojaner sind Kümmerlinge, sie sehen ein bißchen mickrig aus«, sagte sie. Sie ähneln Staubpartikeln, die sich auf der Oberfläche des Films festgesetzt haben. Sie hatte sich angewöhnt, mit einem Finger leicht über alles zu streichen, was nach einem trojanischen Planetoiden aussah, und dann verflüchtigte sich dieser manchmal. Sie wollte dem Minor Planet Center nicht die Positionsveränderung eines Staubkorns melden. Die Sterne bildeten Trapezoide, Ringe, Buchstaben – sie hatten ihr eigenes Alphabet. Eine Galaxie weckte ihre Neugierde. Sie stellte sich vor, daß sie durchs All reiste und sich der Galaxie näherte. Sie untersuchte Kugelsternhaufen. Ein Kugelsternhaufen ist eine kugelförmige Wolke von mehreren hunderttausend Sternen, die allein durch die Milchstraße driftet. Der Anblick eines Kugelsternhaufens konnte dazu führen, daß ihre Aufmerksamkeit von der trojanischen Wolke abgelenkt wurde. Manchmal vergaß sie, was sie tat. Sie kam wieder zu sich und merkte, daß sie sich in einem Film verloren hatte und daß sie keine Ahnung hatte, wohin sie in dem Film gereist war. Es kam auch vor, daß sie plötzlich zu Hause im Bett aufwachte – denn wenn sie viel Zeit am Mikroskop verbracht hatte, fing sie an, im Schlaf Asteroiden zu sehen.

Nachdem sie einige Filme nach möglichen trojanischen Asteroiden abgesucht und markiert hatte, maß sie deren ungefähre Position und schaute dann in einem Buch nach, das die Astronomen die Russischen Ephemeriden nennen. (Die Russen beobachten die Bahnen der Asteroiden für alle anderen mit.) »So sortiere ich die meisten bekannten Trojaner aus«, sagte sie. Sie fand viele trojanische Planetoiden, die bereits Namen hatten.

Was sie sich vorgenommen hatte, erforderte wochenlange Anstrengungen. »Ich würde nicht so hart arbeiten, wenn es nicht solchen Spaß machen würde«, sagte sie. Ende November 1986 fand sie einen Tupfen, der in keinem Katalog aufgeführt war

und auch nicht verschwand, als sie mit dem Finger darüber wischte. Am selben Tag entdeckte sie einen weiteren Tupfen. Sie maß ihre Koordinaten und gab ihre Meßergebnisse in einen mit dem Minor Planet Center verbundenen Computer ein.
Am nächsten Morgen erhielt sie eine Nachricht von Brian Marsden: AUSGEZEICHNET CAROLYN! Er informierte sie darüber, daß sie zwei bislang unbekannte trojanische Planetoiden gesichtet hatte. Er gab ihnen die vorläufige Bezeichnung 1985 TE3 und 1985 TF3. Diese Planetoiden hatte noch niemand zuvor gesehen: riesige Kleinplaneten mit einem Durchmesser von etwa 75 Kilometern – »Elefanten«, wie Gene sie nannte. Sie waren größer als viele Jupiter-Monde, und, wie Carolyn es ausdrückte, »sie gehören uns«. Wie alle trojanischen Planetoiden waren sie anthrazitfarben oder sogar noch dunkler.
Eine Woche später fand sie einen weiteren unbekannten Trojaner, den 1985 TG3. Dann noch einen, den 1985 TL3. Sie stieß auch auf einen Trojaner, den ein Astronomenteam in Dänemark kurz zuvor gesichtet hatte, und half den dänischen Astronomen, seine Umlaufbahn genauer zu bestimmen. Sie fand auch einen Trojaner wieder, der von dem holländischen Astronomen E.J. van Houten bei seiner Untersuchung der trojanischen Wolken gesichtet worden, dann aber verlorengegangen war. Am Ende hatte sie vier neue trojanische Planetoiden gefunden und bei der Identifizierung von zwei anderen geholfen. Sie meinte: »Das schult das Auge.«
Gene war hocherfreut. Er sagte: »Das deutet darauf hin, daß es da draußen eine riesige Zahl von Trojanern gibt. Wir finden nur die Elefanten.«
Das Sonnensystem blieb für Gene Shoemaker ein geheimnisvolles Objekt. Er fragte sich schon lange, woher diese trojanischen Planetoiden eigentlich kamen. Er fragte sich, wie sie zum Ursprung des Staubhaufens paßten, in dem wir leben. Die gängige Meinung lautet, so Gene, daß die Trojaner von jener Materie übrig geblieben sind, die in der Akkretionsphase der Planeten zusammenklumpte und Jupiter entstehen ließ. Er pflegte gängi-

ge Meinungen nicht ohne weiteres zu übernehmen. »Seit kurzem«, erzählte er fast beiläufig, »bastle ich an einer Theorie. Sie würde die Bildung der Planeten Uranus und Neptun, die Entstehung der Oortschen Kometenwolke, die Existenz dieser seltsamen schwarzen Objekte in der Nähe des Jupiter, den letzten starken Beschuß des Mondes und die Bildung der Ozeane auf der Erde erklären. Sollte ich jemals eine Woche frei haben, werde ich sie aufschreiben.«

Er glaubte, die Existenz von Wasser auf der Erde und die Existenz der trojanischen Planetoiden mit ein und derselben Hypothese erklären zu können – eine Hypothese über die Ereignisse bei der Entstehung des Sonnensystems. Er glaubte, daß die Bildung der Meere auf der Erde möglicherweise einmal Teil eines Akkretionsprozesses war. Uranus und Neptun sind große, vereiste Planeten, die aus Methan und Wasser bestehen und einen Kern aus Felsgestein haben. Sie bildeten sich am äußeren Rand der Akkretionsscheibe, die zum Sonnensystem geworden war. Während der schnellen Wachstumsphase der Planeten stießen die Planetesimale – Kugeln aus Silizium, Eisen, Teer und Eis, die um die Sonne kreisten – zusammen und verschmolzen zu Planeten. Die Akkretion der äußeren Planeten ging nicht reibungslos vonstatten. Als Uranus und Neptun größer wurden, kollidierten sie fast mit ihren eigenen Planetesimalen. Sie jagten ihre eigenen Teile; sie peitschten ihre Planetesimale durchs All. Die meisten dieser Trümmer wurden in Umlaufbahnen hinter Pluto geschleudert und bildeten die sogenannte Oortsche Kometenwolke. Gene meinte, die Oortsche Wolke sei wahrscheinlich ein Eisnebel, der während der Entstehung der äußeren Planeten aus dem Sonnensystem herausgeschleudert wurde. Einige dieser wild umherfliegenden Teile sausten nicht zur Oortschen Wolke hinaus, sondern fielen nach innen, an Jupiter vorbei. Als sie sich der Sonne näherten (die inzwischen zu brennen angefangen hatte), begann ihre dramatische Kometenexistenz.

Gene vermutete, daß Jupiter wie eine Falle den Flug dieser Kometen gestört und sie in die Gefilde der Trojaner getrieben hatte. Irgendeine Kraft mußte die Geschwindigkeit dieser Kometen verringert haben, so daß sie Jupiter in die Falle gingen. Die Spezialisten für Himmelsmechanik konnten sich bisher keinen Mechanismus vorstellen, der den Flug eines großen Kometen verlangsamte, aber Gene hatte eine Idee: Vielleicht kollidierten diese Kometen mit kleinen Trümmerteilen, die im Bereich der Trojaner dahintrieben. Die Kometen stießen mit ihnen zusammen, saßen fest, brannten schließlich aus und verloren ihren Schweif.

Er sagte: »Meine Vermutung ist – und das ist Shoemakers private Weltsicht –, daß die trojanischen Planetoiden erloschene, gefangene Kometen sind.« In den trojanischen Wolken gibt es vielleicht fast eine Viertelmillion schwarze Planetoiden, aber Gene zufolge sind sie »nur ein Bruchteil der Gesamtmasse, die während der Bildung des Sonnensystems durch diese Region flog.« Der Planet Jupiter hatte einen Teil dieser Masse in erdnahe Umlaufbahnen geschleudert.

Man kann mit bloßem Auge erkennen, daß dem Mond einst Gewaltsames widerfahren ist – an den dunklen Flächen, die als Mondmeere oder Maria* bekannt sind. Dem bloßen Auge erscheinen sie wie Wunden. Galilei hielt sie für Ozeane, aber es sind Narben, die von dem übrig geblieben sind, was Gene den letzten schweren Beschuß des Mondes nannte – riesige Einschlagkrater mit Namen wie Ozean der Stürme, See des Todes, See der Träume, Meer der Ruhe und Meer der Heiterkeit. Er glaubte, daß die Mondmeere durch vagabundierende Brocken von Uranus und Neptun entstanden sein könnten, die auf dem Mond einschlugen. Bei all der herumfliegenden Materie hat es wohl auch einen letzten schweren Beschuß der Erde gegeben.

»Wie kriegt man das viele Wasser in den Ozeanen zusammen?« hatte er sich gefragt. Die gängige Theorie zum Ursprung des Wassers auf der Erde besagt, daß das Wasser von Vulkanen

* lateinisch Mehrzahl für »Meer«, d. Übers.

stammt, die Wasserdampf in die Atmosphäre spritzten. »Die gängige Theorie besagt im wesentlichen, daß die Erde das Wasser ausschwitzte«, sagte er. »Wir nennen das juveniles Wasser.« Seiner Ansicht nach war juveniles Wasser am besten am Himmel zu finden. »Man kann sich vorstellen, daß einer dieser großen Kometen mit einer Geschwindigkeit von zwanzig Kilometern pro Sekunde in die Erde einschlug«, sagte er. »Das Geschoß verdampfte in dem Augenblick, als es auf eine felsige Oberfläche traf. Ein großer Teil dessen, was sich im Kometen befand, konnte herausregnen – Wasser, Kohlendioxyd und Ammoniak. Das Wasser konnte sich in den tiefsten Senken sammeln. Zweihundert der größten trojanischen Planeten sind notwendig, um die Ozeane zu schaffen – Kaventsmänner mit einem Durchmesser von zweihundert Kilometern, Trojaner von der Größe des Hektor oder Agamemnon. Aber es gibt welche, die noch größer sind als Hektor. Pluto zum Beispiel. Ja klar! Der Planet Pluto könnte durchaus ein riesiger, erloschener Komet sein! Wenn man Pluto aus seiner Bahn werfen und in die Nähe der Sonne bringen könnte, hätte man einen *Kometen*, weil das Eis auf seiner Oberfläche verdampfen und einen riesigen Schweif bilden würde. Ein oder zwei wirklich große Kometen von der Größe des Pluto, vielleicht fünfzig Kometen von der Größe der Trojaner und dazu jede Menge Kroppzeug – dann hätte man die Ozeane. Diese Theorie hat allerdings einen Haken. Wenn ich die Kraterbildung auf der Erde während des letzten schweren Beschusses berechne, kriege ich dummerweise zu viel Wasser!«
Kometen enthalten wahrscheinlich Kohlenwasserstoffe, und sie enthalten vielleicht auch Spuren von Aminosäuren, die Bausteine der Proteine. Gene glaubte nicht, daß Aminosäuren die Hitze eines großen Einschlags überstehen konnten. Aber ein kleiner Einschlag war etwas anderes. Er sagte: »Kleine Kometenbrocken – davon gab es während des letzten schweren Beschusses viele – könnten in der oberen Atmosphäre ihre Geschwindigkeit verringern und die Oberfläche der Erde unver-

sehrt erreichen.« Die ersten Ozeane der Erde enthielten vielleicht wasserlösliche organische Verbindungen, die aus den dampfenden großen Kometenbrocken stammten. Der menschliche Körper besteht zu 70 Prozent aus Wasser, und der Rest besteht großenteils aus organischen Molekülen auf Kohlenstoffbasis. Daher war es für Gene Shoemaker keineswegs ausgeschlossen, daß der menschliche Körper zum großen Teil frühere Kometenmaterie ist.

Die trojanischen Planetoiden waren in Shoemakers Weltsicht erloschene Kometoiden, die mit einer klebrigen Schicht aus kohlenstoffhaltigem Staub oder Teer bedeckt sind. Da draußen gibt es vielleicht einen Asteroidengürtel, der aus fast einer Viertelmillion ehemaliger Kometen besteht. »Die Existenz großer trojanischer Wolken«, folgerte er, »wäre eine Art Indizienbeweis für einen gewaltigen Kometenstrom in der Frühgeschichte des Sonnensystems. Ich glaube, daß diese trojanischen Planetoiden von der gleichen Sorte sind wie die Kerle, die der Erde die Ozeane verpaßt haben. Der springende Punkt dabei ist, daß noch ein ganzer weiterer Asteroidengürtel in der Nähe des Jupiter erforscht werden muß.«

Aus Don Schneiders Büro am Institute for Advanced Study in Princeton, New Jersey, blickte man über Wiesen in tiefe Wälder, die der herbstliche Reif weiß leuchten ließ. Don saß an einem Tisch, auf dem zwei Computermonitore, zwei Tastaturen und ein Videomonitor standen. Es war Zeit, den Himmel nach Quasaren abzusuchen. Sein Lebenswerk, so behauptete er, bestand aus etwa zweihundert Rollen Computerbändern und einem Programm mit dem Namen Cassandra. Die Bänder enthielten die elektronisch gespeicherten Aufnahmen von allerlei Zeug, das da draußen herumflog – von Novae und Supernovae, von Quasaren, von kannibalistischen Galaxienhaufen, von Gravitationslinsen und von den Himmelsteppichen, die aus Maarten Schmidts Suche nach dem Cutoff resultierten. Cassandra war ein Computerprogramm zur Bildverarbeitung. Es konnte Muster erkennen.

»Cassandra«, sagte er, »hat schon viele Gesichter untersucht. Sie hat nach vielen interessanten Gesichtern Ausschau gehalten.« Er drückte auf eine Taste, und auf dem Bildschirm erschien ein Bild, das Galaxien und Sterne zeigte, aus denen Kerzenflammen herausschossen – Streifen von Spektrallicht. Auf dem Bildschirm war eine Momentaufnahme eines nächtlichen Transits zu sehen – ein Stück Himmel, das zufällig innerhalb der trojanischen Planetoidenwolke lag. Der Bildschirm zeigte die Farben vieler Spektren – das gebrochene Licht von etwa hundert Sternen und Galaxien und von vielleicht ein oder zwei trojanischen Asteroiden (die Cassandra nicht erkennen konnte). Don suchte aus einem Stapel Blätter ein bestimmtes heraus und sah sich eine gezackte Linie an – eine Linie, die die Farbgipfel und -täler eines bestimmten Objekts auf dem Bildschirm beschrieb. Er betrachtete erst die Linie, dann eine Kerzenflam-

me auf dem Bildschirm. »Oho«, verkündete er, »das sieht vielversprechend aus.«
Cassandra hatte dieses Ding als einen möglichen Quasar identifiziert.
Er ging mit dem Gesicht näher an den Bildschirm heran, um das Objekt besser zu sehen. »Nein, das ist ein M-Stern«, sagte er. »Ein roter Stern. Cassandra hält ihn für einen Quasar.« Er trug ein X in sein Papier ein. Er drückte auf einen Knopf, und ein neuer Himmelsausschnitt erschien.
Aus einem Himmelsteppich, der ungefähr hundertzwanzigtausend Sterne und Galaxien enthielt, hatte Cassandra etwa zweitausend Quasar-Kandidaten herausgesucht – Objekte mit Banden hellen Lichts, das denen von Quasaren ähnelte. Cassandra entdeckte gerne Dinge, die keine Quasare waren: Sterne, die große Mengen Metall enthielten, Galaxien mit glühenden Kernen – und Defekte in den Daten. Don mußte Cassandras Entdeckungen mit eigenen Augen überprüfen, um die Spreu vom Weizen zu trennen. Danach wollten er, Schmidt und Gunn zum Hale-Teleskop zurückkehren und detaillierte Spektren von den restlichen Kandidaten aufnehmen. Sie hofften, unter diesen Kandidaten eine Handvoll Quasare zu entdecken. Mit etwas Glück würden sich ein oder zwei dieser Quasare als extrem ferne, stark rotverschobene Ungeheuer erweisen.
Er hatte wochenlang zwei VAX-Computer rund um die Uhr laufen lassen, die Galaxien megabyteweise fraßen. Er sagte: »Ich bin der reinste Goldwäscher.« Nicht ein einziger Quasar sollte ihm durch die Lappen gehen. Maarten Schmidt erwartete nicht weniger als ein lückenloses Durchsieben aller in Frage kommenden Objekte. Wenn Cassandra irgendein Quasar entginge, dann würde Dons Suche nach dem Rande des Universums in New Jersey enden – »und ich könnte meine Karriere vergessen«.
Er zeigte mir, wie Cassandra funktionierte. Sie konnte ein bißchen sprechen. Er setzte sich an ein anderes Computerterminal und drückte auf einige Tasten.

Cassandra sagte auf dem Bildschirm: DARF ICH UM IHREN NACHNAMEN BITTEN, SIR?
»Schneider.«
HALLO, MEISTER! ICH HOFFE, SIE SIND MIT MEINER LEISTUNG ZUFRIEDEN.
Don sagte: »Sie nennt mich Meister. Andere Leute nennt sie Junior. Geben Sie Ihren Namen ein.«
Ich schrieb: PRESTON.
WILLKOMMEN! ICH BIN SCHON ÜBER DIE PRESTONS INFORMIERT WORDEN.
Er sagte, Cassandra sei schon über meine Ankunft unterrichtet worden. »Aber wenn das Programm Ihren Namen nicht kennt, wird es bockig und schweigt. Es sagt nur noch: ›So verhält man sich nicht einer Dame gegenüber.‹«
Cassandra konnte alles mögliche. Sie konnte die Position eines jeden Sterns in einer großen Menge von Sternen messen. Sie konnte sich in eine Jägerin und Fährtenleserin verwandeln, die das Zentrum einer Galaxie aufspürte. Sie konnte die Farben eines Quasars als eine gezackte Linie abbilden, die wie ein Diagramm von Aktienkursen aussah. Sie konnte auch künstliche Sterne und Galaxien zu Testzwecken konstruieren.
Don sagte: »Jetzt spielen wir Gott«, und gab Cassandra einige Befehle.
Sie antwortete: DER HIMMEL WIRD AUFGEBAUT.
Auf einem Bildschirm erschien ein sternenübersäter Nachthimmel – ein imaginärer Himmel, vom Computer geschaffen.
Sie fuhr fort: ICH BAUE EINEN STERN.
Ein heller Stern erschien auf dem Bildschirm.
ICH BAUE EINE GALAXIE.
Nichts geschah. »Was ist denn jetzt los?« brummelte Don.
Eine Galaxie erschien.
»Aha! Da ist sie ja«, sagte er. Dann tippte er schnell den Befehl ein, einen Kugelhaufen zu konstruieren.
DER HIMMEL WIRD AUFGEBAUT.
Nichts geschah.

Wir warteten.
Es geschah immer noch nichts.
»Oje,« sagte er. »Sie fabriziert hunderttausend Sterne. Das wird Tage dauern.« Er befahl ihr, sie solle ihren Ehrgeiz herunterschrauben.
Nach einer Weile spritzte die Ladung einer Schrotflinte – ein Kugelsternhaufen – über den Bildschirm, und sie verkündete: ICH HABE 200 OBJEKTE GESCHAFFEN.
Cassandra enthielt ungefähr 50 000 Programmzeilen. »Ich habe die genaue Zahl nicht im Kopf«, sagte er, »weil sie sich immer ändert.« Den Namen Cassandra hatte er aus folgendem Grund ausgesucht: Cassandra war die Tochter des Königs von Troja. Der Gott Apollo hatte sich in sie verliebt und ihr die Gabe der Prophezeiung verliehen. Als Cassandra Apollos Annäherungsversuche zurückwies, verfluchte er sie und sagte ihr, daß ihre Prophezeiungen in Erfüllung gehen würden, daß ihnen aber niemand Glauben schenken würde. Als die Griechen während des Trojanischen Kriegs ein hölzernes Pferd vor die Tore Trojas stellten, warnte Cassandra die Trojaner vor der Gefahr. Aber diese schlugen ihre Warnung in den Wind. »Mein Programm funktioniert«, sagte er, »aber niemand glaubt es.«
Ein so großes Programm wie Cassandra geht im Laufe seiner Entwicklung durch viele Hände. Die erste Version des Programms war von einem gewissen Robert Deverill entwickelt worden, und dieser hatte es Don Schneider und einem Kollegen Dons am Caltech, Peter J. Young alias P.J., überlassen. Don und P.J. waren 1976 als Doktoranden im Fach Astronomie zum Caltech gekommen. Sie waren in jenem Jahr die Astronomieklasse – eine Klasse, die aus zwei Studenten bestand. P.J. Young war ein dünner Engländer, der schnell sprach und äußerst schlagfertig war. Er galt als einer der besten Astronomen, die das Caltech in vielen Jahren hervorgebracht hatte. Don und P.J. arbeiteten zusammen an der Entwicklung des »Cassandra«-Programms. Young litt jedoch unter schweren Depressionen, was er gut zu verbergen verstand – niemand wußte davon. Eines Tages,

kurz nachdem er promoviert hatte, schloß er sich in seinem Büro im Caltech ein und erschoß sich. Er war einer von Dons besten Freunden gewesen. Er hinterließ Don eine Waise, nämlich das Computerprogramm, um das sich Don weiterhin kümmerte und das er vervollkommnete. Jetzt war er der einzige Mensch auf der Welt, der Cassandra verstand.
Cassandra würde schon bald die vom Hubble-Weltraumteleskop aufgenommenen Bilder durchforsten. Sie hatte einen langen Weg hinter sich, aber der Tod von P.J. hatte ihr das Herz gebrochen.
Don glaubte allerdings nicht, daß Computer jemals ein Selbstbewußtsein würden haben können, das dem des Menschen ähnelte. Er sagte: »Ich glaube, daß die Fähigkeit des menschlichen Geistes, sich seiner selbst bewußt zu sein, das ist, was man Seele nennt. Wenn wir jemals eine mit Selbstbewußtsein ausgestattete Maschine bauen sollten, würde mir das angst machen. Und trotzdem sind wir so winzig. Manchmal wundert es mich, daß wir überhaupt die Struktur des Universums erkennen können.« Er sagte, er würde Diskussionen mit Leuten vermeiden, die glauben, das Universum sei vor sechstausend Jahren geschaffen worden und die meinen, Gott hätte dem Universum nur den *Anschein* gegeben, es sei Milliarden Jahre alt. Er sagte: »Wir alle müssen uns auf diese oder jene Weise mit Gott auseinandersetzen, auch wenn das bedeutet, daß man sagt, Gott gibt es nicht. Es steht mir nicht zu, zu sagen, wer Gott ist, aber ich habe das Gefühl, daß Gott nicht betrügt. Es ist möglich, daß wir vor fünf Minuten mitsamt unserem Gedächtnis geschaffen wurden. Aber es ist auch möglich, daß das Universum vor 6000 Jahren mitsamt einer glaubhaften Geschichte geschaffen wurde. Das läßt sich nicht widerlegen. Aber dazu bedarf es eines unehrlichen Gottes. Aber ich will nicht, daß der Gott, der uns nach Seinem Ebenbild geschaffen hat, ein Betrüger ist.« Der gesamte Himmel lag vor den Astronomen, ein offenes Buch, dessen Seiten in die Geschichte zurückreichen. Wenn man in das Zeitalter der Quasare blickte, konnte man den Beginn der Geschich-

te lesen. Man konnte erkennen, daß eine Chronik von gewaltiger Dauer in den Lichttext eingeschrieben ist. Vielleicht hatte Gott den Himmel als Illusion geschaffen, ähnlich einer Filmprojektion, aber Don glaubte lieber an einen Gott, der einen vierdimensionalen, Raum und Zeit umfassenden Himmel geschaffen und diesen Himmel mit Kräften ausgestattet hatte, die im Laufe von hundert Millionen Jahrhunderten die Sonne, die Erde und Männer und Frauen hervorgebracht haben, die zurückschauen und die Ewigkeit entdecken können.

* * *

»In der Frühzeit einer Galaxie«, so die Worte von Jim Gunn, »muß jede Menge Gas durchs All treiben.« Das Universum war in seiner ersten Jahrmilliarde vollgestopft mit Materie. Wasserstoffwolken und frühe Sterngenerationen füllten den Weltraum und verbanden sich zu Galaxien. »Dieses Gas«, so Gunn, »hat die Tendenz abzukühlen. Wenn es abkühlt, sinkt es ins Zentrum der Galaxie. Das abgekühlte Gas kann nicht mehr aus der Galaxie entweichen. Das Gas muß ein großes kondensiertes Objekt im Zentrum der Galaxie bilden. Das Gas bewegt sich. Es vollführt eine Art willkürliche Bewegung. Wenn es zusammensackt, macht es *zoop*, sinkt hinunter und wird zu einer rotierenden Scheibe. Die Scheibe versucht natürlich, einen Stern zu bilden. Aber das gelingt ihr nicht, weil sie zuviel Masse hat. Also bildet sie ein Schwarzes Loch. Das ist das einzige, was ihr übrigbleibt.«

Pierre Simon Marquis de Laplace ging 1796 zum ersten Mal von der Existenz eines derartigen Objekts aus. Laplace stellte sich vor, daß das Gravitationsfeld eines ausreichend schweren Objekts sich um das Objekt wickelt und verhindert, daß Licht von seiner Oberfläche abstrahlt. Das Objekt versinkt in Dunkelheit. Er nannte es einen *corps obscur*, einen dunklen Körper. Die modernen Astronomen nennen es ein Schwarzes Loch.

Der Motor eines Quasars scheint eine Akkretionsscheibe zu sein, die um ein Schwarzes Loch herumwirbelt. Dieser Motor braucht nicht größer als unser Sonnensystem zu sein, das im Vergleich zu den Ausmaßen einer Galaxie ohnehin nur ein mikroskopisch kleiner Punkt ist. Dennoch strahlt ein Feld-Wald-und-Wiesen-Quasar hundertmal heller als eine Galaxie. Ein Durchschnitts-Quasar sendet das Licht von einer Billion Sonnen aus. Es gibt Quasare, deren Helligkeit noch unvergleichlich größer ist. Ein extrem heller Quasar im Sternbild Cepheus strahlt sechzigtausendmal heller als eine Galaxie. Dieser Quasar befindet sich nahe am Anfang aller Dinge und kann trotzdem mit einem 10-Zoll-Amateurteleskop fotografiert werden, weil er mit dem Licht von einer Billiarde Sonnen scheint. Eine Zahl wie eine Billarde ist eigentlich unvorstellbar, aber ich möchte sie so veranschaulichen: Eine Billiarde Sandkörner würden eine acht Kilometer lange Lastwagenschlange füllen.

Es gibt Grund zu der Annahme, daß ein Quasar ein extrem massereiches Objekt ist. Albert Einsteins einfache Formel $E = mc^2$ besagt, daß Energie und Masse austauschbar sind; daß Energie zu Masse und Masse zu Energie werden kann. Eine Atombombe ist ein einfacher Masse-Energie-Umwandler. Als die Bombe »Fat Man« über Nagasaki explodierte, verwandelte sie Plutonium, das das Gewicht von zwei Erdnüssen hatte, in kinetische Energie und in Licht. Ein Objekt, das das Licht von einer Billiarde Sonnen abstrahlt, muß irgendwie mit einer riesigen Masse zusammenhängen und viel Masse in Energie umwandeln.

Es gibt noch einen anderen Grund zu der Annahme, daß ein Quasar ein extrem massereiches Objekt und viel schwerer als ein Stern ist. Lichtphotonen, die auf Materie treffen, üben einen schwachen Druck aus – den Lichtdruck. Ein Mensch, der direkt im Sonnenlicht steht, ist einem Druck ausgesetzt, der etwa drei Zehntelmilligramm beträgt (was dem Gewicht des Mittelleibs einer Ameise entspricht). Der ungeheure Lichtdruck, der von einem Quasar ausgeht, würde ausreichen, um jeden Stern zu zerschmettern. Ein Quasar muß durch eine gewaltige Schwerkraft zusammengehalten werden. Sonst würde er sich aufblähen und infolge des ausströmenden Lichts zerspringen. Astronomen haben errechnet, daß der Lichtstrom eines Quasars als Gegengewicht die Schwerkraft von mindestens hundert Millionen Sonnen braucht, weil er sich sonst zu einer Gaswolke aufblähen und verschwinden würde. Ein Quasar ist eine detonierende Photonenbombe, die sich weigert, sich selbst in die Vergessenheit zu sprengen.

Wenn eine Masse, die einhundert Millionen Sonnen entspricht, auf einen Bereich von der Größe des Sonnensystems konzentriert wäre, würde diese Masse ein Loch in das Raum-Zeit-Kontinuum reißen. Sie würde ein Schwarzes Loch erzeugen und selbst in dieses Loch fallen. Aus einem Schwarzen Loch kann kein Licht entweichen. Jedes Objekt, das in ein Schwarzes Loch fällt – ein Schuh, ein Stern –, wird beim Fallen bis zur Lichtgeschwindigkeit beschleunigt. Es verschwindet an der Oberfläche des Schwarzen Lochs. Zwischen dem 5. Februar 1963 (als Maarten Schmidt zum ersten Mal die gewaltige Energie in einem Quasar erkannte) und heute hat sich unter den Astronomen die Auffassung gebildet, daß ein Quasar ein Schwarzes Loch enthält – nicht daß irgendein Astronom in einem Quasar oder anderswo jemals ein Schwarzes Loch gesehen hätte, aber ein Schwarzes Loch scheint das einzige Objekt zu sein, das das Licht eines Quasars erklären kann.

Im Zentrum einer jungen Galaxie entwickelt sich eine Wolke zu einer flachen Scheibe aus Gas, Staub und (vielleicht) Planetesimalen – zu einer Akkretionsscheibe. Im Mittelpunkt der Scheibe erfährt ein riesiger Protostern eine nukleare Zündung. Der Protostern nimmt nach innen fallendes Gas auf, bis er zu schwer wird, um sich selbst zu tragen. Die Pole des Sterns fallen zusammen, und der Stern verwandelt sich in einen rotierenden Donut. Das Loch in dem Donut fällt aus dem Universum heraus – es implodiert, zerfällt im Raum, zerfällt in der Zeit, nimmt stark an Entropie zu und entwickelt eine unendliche Rotverschiebung. Es wird zu einem schwarzen Punkt, zu einem Schwarzen Loch. Der rotierende Donut-Stern schleudert seinen inneren Rand in sein eigenes Schwarzes Loch. Der Donut verschlingt sich selbst. Die Akkretionsscheibe – Gas, Staub, Planetesimale, was auch immer – strömt nach innen und wirbelt um das Loch herum. Die Scheibe dreht sich schneller und heizt sich durch Reibung auf. Immer mehr Gas gelangt in die Scheibe und drängt in das Loch. Es handelt sich hier um ein »Sonnensystem«, das durch ein Mauseloch im Raum-Zeit-Kontinuum gefallen ist und einen Katarakt von Materie mit sich gerissen hat.

Die Scheibe dreht sich so schnell, daß die in ihr befindliche Materie Mühe hat, in das Loch zu gelangen. Die Scheibe glüht aufgrund der rasanten Bewegung und der Reibung. Materie fällt vom inneren Rand der Scheibe in das Schwarze Loch, wodurch auf das Loch eine Drehwirkung ausgeübt wird. Das Loch dreht sich mit einer ungeheuren Geschwindigkeit, die als die extreme Kerr-Lösung bekannt ist, das heißt, sie erreicht annähernd die Lichtgeschwindigkeit. Das Loch umwickelt sich mit Raum und Zeit und zerrt am inneren Rand der Akkretionsscheibe. Magnetische Felder jagen durch die Scheibe. Die Scheibe wird dicker und beginnt in unbeschreiblichen Farben zu leuchten – die Theoretiker werfen zwar mit Ausdrücken wie »hochenergetische Photonen« und »Synchrotronstrahlung« um sich, aber in Wirklichkeit weiß niemand, wie die Farben einer glühenden Akkretionsscheibe aussehen. Gunn sagte: »Die Scheibe versinkt langsam im Schwarzen Loch, und durch die Reibung in der Scheibe entsteht das Feuerwerk.« Eine Wasserstoffbombe wandelt etwa 0,7 Prozent seiner Kernmasse in Strahlungsenergie um. Eine glühende Akkretionsscheibe kann bis zu einem Drittel ihrer Masse in ausströmendes Licht verwandeln, während die restliche Masse gurgelnd im Abflußrohr verschwindet.

Ein Schwarzes Loch ist eine riesige, auf einen sehr kleinen Raum zusammengedrängte Masse. Würde die Erde beispielsweise einen Schwerkraftkollaps erleiden, würde sie ein Schwarzes Loch von der Größe eines Golfballs bilden. Würde ein Schwarzes Loch von der Größe einer Tomate in einen erdnahen Erdorbit gesetzt, würde seine Schwerkraft gewaltige Flutwellen erzeugen, die die Kontinente überschwemmen. Es würde die Erdrinde aufsprengen und Vulkanausbrüche auslösen. Die Erde würde zusammen mit der Tomate auf einer Umlaufbahn kreisen. Die Erde bekäme durch den »Gravitationssog« der Tomate eine Tropfenform. Wenn sich das Loch und die Erde berührten, würde sich das Loch auf einen Orbit *innerhalb* der Erde begeben. Es würde spiralförmig in den Erdmittelpunkt trudeln und dabei Materie verschlingen. Die Erde würde schmelzen, verdampfen, Röntgenstrahlen aussenden und in dem Schwarzen Loch versinken. Nachdem die Tomate die Erde aufgegessen hätte, wäre die Tomate ein bißchen dicker. Ein Loch, das hundert Millionen Sonnen verschlungen hat, würde die Umlaufbahn des Mars ausfüllen. Die hellsten Quasare enthalten vielleicht ein Loch, das mehrere Milliarden Sonnen gefressen hat und die Umlaufbahn des Pluto ausfüllen würde. Um dieses Loch herum würde die Akkretionsscheibe hell leuchten, aber die Scheibe würde sich weit ausdehnen, etwa bis zu einem Durchmesser von einem Lichtjahr, und allmählich an Helligkeit verlieren. An ihren äußeren Rändern würde die Akkretionsscheibe unmerklich mit der Scheibe der Galaxie selbst verschmelzen und mit neuen Sternen funkeln, die sich aus der Scheibe geformt hatten, als diese sich in Richtung Loch geschraubt hatte. »Wenn man eines dieser Ungeheuer in Gas taucht, wie im Zentrum einer Galaxie«, sagte Gunn, »dann wächst es. Je größer diese Dinger werden, um so heller werden sie. Und um so gefräßiger. Aber man nimmt fälschlicherweise an, daß Schwarze Löcher alles fressen müssen, was sich in einer Galaxie befindet. Die meiste Materie in einer Spiralgalaxie kann gar nicht an das Schwarze Loch im Zentrum einer Galaxie herankommen, weil sie um das Zentrum der Galaxie rotiert – so wie wir. Dem Wachstum eines Schwarzen Lochs sind natürliche Grenzen gesetzt. Es dauert nicht allzu lange, bis dem Schwarzen Loch die Nahrung ausgeht. Es verhungert. Die Entstehung von Quasaren entspricht dem Wachstum und der Sättigung eines Ungeheuers. Die Nahrungsvorräte des Ungeheuers gehen zur Neige, und der Zerfall der Quasare verzeichnet das Verhungern des Ungeheuers.« Diese ausgehungerten Objekte sitzen noch immer im Zentrum von manchen Galaxien. Sie fressen nicht mehr oder nur noch sporadisch. Der Kern der Milchstraße könnte ein kleines Schwarzes Loch enthalten, das die Masse von einer Million Sonnen geschluckt hat (nicht genug Masse, um die Milchstraße in einen Quasar zu verwandeln).

In bezug auf die Quasare wissen die Astronomen nur eines genau: daß sie sie nicht verstehen. Bohdan Paczýnski, ein Astrophysiker, der wie viele andere einen Teil seines Berufslebens mit der Untersuchung der rätselhaften Quasare verbracht hat, hat einmal gesagt: »Unser Wissen über diese Akkretionsscheiben ist dem Wissen der Astronomen über die Sterne vor der Entdeckung der Kernfusion vergleichbar.« Jim Gunn drückte es so aus: »Wir können nicht mit Sicherheit sagen, daß Quasare irgend etwas mit Schwarzen Löchern zu tun haben.« Die einzige echte Akkretionsscheibe, die Astronomen jemals durch ein Teleskop gesehen haben, sind die Ringe des Saturn.

Aber die Theoretiker stellen sich gerne vor, durch welche Art von Objekt die Farben eines Quasars erzeugt werden. Wenn sich an unserem Himmel in der Entfernung des nahen Sterns Alpha Centauri eine gigantische Akkretionsscheibe – der Kern eines hellen Quasars – befände, sähe der heiße Mittelteil der Scheibe so groß aus wie ein Penny in rund hundert Meter Entfernung. Das Licht, das aus diesem Penny strahlt, wäre zweihundertmal heller als das Sonnenlicht. Ginge man ins Freie und versuchte, in dieses Licht zu schauen, würden Haare und Kleider in Flammen aufgehen, die Haut würde verkohlen. Man würde eine tödliche Dosis Gamma- und Röntgenstrahlen aufnehmen. Würde der Quasar viele Mikrowellen aussenden, was manche Quasare tun, würde man eine solche Ladung abbekommen, daß das Innere des Körpers zum Kochen gebracht würde. Dieses Erlebnis wäre in etwa so, als stünde man im Augenblick der Zündung neben einem atomaren Feuerball. Wenn man einen Quasar durch ein dunkles Glas aus der Nähe an-

schauen könnte, würde man die Akkretionsscheibe nicht sehen. Die Scheibe könnte in eine leuchtende Kugel eingehüllt sein, die einen großen Teil des Himmels ausfüllt – eine Korona von Wasserstoffgas, die möglicherweise einen Durchmesser von einem Lichtjahr hätte. Der Druck des aus der Akkretionsscheibe austretenden Lichts würde ein labiles Gleichgewicht herstellen und dadurch verhindern, daß die Korona in das Loch im Zentrum des Quasars gerissen wird. Die Korona könnte von schnell fliegenden Wasserstoff-Fäden durchzogen sein, die Lyman-Alphalicht aussenden.
Der Raum um den Quasar herum wäre mit Sternen vollgepackt, weil das Zentrum einer Galaxie Unmengen von Sternen enthält. Die Sterne würden den Quasar umkreisen und die Schwerkraft des Schwarzen Lochs zu spüren bekommen. Manche Sterne würden durch die Korona des Quasars und durch die Akkretionsscheibe innerhalb der Korona wandern. Die meisten Sterne würden dabei unversehrt bleiben, mit Ausnahme der roten Riesen. Wenn ein roter Riese durch den heißen Teil der Akkretionsscheibe wandern würde, bekäme er einen solchen Haarschnitt verpaßt, daß er als weißer Zwerg herauskommen würde.
Es ist bekannt, daß Quasare starke Lichtimpulse abgeben – was bedeutet, daß eine Gaswolke auf die Akkretionsscheibe trifft und sich in ihr festsetzt; dadurch erstrahlt die Scheibe mehrtausendfach heller, was die Korona des Quasars dampfen und schaudern läßt. Die hellsten Quasare – die Quasare mit extremer Lichtausstrahlung – haben möglicherweise jedes Jahr eine bestimmte Menge Gas auf ihrer Speisekarte, die der Masse von hundert Sternen von der Größe der Sonne entspricht. Würde die Erde verdampfen und von einem superhellen Quasar absorbiert, würde ihre gesamte Masse den Quasar eine Sekunde lang mit Energie versorgen.
Man könnte Jetpaare sehen, die in entgegengesetzte Richtungen aus dem Quasar strömen – die Symmetrie der furchtbaren Teilchenstrahlen. Sie sind Fontänen von Elektronen und anderen subatomaren Teilchen, die vermutlich von den Polen eini-

ger rotierender Schwarzer Löcher wegspritzen. Sie können sich zu Gaswolken aufblähen, die einen Durchmesser von Millionen Lichtjahren haben, also groß genug wären, um lokale Gruppen von Galaxien zu schlucken. Der Jet, den Maarten Schmidt aus seinem ersten Quasar (der sogenannte 3C 273) herausschießen sah, ist offenbar ein Teilchenstrahl mit der Länge von drei Galaxien.

* * *

Die Wandteppiche in Maarten Schmidts Haus wirkten auf Don Schneider etwas befremdlich. Maartens Frau Corrie hatte sie gewebt. Einen von ihnen hatte sie »3C 273« genannt. Er stellte eine rotierende Scheibe mit einem Durchmesser von etwa 1,50 Metern dar; in ihn waren dicke Knoten eingearbeitet, und in die Mitte hatte Corrie eine Fotoplatte aus Glas eingesetzt, mit der im Hale-Teleskop der Quasar und sein Jet aufgenommen worden waren. Jetzt saß Don in Schmidts Wohnzimmer und erzählte Maarten, daß er in einem Himmelsstreifen dreiundsiebzig vielversprechende Quasar-Kandidaten entdeckt habe. Maarten und Don diskutierten ihre Chancen. Maarten hoffte, daß sich einige dieser Kandidaten als Quasare am Rande des bekannten Universums erweisen würden. »Man kann durch die Statistik getäuscht werden«, gab Maarten zu, »so wie die Leute in Las Vegas verlieren oder gewinnen können. Ich klopfe auf Holz. Aber nicht zu stark, damit sich das Wetter oder die Statistik nicht gegen uns wendet.« Der Projektleiter war ein wenig nervös, weil er nach eineinhalb Jahren endlich erfahren wollte, welche Art von Quasaren diese Himmelsstreifen offenbaren würden.

Am nächsten Nachmittag fuhren Maarten und Don in Maartens braunem Ford zum Gipfel des Mount Palomar. Dort trafen sie auf Jim Gunn, der schon am 4-Shooter herumbastelte. Sie bauten ein empfindliches CCD-Gerät in das Hale-Teleskop ein, das von J. Beverley Oke gebaut worden und als Doppelspektrograph bekannt war.

Jim unterbrach die Arbeit am 4-Shooter, um sich einige Diagramme anzusehen, die Don mitgebracht hatte – grobe, fast unleserliche Spektren von Quasar-Kandidaten. Jim suchte eine Handvoll ungewöhnlicher Spektren aus. Diese Objekte, so dachte er, könnten stark rotverschobene Quasare sein. Maarten und Don äußerten sich skeptisch. Als sich das Ende der Dämmerung ankündigte, speisten sie die Koordinaten des ersten Kandidaten in das Teleskop ein.

Auf den Bildschirmen im zentalen Arbeitsraum erschien etwas Sternähnliches. Sie nahmen sein Spektrum auf. Es war ein Stern. Fehlanzeige.

Sie richteten das Teleskop auf den nächsten Kandidaten. Sie erblickten eine namenlose Galaxie mit einem heißen Kern. Sie führten die Öffnung des Spektrographen über den Kern der Galaxie und zerlegten sein Licht, um zu sehen, was sie da vor sich hatten. Sie warteten, bis der Computer das Licht verdaut hatte, und dann erschien eine gezackte Linie auf dem Bildschirm, die die Lichtintensitäten in dieser Galaxie beschrieb. Sie untersuchten die Linie und interpretierten den in dem Licht enthaltenen Text: es war eine Seyfert-Galaxie – eine Spiralgalaxie, in deren Kern ein Miniquasar leuchtete. Dieser Miniquasar sandte nach allem, was man wußte, Strahlen aus, die einigen Millionen Sonnensystemen nahe dem Zentrum der Galaxie den Tod brachten. Keine schöne Vorstellung, aber auch nichts Besonderes.

Um acht Uhr abends führten sie die Öffnung des Spektrographen über das erste Objekt, auf das Jims Verdacht gefallen war: ein Lichtpunkt, der einem Stern im Sternbild Wassermann ähnelte. Sie öffneten die Kamera und sammelten fünfzehn Minuten lang Licht. Auf dem Bildschirm erschien ein Spektrum, das das gebrochene Licht des Objekts zeigte. Sie sahen leuchtenden Wasserstoff und Kohlenstoff. Das Objekt war offensichtlich ein Quasar.

Der Quasar war ein Ungeheuer. Er wies eine Lyman-Alphalinie auf. Normalerweise wäre diese Linie ultraviolett und daher un-

sichtbar, aber hier reichte ihre Rotverschiebung bis in den grünen Bereich hinein. Dieser Quasar entfernte sich mit annähernder Lichtgeschwindigkeit, wurde durch die Hubble-Bewegung, also durch die Ausdehnung des Universums, davongetragen. Es war ein stark rotverschobener Quasar.
Die Astronomen zerlegten das Licht von anderen quasarverdächtigen Objekten. Sie fanden eine weitere Seyfert-Galaxie. Sie fanden eine N-Galaxie – eine Galaxie mit einem blauen, sternähnlichen Zentrum. Sie beklagten sich über das Seeing – heute nacht kräuselte sich die Luft über dem Palomar. Um elf Uhr richteten sie das Hale-Teleskop auf einen weiteren Kandidaten Jims, ein sternähnliches Objekt im Sternbild Walfisch.
Jim studierte das Blatt, das Don ihm gegeben hatte. Er sagte: »Ich vermute, bei diesem Ding beträgt die Rotverschiebung 3,8.«
Sie öffneten den Verschluß und sammelten eine halbe Stunde lang das Licht des Objekts. Sie machten den Verschluß zu und riefen das Spektrum ab. Eine gezackte Berg-und-Tal-Linie erschien auf dem Bildschirm. Sie ähnelte der Silhouette eines Nadelwaldes.
Maarten Schmidt konnte immer noch nicht so recht fassen, welche Veränderung der Einsatz von Computern mit sich gebracht hatte. Er konnte den Text des Lichts auf einem Bildschirm lesen. Dieser Quasar hatte eine verblüffende Lyman-Alphaspitze, eine Farbspitze, die normalerweise ultraviolett wäre, jetzt aber bis in den gelben Bereich hinunter reichte. *Das* war eine Rotverschiebung. Die Spitze war von feinen Absorptionslinien durchzogen – rasiermesserfeine Striche im Spektrum, die Wolken von unsichtbarem Wasserstoff vor dem Quasar verrieten, welche möglicherweise um den Quasar herumwirbelten. Er sah in dem Quasar ionisiertes Silizium. Er sah Sauerstoff. Er sah Stickstoff. Er sah die gleichen Elemente, aus denen der menschliche Körper und die Erde bestehen – nur daß er in die Frühzeit des Universums blickte. Die Photonen, die sich im Hale-Spiegel ansammelten, waren vielleicht älter als die Milchstraße.

Maarten drückte auf die Knöpfe eines Taschenrechners und schätzte, daß dieser Quasar eine Rotverschiebung von 3,8 oder 380 Prozent hatte. Gunn hatte recht gehabt. Später gaben die Astronomen dem Quasar den Namen PC 0131 + 0120. »Wir hätten ihn auch nach einer von Maartens Töchtern nennen können«, bemerkte Don, »aber Maarten hat zuviele Quasare entdeckt, und er hat nur drei Töchter.«
Bis zum Ende der folgenden Nacht hatten die Astronomen fünf weitere Quasare mit einer starken Rotverschiebung gefunden. »Vor einigen Jahren«, sagte Don, »wäre ich ganz aus dem Häuschen gewesen, wenn ich nur eines von diesen Dingern gefunden hätte. Aber man gewöhnt sich eben an alles.«
In der nächsten Nacht baute Gunn den 4-Shooter in der »Garage« um. Juan Carrasco stellte fest, daß sich eine Schlechtwetterfront näherte. Er sah Blitze am Horizont, die ihm Sorge machten. Blitze können die Sensoren »blenden« und das Lesen der Farben eines Quasars erschweren. Während sich das Wetter verschlechterte, entdeckten sie einen weiteren fernen Quasar. Ein paar Minuten vor der Morgendämmerung nahmen sie das letzte verdächtige Objekt ins Visier, das sich tatsächlich ebenfalls als ein Quasar aus den Uranfängen erwies. Die Sonne ging auf, und Wolken hüllten den Berg ein. Das Team entdeckte neun stark rotverschobene Quasare, die sich allesamt am Rande des optisch bekannten Universums befinden.
Gunn beendete die Arbeit am 4-Shooter und flog zurück an die Ostküste. Am Nachmittag war der Berg in dichten Nebel gehüllt. Maarten und Don blieben in der Kuppel, obwohl das Wetter immer schlechter wurde. Maarten saß im Schein einer Lampe über einen Schreibtisch gebeugt. Er trug sein leuchtendrotes Hemd. Als Bach aus dem Stereogerät ertönte, pfiff er mit, bei Beethoven nicht. Er zeichnete etwas auf gelbes Millimeterpapier.
Don streckte sich in einem Sessel aus und versuchte, eine Zeitung zu lesen. Er döste immer wieder ein. (»Die älteren Astronomen sind viel zäher als ich«, sagte er.) Er ging auf den Rund-

gang, um wach zu werden, und sah, daß der Nebel in heftigen Regen übergegangen war. Als er in den Arbeitsraum zurückkam, sagte Maarten: »Kommen Sie her, Don. Ich möchte Ihnen etwas zeigen. Schauen Sie sich das hier an.« Maarten legte das Blatt unter die Lampe und sagte: »Ich habe unsere früheren Daten mit den Quasaren in Zusammenhang gebracht, die wir gerade gefunden haben.« Er setzte seine Brille ab, nahm einen Bleistift und kniff die Augen zusammen. »Ich kann jetzt die letzten Punkte einsetzen«, verkündete er und zeichnete den Umriß des Cutoff.

»Stark«, sagte Don.

Maarten Schmidt zeichnete die Raumdichte der Quasare, wie sie sich im Laufe der Existenz des Universums ergeben haben könnte. Er fing bei der Zeit Null an. Zum Zeitpunkt Null – bei der Schöpfung – hatte es noch keine Quasare gegeben. Sein Bleistift wanderte eine Weile waagerecht zur Seite, wodurch die dunkle Zeit angegeben wurde, in der es offensichtlich noch keine Quasare gegeben hat. Etwa eine Milliarde Jahre lang war das Universum relativ dunkel, während es sich im verborgenen entfaltete. Dann ging Maartens Bleistiftlinie nach oben. Die ersten Quasare brachen hier und dort aus der Tiefe des Raums hervor und strahlten die Helligkeit von Billionen Sonnen aus – Gammastrahlen, Röntgenstrahlen, optisches Licht, Hitze, Mikrowellen, Radiowellen, Leuchtfeuer von unwirklichen Farben. Dies waren die Urquasare: die erste, schwer erkennbare Population des Weltraums, eine fossile Schicht, von der Maarten nicht gewußt hatte, ob er sie jemals finden würde. Zuerst waren die Quasare dünn gesät. Dann fuhr Maartens Bleistiftlinie in einem kurzen Zeitraum bis zur Spitze der Kurve – die Quasarpopulation explodierte und entfaltete eine riesige Leuchtkraft. Etwa zwei Milliarden Jahre nach der Schöpfung war das Universum durch das Licht der Quasare geblendet. Maartens Linie machte einen kleinen seitlichen Knick und glitt dann nach unten. Die Zahl der Quasare nahm recht langsam ab. Es vergingen eine Milliarde Jahre. Maartens Linie fiel schneller. Die Quasarpopu-

lation nahm rasch ab. Die Linie wurde flacher; die Quasarpopulation dünnte aus. Es vergingen fünf Milliarden Jahre, dann zehn Milliarden Jahre, und als Maartens Bleistift in der Gegenwart angelangt war, existierten die Quasare nicht mehr.
Don beobachtete die Chronik des »ersten Lichts« und spürte, wie sich seine Nackenhaare sträubten. Er hatte nicht damit gerechnet, daß Maarten diesen Versuch unternehmen würde, wenngleich er irgendwo im Hinterkopf die ganze Zeit gewußt hatte, daß diese neun Quasare vielleicht den Cutoff erkennbar machen würden. Ihm schoß durch den Kopf: Das erste Bild vom »ersten Licht«.
Maarten steckte das Blatt in seine Aktentasche. Er war etwas verlegen. Er dachte, daß er mit dieser Zeichnung vielleicht zu weit gegangen war. Die Kurve könnte falsch sein. Aber er hatte seine Skizze Don zeigen müssen. »Ich wollte ihn beeindrucken«, gab Maarten später zu. »Wenn man keine rotverschobenen Quasare hat, besagt das nicht viel. Aber wenn man welche hat, dann ist die Versuchung groß, Hypothesen aufzustellen.«
Sie gingen zum Essen ins »Monasterium«. Als sie in die Kuppel zurückkamen, schlug Maarten vor, eine Runde Pool-Billard zu spielen. Das Billardzimmer liegt in einem Untergeschoß. Dort hatten früher die »Nabobs« unter den Palomar-Astronomen an regnerischen Nächten um Pfennigbeträge gespielt. Maarten und Don spielten die Variante »Cowboy-Billard«, das einzige Spiel, das von den älteren Astronomen gespielt wird. Man spielt nur mit drei Kugeln, und am Ende geht das Spiel in Pool über. Maarten erzählte Don von seinen und Corries Reiseplänen. Sie sprachen nicht über Quasare. Auf dem Mount Palomar gilt es als schlechter Stil, während einer Partie »Cowboy-Billard« über wissenschaftliche Themen zu reden.
Don hatte das Gefühl – oder bildete sich ein –, daß die astronomische Gemeinde sich besorgt gefragt hatte, ob Schmidt, Schneider und Gunn überhaupt irgendwelche fernen Quasare finden würden. Jetzt konnte er sich vorstellen, daß man sagte: »Die Jungs haben es endlich geschafft.« Don später: »Das Auf-

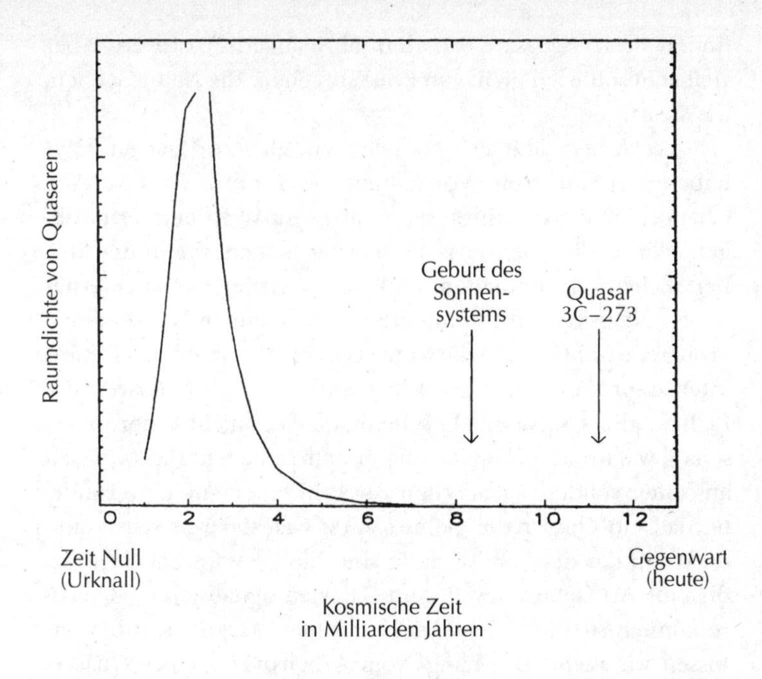

Das Entstehen und Verschwinden von Quasaren in der Vorstellung Maarten Schmidts. Diese Kurve zeigt die Häufigkeitsverteilung der Quasare für die Zeit, in der sich das Universum entwickelte. Man sieht, daß die Quasare zu leuchten anfingen, als das Universum erst einige hundert Millionen Jahre alt war. Nach zwei Milliarden Jahren war das Universum mit vielen Quasaren bevölkert, dann nahm ihre Zahl rasch ab. Heute sind sie ganz verschwunden, wie aus der Kurve hervorgeht. Der Quasar mit der Bezeichnung 3C 273 ist uns räumlich und zeitlich ziemlich nahe und schien dennoch sehr weit entfernt zu sein, als Maarten Schmidt 1963 zum ersten Mal seine Entfernung von der Erde bestimmte. (Graphik mit freundlicher Genehmigung von Maarten Schmidt. Sie gehört zu einem Artikel, den Schmidt 1993 im *Journal of the Royal Astronomical Society of Canada* veröffentlichte.)

finden dieser Quasare war den jahrelangen Frust wert. Aber vielleicht sollte ich nicht von Frust sprechen. Die Natur ist eben, wie sie ist.«

»Unsere Arbeit zahlt sich endlich aus«, glaubte Maarten. »Wir haben jetzt eine grobe Vorstellung vom Cutoff. Wir haben die Chance, in einigen Jahren die richtige Kurve zustande zu bringen. Wir werden den Hypothesen nachgehen, die in der kleinen Zeichnung enthalten sind, die ich für Don angefertigt habe.« Neun Quasare summierten sich zu einem Hinweis; eine größere Anzahl könnte die ganze Geschichte erzählen. »Es wird interessant sein, zu sehen, wie schnell bei den Quasaren das Licht anging«, sagte er. »Es scheint, daß dies nicht so abrupt geschah, wie wir ursprünglich angenommen haben. Das wird sich aus einer soliden statistischen Auswahl ergeben.« Er vermutete, daß ein Quasar die Geburt eines Galaxiekerns sein könnte. Wenn das der Fall ist, dann sind die Quasare Leuchtfeuer, die eine Art Geburtenwelle von Galaxien signalisieren. »Quasare können sich in vielen Galaxien bilden«, sagte er, »aber das wissen wir nicht. Das hängt vom Arbeitszyklus eines Quasars ab – davon, wie lange ein einzelner Quasar existiert. Wir wissen nicht, wie lange ein Quasar existiert.«

Seine Kurve veranschaulichte die Zunahme und Abnahme eines Waldes. Ein Wald kann viel länger bestehen als ein einzelner Baum. Bäume wachsen und sterben, der Wald nimmt zu oder ab. Wenn der Kern einer Galaxie zu einem Quasar wird, wie lange dauert es dann, bis der Kern hinweggefegt wird? Würde der Kern der Galaxie aufblitzen und verlöschen wie eine Blitzlichtlampe? Oder würde der Quasar noch eine Milliarde Jahre lang leuchten? »Wenn die Lebensdauer eines einzelnen Quasars kurz ist«, fuhr Maarten fort, »dann könnte fast jede Galaxie ihren eigenen Quasar haben. Wenn Quasare eine lange Lebensdauer haben, dann kann nicht jede Galaxie ihren eigenen Quasar haben.«

Es gab noch mehr Rätsel. Waren die Quasare in den Anfängen des Universums hinter dicken Staubschichten verborgen? Begann die Existenz eines Quasars in einem Staubkokon? Schlüpften Quasare aus einem Kokon aus? Oder war das frühe Universum staubfrei, und hatten die Quasare einfach schnell zu leuchten angefangen? Das Hale-Teleskop war jetzt vermutlich, zumindest was die reine Entfernung betraf, an den Grenzen seiner Leistungsfähigkeit angelangt. Und niemand konnte sagen, ob das Hubble-Weltraumteleskop irgendwelche Strukturen oder Objekte würde orten können, die jenseits des Cutoff lagen.

Jetzt, da er den Cutoff aufzeichnen konnte, fragte Maarten sich, ob die kartographische Erfassung dessen, was auf der anderen Seite des Ozeans lag, ebenso wichtig war wie die Entdeckung des Ozeans selbst, die er vor mehr als zwei Jahrzehnten gemacht hatte.

Dabei mußte er an die Worte von Robert Louis Stevenson denken: »Es ist besser, voller Hoffnung zu reisen, als irgendwo anzukommen.« Als das Spiel zum Schluß in Pool überging, merkte er, daß er weit vor Don Schneider lag. Er versuchte einige ungeschickte Stöße, damit Don aufholen konnte, aber er gewann das Spiel trotzdem. Maarten war wider Willen ein glänzender Billardspieler.

In Don Schneiders Vorstellung paßte dies gut zu Maarten Schmidt – ein europäischer Gentleman, der im *Reader's Digest* in das Haus von Dons Großmutter gekommen war, als Don elf Jahre alt war. Wenn er zurückdachte, war ihm, als durchlebte er das Happy End eines Buches – er spielte »Cowboy-Billard« mit Maarten Schmidt, nachdem sie als die beiden ersten Menschen der Welt eine Vorstellung von der Entstehung der Quasare gewonnen hatten. Diese Geschichte war so phantastisch, daß nur das Leben selbst sie hatte schreiben können.

Für Maarten Schmidt war der beste Augenblick des Experiments der gewesen, als er Jim Gunn vorgeschlagen hatte, das Universum mit einer CCD-Kamera nach Quasaren abzusuchen. »Das war wahrscheinlich mein glücklichster Augenblick bei dieser Arbeit«, erinnerte er sich. Seinem Selbstverständnis nach

war er nie »technisch versiert« gewesen, und dennoch hatte er James E. Gunn auf einen Trick gebracht. Das befriedigte ihn mehr als das Erkennen des Cutoff.
Wenn die flämischen Weber einen Teppich webten, zogen sie auf der Rückseite des Teppichs die Schußfäden ein. Wie ihre Arbeit wirklich aussah, konnten sie erst sehen, wenn sie zu weben aufhörten, um den Webstuhl herumgingen und sich den Teppich von vorn anschauten. Don fragte sich, was die Menschen in Zukunft wohl über die Entstehung der Quasare sagen würden. Er sagte: »In hundert Jahren wird vielleicht irgend jemand sagen, ›diese Leute lagen ganz falsch‹. Die Natur tut ihr Werk immer unter einem Teppich, dort wo man es nicht sehen kann. Jede Generation denkt, sie hätte herausgefunden, was sich unter dem letzten Teppich befindet. Sie hebt den Teppich hoch – und findet darunter wieder einen Teppich.«

* * *

Maarten Schmidt wollte noch mehr Quasare, und die Suche ging weiter. Eines Nachts ging er im zentralen Arbeitsraum des Großen Auges auf und ab und summte vor sich hin. Er stellte den Kontrast des Bildschirms schärfer ein. »Ist das nicht eine hübsche Spirale«, sagte er und zeigte auf eine vorbeiziehende Galaxie. »Toll«, sagte er und schnipste mit dem Finger nach der Galaxie.
»Oje!« jammerte James E. Gunn und machte Anstalten, aus seinem Sessel aufzustehen.
»Was ist los, James?«
Gunn sah auf die Uhr. »Es ist 4 Uhr 30! Lassen Sie sich durch mich nicht stören, Maarten. Ich kann mir die besten mit einer Returntaste zurückholen.« Gunn stand auf. Er sagte zu mir: »Sie wollten einen Blick in den Spiegel werfen.«
»Was ist hier los?« fragte Don Schneider.
Gunn zog seine Daunenjacke an und antwortete: »Ich denke, ich gehe mit Richard Preston nach oben und lasse ihn auf den Spiegel blicken.«

Don lächelte skeptisch. »Was wollen Sie damit erreichen, Gunn, wollen Sie ein Spektrum von Richards Kopf?«
Ich folgte Gunn in die Kuppel. Er ging mir voraus zum Sprungbrett aus Aluminium, dem Aufzug, der die Menschen in den oberen Teil des Teleskops bringt. Der Aufzug wackelte unter dem Gewicht von zwei Menschen. Er knipste seine Taschenlampe aus und drückte auf einen Knopf. Mit einem Ruck setzte sich der Aufzug in Bewegung und fuhr nach oben, während der Bügel und der Hufeisenrahmen im Dunkeln versanken. Der Aufzug hielt. Wir befanden uns im obersten Teil der Kuppel, neben dem Rand des Teleskops, und die Sterne hingen direkt über uns.
Ich kramte mein Notizbuch und meine Bleistifte hervor. Gunn ermahnte mich, keinen Bleistift fallen zu lassen, wenn ich in den Tubus hinunterblickte: ein Bleistift, der fünf Stockwerke durch das Teleskop fällt, kann den Spiegel beschädigen.
Ich ging zum Ende des Aufzugs, beugte mich über ein Geländer und blickte in den Tubus des Hale. Dann erkannte ich, warum Gunn mich ermahnt hatte, keine Bleistifte fallen zu lassen. Ein Sternenteppich hing nur einige Meter entfernt vor meinem Gesicht, schwebte gleichsam in der Öffnung des Hale-Teleskops. Das war eine optische Täuschung. Die Sterne schienen zum oberen Ende des Teleskops geschleudert worden zu sein und im Raum zu schweben. Ich fuhr mit einer Hand durch einen Sternenschleier. Die Täuschung war perfekt. Man hatte den Eindruck, man könne eine Hand ausstrecken und aus der Öffnung des Hale eine Handvoll Sterne holen. Der Spiegel weit unten erschien wie ein flacher, schwarzer, leerer Raum.
»Schön, nicht wahr?« bemerkte Gunn. »Der Spiegel wirft ein Bild vom Himmel in Ihre Augen. Das sind, was Ihre Augen betrifft, reale Bilder. Ihre Augen sind Kameras. Das Auge ist natürlich immer eine Kamera, nur ist es jetzt eine Kamera im Hale-Teleskop.«
Das Hale hatte die Sterne und ihre Farben vergrößert, es waren die Farben von Riesenschmetterlingen – weiß, blauweiß und

blaßgold. In diesem Augenblick war ich neidisch auf alle Astronomen und neidisch auf die Erbauer eines Geräts, das nachträglich Bilder von der Schöpfung liefern konnte.

»Was für eine phantastische Nacht«, schwärmte Gunn. »Arktur bewegt sich völlig gleichmäßig.« Er beugte sich nach hinten, legte seine Ellbogen auf das Geländer des Aufzugs und blickte in den Himmel. Seine Brille funkelte schwach im Sternenlicht. »Die Astronomie ist nicht furchtbar wichtig«, sagte er. Er schwieg einen Moment und bewunderte Arktus. »Obwohl sie zu den wichtigeren Dingen gehört, die wir Menschen tun.« Er sah darin keinen Widerspruch. Er fuhr fort: »Wenn man Astronom ist, bekommt man leicht ein Gefühl für die Nichtigkeit unseres Tuns. Ich befürchte, wir leben nicht sehr lange. Auch die Menschheit insgesamt wird nicht sehr lange leben.« Er seufzte ein wenig. »Wenn man ein Kind ist, verfolgt man kein Ziel – und ich glaube, daß das eines der vielen guten Dinge am Kindsein ist. Wenn man älter wird, wird man zielstrebiger. Junge Wissenschaftler, junge Leute im allgemeinen sind so schrecklich *ernsthaft*. Sie glauben, daß sie ihren Weg und ihr Ziel kennen. Wir sind erst dann wirklich erwachsen, wenn wir zu dem Schluß kommen, daß letztlich alles doch nicht so ernst und wichtig ist.« Er machte eine Pause. »Aber das Staunen verschwindet niemals. Ich glaube, darum bin ich so gerne hier oben. Ich bin den Sternen rund zwanzig Meter näher.«

»Träumen Sie manchmal von diesem Teleskop?« fragte ich ihn.

»O ja. Sicher.« Er klang etwas verlegen. »Ich träume immer davon.« Er erzählte, daß das Hale-Teleskop immer wieder in seinen Träumen auftauche. »Die Träume spielen immer im Primärfokus, und ich weiß nicht, ob man sie Träume oder Alpträume nennen soll.« Er sitzt dann auf dem Traktorsitz im Primärfokus und blickt durch das Okular einer Kamera in den Spiegel. »Ich sehe ein rotes Fadenkreuz, das auf einen Leitstern gerichtet ist.« Er drückt dann auf einen Knopf am Handsteuergerät und versucht, das Fadenkreuz genau auf den Leitstern zu richten, versucht, im Spiegel etwas Schwaches und kaum Erkennbares zu sehen, eines der Dinge, die sich da draußen befinden. Aber er kann dieses Ding, was immer es ist, nie *sehen.* »Was das alles zu bedeuten hat, weiß ich nicht.« Er drehte sich um und sagte: »Es wird heller.« Über den östlichen Kamm des Mount Palomar kroch die astronomische Dämmerung. »Wir sollten wieder nach unten fahren«, sagte er.

Der Aufzug setzte sich in Gang und fuhr nach unten. Er hielt, und Jim Gunn betrat das Erdgeschoß. Er bewegte sich vorsichtig unter dem Hale-Teleskop und hielt seine Hand über die Taschenlampe, weil der 4-Shooter bis zur astronomischen Dämmerung Aufnahmen machte.

Und dann war die Dämmerung da. Maarten Schmidt übernahm das Kommando. Er stand hinter dem Nachtassistenten und sagte: »So leid es mir tut, Juan, aber Sie können den Transit jederzeit beenden.«

»Die Pumpen einschalten«, sagte Juan. Ein hohes Quietschen ertönte. Das Teleskop schwamm auf Flying-Horse-Teleskopöl.

Don Schneider schaute auf einen Monitor. »Der Himmel hält sich ganz gut«, sagte er und meinte damit, daß er noch Galaxien sehen konnte, obwohl sich bereits die Dämmerung ausbreitete. Einen Augenblick später sagte er: »Wir verlieren ihn.«

Der Spiegel fing die Dämmerung ein und leuchtete auf; die Galaxien verblaßten und verschwanden dann von den Bildschirmen.

»Richten Sie es auf den Zenit«, sagte Maarten.

Juan betätigte die Schalter für die Schwenkbewegung.

Don beugte sich über Juan. »Seht auf seine Hände«, scherzte Don. »Sie zittern vor Angst.«

»Sicher wie ein Fels«, protestierte Juan und hob seine Stimme, um das Rumpeln der Schwenkbewegung zu übertönen. »Geschafft«, sagte Juan.

»Spiegel geschlossen?« fragte Maarten.

»Der Spiegel ist geschlossen«, antwortete Juan.

Don ging in das untere Stockwerk, um das letzte Computerband dieser Nacht zu holen. Nach einem Augenblick war er wieder da und legte das Band in den Karton.

»Gute Nacht, Juan.«

»Gute Nacht.«

»Bis morgen nacht.«

Die Astronomen verließen rasch den Arbeitsraum und gingen über den Gipfel des Mount Palomar hinunter zum »Monasterium«, wo sie den ganzen Tag schlafen würden. Diesen Augenblick liebte Don besonders: im kühlen Licht durch den Zedernwald zu gehen.

Auch Juan mochte den Morgen. Er genoß das Gefühl, daß die Zivilisation ihm das Große Auge anvertraut hatte. Er ließ sich Zeit, wenn er das Große Auge auf den Schlaf vorbereitete. Nach dem Schließen der Kuppel inspizierte er ein leeres Glas, das vor kurzem noch viele Kekse enthalten hatte. Er trug die Witterungsbedingungen in das »Logbuch« des Observatoriums ein: »Nebel – teilweise klar, dann klar – leichter Nordwestwind.« Er setzte seinen Schutzhelm auf, verstaute seine Notizbücher im Jalapeños-Karton und brachte den Karton zu seinem Schrank. Er holte einen Lappen aus dem Schrank und wischte damit das Öl unter dem Hale-Teleskop auf, das immer vom Hufeisenrahmen tropfte und kleine Pfützen bildete, ein paar Eßlöffel pro Nacht.

Er freute sich darauf, daheim mit seiner Frau die Morgennachrichten zu sehen. Sie würden in ihrem Haus in der Küche sitzen, und sie würde ihn fragen, wie alles gelaufen war. »Todo fue bien« – alles lief gut. Wenn sein Tag endete, fing der ihre an; sie unterrichtete auf dem Berg. Er würde den ganzen Morgen schlafen, gegen Mittag aufwachen, vielleicht etwas Feuerholz hacken und nachmittags weiterschlafen. Das Hale-Teleskop erschien nie in seinen Träumen.

An der Tür hinterließ er seine Stechkarte: sie zeigte elf Stunden. Er öffnete die Tür. Der Himmel war inzwischen von einem durchscheinenden Blau. Er schloß die Tür hinter sich und ging zum Parkplatz. Im Osten sah er ein helles Rosa, in den Tälern einen milchigen Nebel und am Himmel die letzten Sterne, die schnell verblaßten. Er schaute gerne in den blauen Morgen. Es war so ein wunderbares Gefühl. Die klare Farbe der Luft sagte ihm, daß er und all die anderen Nachtassistenten und die Astronomen letzte Nacht hart gearbeitet hatten. Den Himmel intensiv bearbeitet hatten. Er faßte an den Rand seines Schutzhelms und schaute zur Kuppel zurück, die weiß und rund wie ein antiker Tempel dastand, während ihm, keineswegs das erste Mal, der Gedanke durch den Kopf ging, daß er lediglich einem Tempel der Wissenschaft Respekt zollte.

Anhang

1. Die Hauptfiguren

(In der Reihenfolge ihres Auftretens)

Juan Carrasco: Leitender Nachtassistent am Palomar-Observatorium. Der Mann, der für die Astronomen das Hale-Teleskop bedient. Ehemaliger Herrenfriseur.

James E. (Jim) Gunn: Amerikanischer Astronom. Der einzige Astronom, der sich als Theoretiker, Himmelsbeobachter und Gerätebauer einen glänzenden Ruf erworben hat.

Donald (Don) Schneider: Amerikanischer Astronom. Software-Genie. Auf einer Weizenfarm in Nebraska geboren. Wurde Astronom, weil ihm die Landwirtschaft nicht lag.

Maarten Schmidt: Niederländischer Astronom, der in den USA lebt. 1963 entdeckte er die Quasare, eine der wichtigsten Entdeckungen in der modernen Astronomie.

Eugene (Gene) Shoemaker: Amerikanischer Astrogeologe. Entdeckte als erster Einschlagkrater von Asteroiden auf der Erde. Experte für Asteroiden und Kometen, die auf der Erde einschlagen können. Er starb am 18. Juli 1997 bei einem Verkehrsunfall in Australien.

Carolyn Shoemaker: Amerikanische Astronomin, Witwe von Eugene Shoemaker. Eine der bedeutendsten Kometenentdeckerinnen.

2. Glossar

Akkretionsscheibe: Eine Materiescheibe, die ein großes Objekt, z.B. einen Planeten, einen Stern oder ein Schwarzes Loch, umkreist. Die Ringe des Saturn sind eine Akkretionsscheibe. Man nimmt an, daß sich eine brennende Akkretionsscheibe um ein Schwarzes Loch herum im Zentrum eines Quasars bildet und daß diese Scheibe die Lichtquelle des Quasars ist.

Arbeitsraum: Hier: Ein kleiner Raum neben dem Teleskop, in dem die Astronomen arbeiten.

Asteroid: Ein kleiner Fels- oder Metallbrocken, der die Sonne umläuft. Ein Kleinplanet.

Asteroidengürtel: Eine Region von Asteroiden, die zwischen den Bahnen von Mars und Jupiter um die Sonne kreisen.

Balmer-Serie des Wasserstoffs: Eine regelmäßige Serie deutlich voneinander abgesetzter Farbstreifen, die von erhitztem Wasserstoffgas ausgesendet werden. Als Maarten Schmidt 1963 diese Farben in einem Quasar entdeckte, schloß er daraus, daß Quasare gewalttätige, energiereiche Objekte sind, die sich in großer Entfernung von der Erde befinden.

Cassegrain- oder **Cass-Kabine:** Ein Raum, der unter dem Spiegel des Hale-Teleskops hängt und Arbeitsinstrumente enthält.

Cassegrain-Fokus: Ein Brennpunkt in einem Spiegelteleskop, der im unteren Teil des Teleskops unter dem Mittelpunkt des Hauptspiegels (d.h. des Primärspiegels) sitzt.

CCD: Charge-Coupled Device. Ein elektronischer Siliziumchip, ein Lichtsensor, der in einer Kamera den Fotofilm ersetzt. Äußerst lichtempfindlich.

Dunkle Materie oder **fehlende Masse:** Der Hauptbestandteil des Universums. Niemand weiß, woraus sie besteht.

Dunkle Zeit: Die mondlose Zeit des Monats.

Erdnaher Asteroid: Ein Asteroid oder erloschener Komet, der auf einer Umlaufbahn reist, die die Erdbahn kreuzt, und daher mit der Erde kollidieren kann.

Erstes Licht: Ein astronomischer Fachbegriff, der den Augenblick bezeichnet, in dem Sternenlicht zum ersten Mal auf einen neuen Spiegel fällt. In diesem Buch wird er auch metaphorisch gebraucht und bedeutet 1. daß etwas zum ersten Mal gesehen wird und 2. das früheste Licht, das in der Frühzeit des Universums von Objekten ausgesendet wurde.

4-Shooter: Eine elektronische Kamera, etwas größer als ein Kühlschrank. Sie wurde von James Gunn und einem Team von Ingenieuren gebaut, von denen einige »Schrott-Genies« genannt werden. Die Kamera sitzt im unteren Teil des Hale-Teleskops.

Galaxie: Eine große Wolke aus Sternen, Gas, Staub und unbekannten Objekten. Enthält bis zu mehreren Billionen Sterne. Kommt in vielfältigen Formen vor.

Hufeisenlager: Ein großer c-förmiger Bogen aus Stahl, der auf einem Ölfilm schwimmt und das Teleskop bei seinen Schwenkbewegungen stützt. Das Hufeisenlager des Hale-Teleskops ist mit einem Durchmesser von 14 Metern das weltweit größte Lager dieser Art.

Impaktstruktur: Ein großer erodierter oder versunkener Einschlagkrater auf der Erde. Kann einen Durchmesser von mehr als 160 Kilometern haben.

Kekse: Hauptbestandteil der nächtlichen Verpflegung der Palomar-Astronomen.

Kleinplanet: Ein Asteroid oder Komet.

Komet: Kleiner Eisbrocken oder vereister Felsbrocken, der die Sonne umkreist. In Sonnennähe verdampft das Eis des Kometen, wodurch ein Gasschweif erzeugt wird, der aus dem Kometenkern austritt. Wenn Kometen verlöschen (ihren Schweif verlieren), sind sie von Asteroiden oft nicht zu unterscheiden.

Leitstern: Ein heller Stern, der bei der Nachführung eines Teleskops als Richtpunkt dient. (Aufgrund der Erdrotation scheint der Himmel über das Teleskop hinwegzuziehen.)

Licht: Elektromagnetische Strahlen, die aus Photonen oder Energieeinheiten bestehen und sich in Form von Wellen und Teilchen zeigen. Radiowellen, Infrarotlicht, sichtbares Licht, ultraviolettes Licht, Röntgenstrahlen und Gammastrahlen stellen Licht im weiteren Sinne dar.

Lyman-Alphalinie: Eine deutlich abgehobene Spitze von farbigem Licht, das von heißem Wasserstoffgas abgestrahlt wird, wie es beispielsweise in einem Quasar vorkommt.

Nachtassistent: Bedient, wartet und steuert ein Teleskop. Niemals ein Astronom.

Palomar-Kleber (Slang): Durchsichtiges, mit Nylonfäden verstärktes Klebeband. »Der Palomar-Kleber hält den ganzen Laden [das Palomar-Observatorium] zusammen« – James Gunn.

Primärfokus: Ein Brennpunkt in einem Spiegeltelekop, der sich in der Nähe der Teleskopöffnung befindet.

Primärfokuskabine: Ein kleiner Raum an der Öffnung des Hale-Teleskops, in dem ein Beobachter sitzen und hinunter auf den Hauptspiegel blicken kann und in dem Geräte zum Sammeln von Licht installiert werden können.

Primärspiegel: Der Hauptspiegel in einem Spiegelteleskop, der am unteren Ende des Tubus sitzt.

Quasar: Eine punktförmige, in allen Farben strahlende Lichtquelle. Quasare sind sehr ferne, urzeitliche Objekte am Rande des sichtbaren Universums. Das Wort Quasar wurde aus dem Begriff »Quasistellares Objekt« abgeleitet. Man nimmt an, daß es sich um den heißen, leuchtenden Kern einer Galaxie handelt, in deren Zentrum sich ein Schwarzes Loch befindet.

Rotverschiebung: Die Verlängerung der von einem Objekt emittierten Lichtwellen, die eintritt, wenn sich das Objekt von der Erde entfernt. Wird zur Messung der relativen Entfernung eines Objekts von der Erde verwendet. Je stärker die Rotverschiebung, desto ferner das Objekt.

Rückblick-Zeit: Die Zeit, die das Licht eines Objekts braucht, um die Erde zu erreichen. Weiter in den Himmel hinaus zu spähen bedeutet, weiter zurück in die Zeit zu blicken; denn je weiter man hinausblickt, desto älter sind die Bilder, die man sieht.

Schmidt-Teleskop: Ein von Bernhard Schmidt entworfenes Teleskop. Es hat eine Korrektionsplatte aus dünnem, durchsichtigem Glas, die wie ein rundes Fenster vor dem Teleskop sitzt. Diese Platte beugt die Strahlen des einfallenden Lichts dergestalt, daß sie dem Teleskop ein großes Gesichtsfeld verleiht und es zu einem sehr leistungsstarken Lichtsammler macht.

Schwarzes Loch: Ein Ort, wo die Materie in sich zusammenstürzt und ein Loch in das Raum-Zeit-Kontinuum reißt, aus dem kein Licht entweichen kann. In einem Schwarzen Loch stirbt die Zeit beziehungsweise kommt zu einem Ende.

Seeing: Ein genaues Maß für Störungen in der Atmosphäre. Je besser das Seeing ist, desto besser kann ein erdgebundenes Teleskop ein scharfes, punktförmiges Bild von einem Stern bekommen.

Spektrum: Ein Bild oder ein Diagramm, auf dem das Licht eines Objekts in seine Farben (bzw. Wellenlängen oder Energiezustände) zerlegt ist. Siehe auch Zerlegung des Lichts.

Struktur: Dünne, durchsichtige Wolken, die sich wie ein Schleier über den Himmel ziehen. Schlechte Nachricht für Astronomen.

Trojanischer Asteroid: Ein Kleinplanet, der auf Jupiters Umlaufbahn reist und nach einem Helden aus dem Trojanischen Krieg benannt ist. Es gibt zwei Wolken von trojanischen Asteroiden: eine Wolke bewegt sich sechzig Grad *vor* Jupiter (die Griechen), die andere sechzig Grad *hinter* Jupiter (die Trojaner).

Zerlegung des Lichts: Wird Licht durch ein Prisma oder eine andere Vorrichtung gelenkt, entsteht ein Spektrum, d. h., das Licht wird in seine Farben (bzw. Wellenlängen oder Energiezustände) zerlegt.

Danksagung

Die Liste ist lang, aber es gibt tatsächlich viele Menschen, die erwähnt werden sollten. Allen voran Morgan Entrekin, dessen gutes Urteilsvermögen und engagierte Unterstützung die Entstehung dieses Buches erst ermöglicht haben. Ich danke auch Sallie Gouverneur für ihre Klugheit und ihr Vertrauen in mich.

Etliche Mitglieder meiner Familie haben dieses Buchprojekt moralisch und finanziell unterstützt, als es noch in seiner Proto-Nebel-Phase steckte: meine Eltern, Dorothy und Jerome Preston jun.; meine Großeltern, Iva und Jerome Preston sen.; meine Großmutter, Mrs. Richard H. McCann, sowie meine Tante und mein Onkel, Anna McCann Taggart und Robert D. Taggart. Für ihre moralische Unterstützung danke ich auch meinen beiden Brüdern: Dr. med. David G. Preston, der einzige richtige Wissenschaftler in dieser Familie, und Douglas J. Preston, der Schriftsteller ist und dessen Bücher mich inspirieren. Mein Dank gilt auch meiner Ehefrau Michelle Parham Preston. Sie hat nicht nur viele Teile des Manuskripts aufmerksam und kritisch gelesen, sondern sich auch geduldig Geschichten von Quasaren und Asteroiden angehört, die jede andere Ehefrau dazu gebracht hätten, heimlich einen Anwalt zu konsultieren.

Für ihre Freundschaft und ihre Ermutigung danke ich John und Yolanda McPhee, Bonnie Hunter, Bill Howarth, Lewis und Ellen Goble sowie Helen und Robert Alexander.

Zu besonderem Dank bin ich Prof. John Thorstensen vom Dartmouth College verpflichtet, der viele Teile des Manuskripts auf die wissenschaftliche Exaktheit hin überprüft und mir oft geholfen hat, die richtigen Worte zu finden. Alle Fehler bei der Darstellung der wissenschaftlichen Fakten gehen allein auf mein Konto.

Wichtige Kenntnisse verdanke ich den beiden Wissenschaftshistorikern Spencer Weart vom American Institute of Physics und David DeVorkin vom Smithonian National Air and Space Museum. Dr. Weart und Dr. DeVorkin haben stattliche Sammlungen von Interviews mit Astronomen, Physikern und Weltraumforschern zusammengetragen; von besonderem Interesse und Nutzen für mich waren Dr. Wearts Interview mit Maarten Schmidt und Dr. DeVorkins Gespräch mit James Westphal.

Einen Dank anderer Art schulde ich dem verstorbenen Wilbury A. Crocket, ehemals Englischlehrer an der High School in Wellesley in Massachusetts. Leider gehörte ich nicht zu Mr. Crockets besseren Schülern, aber irgendwie schaffte er es, uns seinen Respekt vor dem Wort zu vermitteln. Gedankt sei auch Robert Chambers vom Pomona College, der mit seinem Astronomiekurs das Hale-Teleskop besuchte. Das war meine erste Begegnung mit dem Großen Auge.

Sehr bedanken möchte ich mich bei Harry Evans von Random House, der diese Neuauflage von *Das erste Licht* ermöglicht hat, und bei meiner hervorragenden Lektorin Sharon DeLano. Dankbar bin ich auch Charlie Conrad von Anchor Books, der von dem Projekt begeistert war und es unterstützt hat.

* * *

Viele Menschen haben mit mir Gespräche geführt und mir Hintergrundmaterial und Informationen für dieses Buch geliefert. Mein herzlicher Dank gilt:

Horace Babcock; William A. Baum; Morley Blouke, Tektronix Inc.; Eileen Boller; Edward Bowell; Robert Brucato; Bobby Bus; George Carlson; Michael Carr und Familie; Lily Carrasco; G. Edward Danielson; Edwin W. Dennison; Wilfried Eckstein; Earle Emery; Gene Fair, Fair Optical Co.; Jesse L. Greenstein; Fred Harris; Eleanor F. Helin; Byron Hill; John Hoessel; James R. Janesick; Melvin W. Johnson; Paula Kempchinsky und Patrick Shoemaker; Gillian Knapp; Helen Knudsen; Luz und Alicia Lara; Tod Lauer; David J. Levy; Ernie Lorenz; Mrs. Okla McKee,

Historical Archives and Museum of the Catholic Diocese of El Paso, Texas; Brian G. Marsden; Jim Merritt, Forscher; Gerry Neugebauer; die Nachtassistenten des Palomar-Observatoriums; Jean Mueller, Jeff Phinney, Skip Staples; J. Beverley Oke; Jeremiah Ostriker; Bohdan Paczýnski; Georg Pauls; Bruce H. Rule; Fred und Linda Salazar; Paul Schechter; James Schombert; Mark Serrurier; Lyman Spitzer; John Strong; David Tennant; Robert Thicksten; Edwin L. Turner; Arthur H. Vaughan; Ludmilla Wightman; die »Schrott-Genies« des Caltech: Jovanni Chang, Richard Lucinio, Victor Nenow, J. DeVere Smith; James Westphal; Barbara A. Zimmerman.

* * *

Und schließlich möchte ich Larry Blakée meinen Dank aussprechen. Als er zwölf Jahre alt war, sah er, wie der 5-Meter-Spiegel in der optischen Werkstatt des Caltech poliert wurde, etwas, das er nie vergessen hat. Als er erwachsen war, wurde er der erste Techniker, der für die Elektronik des Hale-Teleskops verantwortlich war. Er hat diesem Spiegel und allem, was mit ihm zusammenhängt, sein ganzes Arbeitsleben gewidmet.